中国海相碳酸盐岩大中型油气田分布规律及勘探实践丛书

金之钧　马永生　主编

碳酸盐岩层系地球物理勘探技术

魏修成　季玉新　刘　炯等　著

科学出版社

北京

内 容 简 介

本书主要介绍以地震勘探为主的海相碳酸盐岩地球物理勘探技术。全书共分五章，内容包括碳酸盐岩油气储层概述、灰岩裸露区地震采集技术、碳酸盐岩地层地震成像技术、碳酸盐岩储层模拟技术和碳酸盐岩储层地球物理预测技术。书中的内容主要来源于国家重大专项"海相碳酸盐岩地球物理勘探技术"课题的研究成果。

本书最大的特点是在介绍相关知识的同时还增加了许多实际的工程应用实例，可供地震勘探科研人员及高等院校相关专业的师生阅读参考。

图书在版编目（CIP）数据

碳酸盐岩层系地球物理勘探技术／魏修成等著. —北京：科学出版社，2022.3

（中国海相碳酸盐岩大中型油气田分布规律及勘探实践丛书／金之钧，马永生主编）

ISBN 978-7-03-071944-7

Ⅰ. ①碳⋯　Ⅱ. ①魏⋯　Ⅲ. ①海相–碳酸盐岩油气藏–储集层–地球物理勘探–研究　Ⅳ. ①P618.13

中国版本图书馆 CIP 数据核字（2022）第 049213 号

责任编辑：焦　健　柴良木／责任校对：何艳萍
责任印制：吴兆东／封面设计：陈　敬

科 学 出 版 社　出版
北京东黄城根北街 16 号
邮政编码：100717
http://www.sciencep.com

北京中科印刷有限公司印刷
科学出版社发行　各地新华书店经销

＊

2022 年 3 月第　一　版　开本：787×1092　1/16
2022 年 3 月第一次印刷　印张：20 1/4
字数：480 000
定价：278.00 元
（如有印装质量问题，我社负责调换）

丛书编委会

编委会主任：金之钧　马永生

编委会副主任：冯建辉　郭旭升　何治亮　刘文汇
　　　　　　　　　王　毅　魏修成　曾义金　孙冬胜

编委会委员（按姓氏笔画排序）：
　　　　　　　马永生　王　毅　云　露　冯建辉
　　　　　　　刘文汇　刘修善　孙冬胜　何治亮
　　　　　　　沃玉进　季玉新　金之钧　金晓辉
　　　　　　　郭旭升　郭彤楼　曾义金　蔡立国
　　　　　　　蔡勋育　魏修成

执行工作组组长：孙冬胜

执行工作组主要人员（按姓氏笔画排序）：
　　　　　　　王　毅　付孝悦　孙冬胜　李双建
　　　　　　　沃玉进　陆晓燕　陈军海　林娟华
　　　　　　　季玉新　金晓辉　蔡立国

丛 书 序

保障国家油气供应安全是我国石油工作者的重大使命。在东部老区陆相盆地油气储量难以大幅度增加和稳产难度越来越大时，油气勘探重点逐步从中国东部中、新生代陆相盆地向中西部古生代海相盆地转移。与国外典型海相盆地相比，国内海相盆地地层时代老、埋藏深，经历过更加复杂的构造演化史。高演化古老烃源岩的有效性、深层储层的有效性、多期成藏的有效性与强构造改造区油气保存条件的有效性等油气地质理论问题，以及复杂地表、复杂构造区的地震勘探技术、深层高温高压钻完井等配套工程技术难题，严重制约了海相油气勘探的部署决策、油气田的发现效率和勘探进程。

针对我国石油工业发展的重大科技问题，国家科技部 2008 年组织启动国家科技重大专项"大型油气田及煤层气开发"，并在其中设立了"海相碳酸盐岩大中型油气田分布规律及勘探评价"项目。"十二五"期间又持续立项，前后历时 8 年。项目紧紧围绕"多期构造活动背景下海相碳酸盐岩层系油气富集规律"这一核心科学问题，以"落实资源潜力，探索海相油气富集与分布规律，实现大中型油气田勘探新突破"为主线，聚焦中西部三大海相盆地，凝聚 26 家单位 500 余名科研人员，形成了"产学研"一体化攻关团队，以成藏要素的动态演化为研究重点，开展了大量石油地质基础研究和关键技术与装备的研发，进一步发展和完善了海相碳酸盐岩油气地质理论、勘探思路及配套工程工艺技术，通过有效推广应用，获得了多项重大发现，落实了规模储量。研究成果标志性强，产出丰富，得到了业界专家高度评价，在行业内产生了很大影响。

由金之钧、马永生两位院士主编的《中国海相碳酸盐岩大中型油气田分布规律及勘探实践丛书》是在项目成果报告基础上，进一步凝练而成。

在海相碳酸盐岩层系成盆成烃方面，突出了多期盆地构造演化旋回对成藏要素的控制作用及关键构造事件对成藏的影响，揭示了高演化古老烃源岩类型及生排烃特征与机理，建立了多元生烃史恢复及有效性评价方法；在储层成因机理与评价方法方面，重点分析了多样性储层发育与分布规律，揭示了埋藏过程流体参与下的深层储层形成与保持机理，建立了储层地质新模式与评价新方法；在油气保存条件方面，提出了盖层有效性动态定量评价思路和指标体系，揭示了古老泥岩盖层的封盖机理；在油气成藏方面，阐明了海相层系多元多期成藏、油气转化和改造调整的特征，完善了油气成藏定年示踪及混源定量评价技术，明确了海相层系油气资源及盆地内各区带资源分布。创新提出了海相层系"源-盖控烃""斜坡-枢纽控聚""近源-优储控富"的油气分布与富集规律，并依此确立了选区、选带、选目标的勘探评价思路。

在地震勘探技术方面，面对复杂地表、复杂构造和复杂储层，形成了灰岩裸露区的地震采集技术，研发了山前带低信噪比的三维叠前深度偏移成像技术及起伏地表叠前成像技术；在钻井工程方面，针对深层超深层高温高压及酸性腐蚀气体等难点，形成了海相油气井优快钻井技术、超深水平井钻井技术、井筒强化技术及多压力体系固井技术等，逐步形成了海相大中型油气田，特别是海相深层油气勘探配套的工程技术系列。

这些成果代表了海相碳酸盐岩层系油气理论研究的最新进展和技术发展方向，有力支撑了海相层系油气勘探工作。实现了塔里木盆地阿–满过渡带的重大勘探突破、四川盆地元坝气田的整体探明及川西海相层系的重大导向性突破、鄂尔多斯盆地大牛地气田的有序接替，新增探明油气地质储量 8.64 亿吨油当量，优选了 6 个增储领域，其中 4 个具有亿吨级规模。同时，形成了一支稳定的、具有国际影响力的海相碳酸盐岩研究和勘探团队。

我国海相碳酸盐岩层系油气资源潜力巨大，勘探程度较低，是今后油气勘探十分重要的战略接替领域。我本人从 20 世纪 80 年代末开始参加塔里木会战，后来任中国石油副总裁和总地质师，负责科研与勘探工作，一直在海相碳酸盐岩领域从事油气地质研究与勘探组织工作，对中国叠合盆地形成演化与油气分布的复杂性，体会很深。随着勘探深度的增加，勘探风险与成本也在不断增加。只有持续开展海相油气地质理论与技术、装备方面的科技攻关，才能不断实现我国海相油气领域的开疆拓土、增储上产、降本增效。我相信，该套丛书的出版，一定能为继续从事该领域理论研究与勘探实践的科研生产人员提供宝贵的参考资料，并发挥日益重要的作用。

谨此将该套丛书推荐给广大读者。

国家科技重大专项"大型油气田及煤层气开发"技术总师
中国科学院院士　贾承造

2021 年 11 月 16 日

丛书前言

中国海相碳酸盐岩层系具有时代老、埋藏深、构造改造强的特点，油气勘探面临一系列的重大理论技术难题。经过几代石油人的艰苦努力，先后取得了威远、靖边、塔河、普光等一系列的油气重大突破，初步建立了具有我国地质特色的海相油气地质理论和勘探方法技术。随着海相油气勘探向纵深展开，越来越多的理论技术难题逐步显现出来，影响了海相油气资源评价、目标优选、部署决策，制约了海相油气田的发现效率和勘探进程。借鉴我国陆相油气地质理论与国外海相油气地质理论和先进技术，创新形成适合中国海相碳酸盐岩层系特点的油气地质理论体系和勘探技术系列，实现海相油气重大发现和规模增储，是我国油气行业的奋斗目标。

2008 年国家三部委启动了"大型油气田及煤层气开发"国家重大专项，设立了"海相碳酸盐岩大中型油气田分布规律及勘探评价"项目。"十二五"期间又持续立项，前后历时 8 年。项目紧紧围绕"多期构造活动背景下海相碳酸盐岩层系油气富集规律"这一核心科学问题，聚焦中西部三大海相盆地石油地质理论问题和关键技术难题，开展了多学科结合，产-学-研-用协同的科技攻关。

基于前期研究成果和新阶段勘探对象特点的分析，进一步明确了项目研究面临的关键问题与攻关重点。在地质评价方面，针对我国海相碳酸盐岩演化程度高、烃源岩时代老、生烃过程恢复难，缝洞型及礁滩相储层非均质性强、深埋藏后优质储层形成机理复杂，多期构造活动导致多期成藏与改造、调整、破坏等特点导致的勘探目标评价和预测难度增大，必须把有效烃源、有效储盖组合、有效封闭保存条件统一到有效的成藏组合中，全面、系统、动态地分析多期构造作用下油气多期成藏与后期调整改造机理，重塑动态成藏过程，从而更好地指导有利区带的优选。在地震勘探方面，面对"复杂地表、复杂构造、复杂储层"等苛刻条件，亟需解决提高灰岩裸露区地震资料品质、山前带复杂构造成像、提高特殊碳酸盐岩储层预测及流体识别精度等技术难题。在钻完井工程技术方面，亟需开发出深层多压力体系、裂缝孔洞发育、富含腐蚀性气体等特殊地质环境下的钻井、固井、储层保护等技术。项目具体的理论与技术难题可概括为六个方面：①海相烃源岩多元生烃机理和资源量评价技术；②深层-超深层、多类型海相碳酸盐岩优质储层发育与保存机制；③复杂构造背景下盖层有效性动态评价与保存条件预测方法；④海相大中型油气田富集机理、分布规律与勘探评价思路；⑤针对"复杂地表、复杂构造、复杂储层"条件的地球物理采集、处理以及储层与流体预测技术；⑥深层-超深层地质环境下，优快钻井、固井、完井和酸压技术。

围绕上述科学技术问题与攻关目标，项目形成了以下技术路线：以"源-盖控烃""斜坡-枢纽控聚""近源-优储控富"地质评价思路为指导，以"落实资源潜力、探索海相油气富集分布规律、实现大中型油气田勘探新突破"为主线，围绕多期构造活动背景下的海相碳酸盐岩油气聚散过程与分布规律这一核心科学问题，以深层-超深层碳酸盐岩储层预测与优快钻井技术为攻关重点，将地质、地球物理与工程技术紧密结合，形成海相大中型油气田勘探评价及配套工程技术系列，遴选出中国海相碳酸盐岩层系油气勘探目标，为实现海相油气战略突破提供有力的技术支撑。

针对攻关任务与考核目标，项目设立了6个课题：课题1——海相碳酸盐岩油气资源潜力、富集规律与战略选区；课题2——海相碳酸盐岩层系优质储层分布与保存条件评价；课题3——南方海相碳酸盐岩大中型油气田分布规律及勘探评价；课题4——塔里木-鄂尔多斯盆地海相碳酸盐岩层系大中型油气田形成规律与勘探评价；课题5——海相碳酸盐岩层系综合地球物理勘探技术；课题6——海相碳酸盐岩油气井井筒关键技术。

项目和各课题按"产-学-研-用一体化"分别组建了研究团队。负责单位为中国石化石油勘探开发研究院，联合承担单位包括：中国石化石油工程技术研究院、勘探分公司、西北油田分公司、华北油气分公司、江汉油田分公司、江苏油田分公司、物探技术研究院，中国科学院广州地球化学研究所、南京地质古生物研究所、武汉岩土力学研究所，北京大学、中国石油大学（北京）、中国石油大学（华东）、中国地质大学（北京）、中国地质大学（武汉）、西安石油大学、中国海洋大学、西南石油大学、西北大学、成都理工大学、南京大学、同济大学、浙江大学、中国地质科学院地质力学研究所等。

在全体科研人员的共同努力下，完成了大量实物工作量和基础研究工作，取得了如下进展：

（1）建立了海相碳酸盐岩层系油气生、储、盖成藏要素与动态成藏研究的新方法与地质评价新技术。①明确了海相烃源岩成烃生物类型及生烃潜力。通过超显微有机岩石学识别出四种成烃生物：浮游藻类、底栖藻类、真菌细菌类、线叶植物和高等植物类。海相烃源岩以Ⅱ型干酪根为主，不同成烃生物生油气产率表现为陆源高等植物（Ⅲ型）<真菌细菌类<或≈底栖生物（Ⅱ型）< 浮游藻类（Ⅰ型）。硅质型、钙质型、黏土型三类烃源岩在早、中成熟阶段排烃效率存在显著差异。硅质型烃源岩排烃效率约为21%～60%，随硅质有机质薄层增加而增大；钙质型烃源岩排烃效率约为13%～36%，随碳酸盐含量增加而增大；黏土型烃源岩排烃效率约为1%～4%。在成熟晚期，三类烃源岩排油效率均迅速增高到60%以上。②揭示了深层优质储层形成机理与发育模式，建立了评价和预测新技术。通过模拟实验研究，发现了碳酸盐岩溶蚀率受温度（深度）控制的"溶蚀窗"现象，揭示出高温条件下白云石-SiO_2-H_2O 的反应可能是一种新的白云岩储集空间形成机制。通过典型案例解剖，建立了深层岩溶、礁滩、白云岩优质储层形成与发育模式。完善了成岩流体地球化学示踪技术；建立了基于分形理论的储集空间定量表征技术；在地质建模的基础上，发展了碳酸盐岩储层描述、评价与预测新技术。③建立了海相层系油气保存条件多学科综合评价技术。研发了地层流体超压的地震预测新算法；探索了以横波估算、分角度叠加、叠前弹性反演为核心的泥岩盖层脆塑性评价方法；建立了改造阶段盖层封闭性动态演化评价方法，完善了"源-盖匹配"关系研究内容，形成了油气保存条件定量评价指标体系，综合评价了三大盆地海相层系油气保存条件。④建立了海相层系油气成藏定年-示踪及混源比定量评价技术。根据有机分子母质继承效应、稳定同位素分馏效应以及放射性子体同位素累积效应，构建了以稳定同位素组成为基础，以组分生物标志化合物轻烃、非烃气体和稀有气体同位素、微量元素为重要手段的烃源转化、成烃、成藏过程示踪指标体

系，明确了不同类型烃源的成烃过程及贡献，厘定了油气成烃、成藏时代。采用多元数理统计学方法，建立了定量计算混源比例新技术。利用完善后的定年地质模型测算元坝气田长兴组天然气成藏时代为 12~8 Ma。定量评价塔河油田混源比，确定了端元烃源岩的性质及油气充注时间。

（2）发展和完善了海相大中型油气田成藏地质理论，剖析了典型海相油气成藏主控因素与分布规律，建立了海相盆地勘探目标评价方法。①明确了四川盆地大中型油气田成藏主控因素与分布规律。通过晚二叠世缓坡—镶边台地动态沉积演化过程及区域沉积格架恢复，重建了"早滩晚礁、多期叠置、成排成带"的生物礁发育模式，建立了"三微输导、近源富集、持续保存"的超深层生物礁成藏模式。提出川西拗陷隆起及斜坡带雷口坡组天然气成藏为近源供烃、网状裂缝输导、白云岩化+溶蚀控储、陆相泥岩封盖、构造圈闭及地层+岩性圈闭控藏的地质模式。提出早寒武世拉张槽控制了优质烃源岩发育，建立了沿拉张槽两侧"近源-优储"的油气富集模式。②深化了塔里木盆地大中型油气田成藏规律认识，建立了不同区带油气成藏模式。通过典型油气藏解剖，建立了塔中北坡奥陶系碳酸盐岩"斜坡近源、断盖匹配、晚期成藏、优储控富"的天然气成藏模式。揭示了塔河外围与深层"多源供烃、多期调整、储层控富、断裂控藏"的碳酸盐岩缝洞型油气成藏机理。③建立了鄂尔多斯盆地奥陶系风化壳天然气成藏模式和储层预测方法。在分析鄂尔多斯盆地奥陶系风化壳天然气成藏主控因素的基础上，建立了"双源供烃、区域封盖、优储控富"的成藏模式。提出了基于沉积（微）相、古岩溶相和成岩相分析的"三相控储"优质储层预测方法和风化壳裂缝-岩溶型致密碳酸盐岩储层分布预测描述技术体系。④建立了海相盆地碳酸盐岩层系油气资源评价及勘探目标优选方法。开展了油气资源评价方法和参数体系的研究，建立了 4 个类比标准区，计算了塔里木、四川、鄂尔多斯盆地海相烃源岩油气资源量。阐明了海相碳酸盐岩层系斜坡、枢纽油气控聚机理，总结了海相碳酸盐岩层系油气富集规律。在"源-盖控烃"选区、"斜坡-枢纽控聚"选带和"近源-优储控富"选目标的勘探思路指导下，开展了海相碳酸盐岩层系油气勘探战略选区和目标优选。

（3）研发了一套适合于复杂构造区和深层-超深层地质条件的地震采集处理和钻完井工程技术。①针对我国碳酸盐岩领域面临的复杂地表、复杂构造和储层条件，建立了系统配套的地球物理技术。形成了南方礁滩相和西部缝洞型储层三维物理模型与物理模拟技术，建立了一套灰岩裸露区地震采集技术。研发了适应山前带低信噪比资料特征的 Beamray 三维叠前深度偏移成像技术，建立了一套起伏地表各向异性速度建模与逆时深度偏移技术流程，形成了先进的叠前成像技术。②发展了海相碳酸盐岩层系优快钻、完井技术。研制了随钻地层压力测量工程样机、带中继器的电磁波随钻测量系统、高效破岩工具及高抗挤空心玻璃微珠、低摩阻钻井液体系、耐高温地面交联酸体系等。揭示了碳酸盐岩地层大中型漏失、高温条件下的酸性气体腐蚀、碳酸盐岩储层导电等机理。建立了碳酸盐岩地层孔隙压力预测、混合气体腐蚀动力学、超深水平井分段压裂、完井管柱安全性评价、含油气饱和度计算等模型。提出了地层压力预测及测量解释、漏层诊断、井壁稳定控制、碳酸盐岩深穿透工艺、水平井分段压裂压降分析、流体性质识别等方法，形成了长传输电磁波随钻测量系统、超深海相油气井优快钻井、超深水平井钻井、海相油气井井筒强化、深井超深井多压力体系固井、缝洞型储层测井解释与深穿透酸压等技术。

（4）研究成果及时应用于三大海相盆地油气勘探工作之中，成效显著。①阐释了"源–盖控烃""斜坡–枢纽控聚""近源–优储控富"的机理，提出了勘探选区选带选目标评价方法，有效指导海相层系油气勘探。在"源–盖控烃"选区、"斜坡–枢纽控聚"选带、"近源–优储控富"选目标勘探思路的指导下，开展了海相碳酸盐岩层系油气勘探战略选区评价，推动了 4 个滚动评价区带的扩边与增储上产，明确了 16 个预探和战略准备区，优选了 9 个区带，提出了 20 口风险探井（含科探井）井位建议（塔里木盆地 10 口，南方 10 口），其中 8 口井获得工业油气流。②储层地震预测技术应用于元坝超深层礁滩储层，厚度预测符合率 90.7%，礁滩复合体钻遇率 100%，生屑滩储层钻遇率 90.9%，礁滩储层综合钻遇率 95.4%。在塔里木玉北地区裂缝识别符合率大于 80%，碳酸盐岩储层预测成功率较"十一五"提高 5% 以上。③关键井筒工程技术在元坝、塔河及外围地区推广应用307 口井，碳酸盐岩深穿透酸压设计符合率 93%，施工成功率 100%，施工有效率 >91.3%。Ⅱ类储层测井解释符合率 ≥86%，基本形成 Ⅲ 类储层测井识别方法。固井质量合格率100%。大中型堵漏技术现场应用一次堵漏成功率 93%，堵漏作业时间、平均钻井周期与"十一五"末相比分别减少 50% 和 22.69% 以上。④"十二五"期间，在四川盆地发现与落实了 4 个具有战略意义的大中型气田勘探目标，新增天然气探明储量 $4148.93 \times 10^8 \text{m}^3$。塔河油田实现向外围拓展，塔北地区海相碳酸盐岩层系合计完成新增探明油气地质储量$44868.43 \times 10^4 \text{t}$ 油当量。鄂尔多斯盆地实现了大牛地气田奥陶系新突破，培育出马五 1+2气藏探明储量目标区（估算探明储量 $103 \times 10^8 \text{m}^3$），控制马五 5 气藏有利勘探面积 834km^2，圈闭资源量 $271 \times 108 \text{m}^3$。

（5）项目获得了丰富多彩的有形化成果，得到了业界高度认可与好评，打造了一支稳定的、具有国际影响力的海相碳酸盐岩研究团队。①项目相关成果获得国家科技进步一等奖1 项、二等奖 1 项，省部级科技进步一等奖 5 项、二等奖 7 项、三等奖 2 项，技术发明特等奖 1 项、一等奖 1 项。申报专利 108 件，授权 39 件。申报中国石化专有技术 8 件。发布行业标准 5 项，企业标准 13 项，登记软件著作权 34 项。发表论文 396 篇，其中 SCI-EI 177篇。②新当选中国工程院院士 1 人、中国科学院院士 1 人。获李四光地质科学奖 1 人，孙越崎能源大奖 1 人，全国优秀科技工作者 1 人，青年地质科技奖金锤奖 1 人、银锤奖 1人，孙越崎青年科技奖 1 人，中国光华工程奖 1 人。引进千人计划 1 人。培养百千万人才1 人，行业专家 19 人，博士后 22 人，博士 58 人，硕士 123 人。③项目验收专家组认为，该项目完成了合同书规定的研究任务，实现了"十二五"攻关目标，是一份优秀的科研成果，一致同意通过验收。

《中国海相碳酸盐岩大中型油气田分布规律及勘探实践丛书》是在项目总报告和各课题报告基础上进一步凝练而成，包括以下 7 个分册：

《海相碳酸盐岩大中型油气田分布规律及勘探评价》，作者：金之钧等。

《海相碳酸盐岩层系成烃成藏机理与示踪》，作者：刘文汇、蔡立国、孙冬胜等。

《中国海相层系碳酸盐岩储层与油气保存系统评价》，作者：何治亮、沃玉进等。

《南方海相层系油气形成规律及勘探评价》，作者：马永生、郭旭升、郭彤楼、胡东风、付孝悦等。

《塔里木盆地下古生界大中型油气田形成规律与勘探评价》，作者：王毅、云露、杨伟利、周波等。

《碳酸盐岩层系地球物理勘探技术》，作者：魏修成 、季玉新、刘炯等。

《海相碳酸盐岩超深层钻完井技术》，作者：曾义金、刘修善等。

我国海相碳酸盐岩层系资源潜力大，目前探明程度仍然很低，是公认的油气勘探开发战略接替阵地。随着勘探深度不断增加，勘探难度越来越大，对地质理论认识与关键技术创新的需求也越来越迫切。这套丛书的出版旨在总结过去，启迪未来。希望能为未来从事该领域油气地质研究与勘探技术研发的广大科研人员的持续创新奠定基础，同时，也为我国海相领域后起之秀的健康成长助以绵薄之力。

"大型油气田及煤层气开发"重大专项总地质师贾承造院士是我国盆地构造与油气地质领域的著名学者，更是我国海相油气勘探的重要实践者与组织者，他全程关心和指导了项目的研究过程，百忙之中又为本丛书作序，在此，深表感谢！重大专项办公室邹才能院士、宋岩教授、赵孟军教授、赵力民高工等专家，以及项目立项、中期评估与验收专家组的各位专家，在项目运行过程中，给予了无私的指导、帮助与支持。中国石化科技部张永刚副主任、王国力处长、关晓东处长、张俊副处长及相关油田的多位领导在项目立项与实施过程中给予了大力支持。中国石油、中国石化、中国科学院及各大院校为本项研究提供了大量宝贵的资料。全体参研人员为项目的研究工作付出了热情与汗水，是项目成果不可或缺的贡献者。在此，谨向相关单位与专家们表示崇高的敬意与诚挚的感谢！

由于作者水平有限，书中错误在所难免，敬请广大读者赐教，不吝指正！

金之钧　马永生

2021 年 11 月 16 日

本 书 前 言

以寻找石油和天然气为目标的地球物理勘探简称石油物探。它通过研究和观测各种地球物理场的变化来探测地层岩性、地质构造等地质条件，进而判断地下的含油气性。由于组成地壳的不同岩层介质往往在密度、弹性、导电性、磁性、放射性以及导热性等方面存在差异，这些差异将引起相应的地球物理场的局部变化。通过测量这些物理场的分布和变化特征，结合已知地质资料进行分析研究，就可以推断地下结构的含油气性。目前，石油物探已成为勘探石油的一种不可缺少的手段。

石油物探主要分为重力勘探、磁法勘探、电法勘探、地震勘探。重力勘探根据地下岩层密度的差异，测量地球重力场的相对变化，了解地下地质构造。磁法勘探根据地下岩石磁性的差异测量地磁场的相对变化，了解地质构造。电法勘探是根据地下岩层的电阻率等电学性质及电化学性质的差异，了解地质构造和寻找油气藏。一般而言，重力勘探、磁法勘探和电法勘探精度相对较低，主要用于油气的普查阶段。地震勘探主要是指通过观测和分析人工地震产生的地震波在地下的传播规律，推断地下岩层的性质和形态的地球物理勘探方法。相对于重力勘探、磁法勘探和电法勘探，地震勘探具有探测深度大、精度高的特点，无论在石油物探普查还是在详查阶段都是目前最重要、最有效的方法。

本书主要介绍海相碳酸盐岩地球物理勘探技术（主要是地震勘探技术）。全书分为五章，主要从采集、成像、储层模拟及储层预测几个方面来介绍碳酸盐岩油气储层的物探技术研究。第一章概述由中国石油大学（北京）刘洋教授执笔，第二章灰岩裸露区地震采集技术由中国石油化工股份有限公司石油勘探开发研究院（简称中石化石勘院）的魏修成教授撰写，第三章碳酸盐岩地层地震成像技术由中石化石勘院的张建伟高工和中国海洋大学何兵寿教授联合撰写，第四章碳酸盐岩储层模拟技术由中石化石勘院的刘炯高工编写，第五章碳酸盐岩储层地球物理预测技术由中石化石勘院的季玉新教授撰写。魏修成、季玉新、刘炯负责完成全书统一整理和安排，刘炯负责对全书进行了修改和校对。

本书中的内容主要来源于国家重大专项"海相碳酸盐岩地球物理勘探技术"课题的研究成果。"海相碳酸盐岩地球物理勘探技术"课题由中石化石勘院承担，合作研究单位包括中国石油化工股份有限公司石油物探技术研究院、中国石油化工股份有限公司勘探分公司、同济大学、中国石油大学（北京）、中国海洋大学。因此，本书中除了包含课题承担单位中石化石勘院的研究成果外，还涉及合作单位的研究成果，在此对合作单位表示感谢。此外，本书在撰写过程中还获得了中石化石勘院地球物理中心刘俊州主任和许多专家的帮助和指导，在此一并表示感谢。

由于我们知识有限，书中的不妥之处敬请广大读者批评、指正。

魏修成　季玉新　刘　炯

2020 年 11 月

目　　录

第一章 概　　述

碳酸盐岩是一种广泛分布的生物-化学岩，具有三大特殊性：一是绝大多数碳酸盐岩沉积于相对温暖和清洁的浅水环境中；二是碳酸盐岩成岩环境复杂，成岩过程复杂多变；三是碳酸盐岩易溶、易裂、易碎。纵观世界范围内各个地质历史时期碳酸盐岩的发育状况，可发现自中、新元古代以来，特别是自寒武纪以来，碳酸盐岩发育有减少的趋势，且稳定区比活动区碳酸盐岩发育（马永生和田海芹，1999）。

碳酸盐岩储集层是一类重要的油气储集层，碳酸盐岩层系的油气勘探是个长期的过程，国外碳酸盐岩油气勘探史已超过 100 年，但是近年来仍时有重大发现。目前，从碳酸盐岩储集层中发现的油气储量已接近世界油气总储量的一半，油气产量则已达到世界油气总产量的 60% 以上。在以上油气储量的探明和发现过程中，地球物理勘探方法和技术发挥着非常重要的作用。

地球物理勘探是根据物理现象对地质体或地质构造做出解释推断的结果，是一种间接的勘探方法，它是根据测量数据或所观测的地球物理场来求解场源体的问题，具有多解性。常用的地球物理勘探方法主要包括重力勘探、磁法勘探、电法勘探和地震勘探四种方法，其利用的岩石物理性质分别是密度、磁导率、电导率和弹性。不同的矿物质具有不同的物理特性，不同物理特性在各地球物理勘探方法成果剖面上的反映不同，研究碳酸盐岩地层的地球物理特性可以推动碳酸盐岩地球物理勘探技术的发展。

第一节　碳酸盐岩层系概况

碳酸盐岩是形成于不同沉积环境中的碳酸盐沉积物在后期的成岩环境中经历复杂成岩作用的综合产物，储层埋深从数十米（到储层或圈闭顶计算）至 6000 多米，主要集中于 1000 ~ 4000m，大约 72% 的油气田的储层埋深小于 3000m，1000m 以内的约占 10%，仅有 11% 的油气田储层埋深超过 4000m（张宁宁等，2014）。

一、地表碳酸盐岩分布

岩溶指未饱和的、含 CO_2 的溶液溶解了碳酸盐岩而形成的溶孔、溶洞和洞穴。这一古地貌区可认为是在近地表环境中形成，为表生成岩作用。油气勘探成果表明，世界大型油气盆地均发育有碳酸盐岩古风化壳含油气储层（体）。据统计，其中有 20% ~ 30% 与区域不整合面有关，暴露的碳酸盐岩形成古岩溶储层为油气藏提供了有效的储集场所（许效松和杜佰伟，2005）。

喀斯特即岩溶，是水对可溶性岩石进行以化学溶蚀作用为主，流水的冲蚀、潜蚀和崩塌等机械作用为辅的地质作用，以及由这些作用所产生的现象的总称。中国喀斯特地貌分布广泛,类型之多,为世界所罕见,主要集中在云贵高原和四川西南部。在中国,作为喀斯特地貌发育的物质基础——碳酸盐岩分布很广。据不完全统计,其总面积达 200 万 km²,其中裸露的碳酸盐类岩石约 130 万 km²,约占全国总面积的 1/7。碳酸盐岩在全国各省份均有分布,但以桂、黔和滇东部地区分布最广。湘西、鄂西、川东、鲁、晋等地,碳酸盐岩分布的面积也比较广。

二、中深层碳酸盐岩分布

关于深层的定义,国际上没有严格的标准,不同国家、不同机构对深层的定义并不相同。目前国际上大致将埋深大于 4500m 的油气藏定义为深层油气藏。2020 年自然资源部发布的《石油天然气储量估算规范》将埋深 3500～4500m 定义为深层,大于 4500m 定义为超深层。基于东、西部地区地温场的变化以及勘探实践,我国东部地区一般将埋深介于3500～4500m 定义为深层,将大于 4500m 定义为超深层;西部地区将埋深介于 4500～5500m 定义为深层,将大于 5500m 定义为超深层 (赵文智等,2014)。

中国海相碳酸盐岩层系多位于叠合沉积盆地的中深层,具有年代老、埋深大、成岩历史漫长而复杂及储集层类型齐全的特点。埋深较大的储层主要为白云岩和超压石灰岩,对于油藏而言,白云岩和石灰岩储层的埋深分布基本一致;对于气藏而言,埋深较大的储层基本上为白云岩,这也说明白云岩相对于石灰岩更易维持高孔隙度 (图1.1)。

深层碳酸盐岩是我国陆上油气勘探发展的重要接替领域,加强对深层碳酸盐岩的油气地质研究与探索,对于实现我国油气工业持续、稳定、健康发展具有十分重要的现实意义。

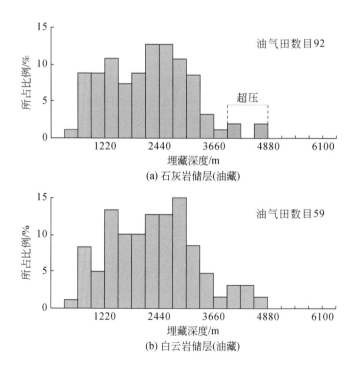

(a) 石灰岩储层(油藏)

(b) 白云岩储层(油藏)

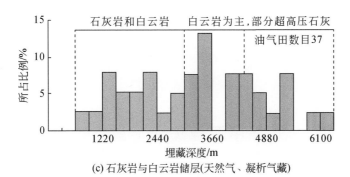

(c) 石灰岩与白云岩储层(天然气、凝析气藏)

图 1.1 碳酸盐岩油气田不同岩石类型的储层埋深（张宁宁等，2014）

三、碳酸盐岩油气田

从全世界主要油气田的统计资料看，碳酸盐岩储集层油气藏约占60%。基于碳酸盐岩特殊的成岩环境及其特有的物理化学性质，碳酸盐岩的储集孔隙空间与碎屑岩有很大的不同。碳酸盐岩储集层的物性主要受孔隙、洞穴及裂缝控制。孔隙和洞穴是储存油气的良好空间，而裂隙的发育又可以将孔隙、洞穴互相沟通起来，成为统一的孔隙-洞穴-裂缝系统，既可以储存丰富的油气，又可以造成便于油气流动的高渗透带。因此碳酸盐岩储集层形成的油气田常常储量大、产量高，容易形成大型油气田（马永生和田海芹，1999）。

国外海相碳酸盐岩大油气田分布有两大显著特点：①地层时代新，主要分布于侏罗纪、白垩纪与古近纪；②盆地类型以被动大陆边缘盆地、陆陆碰撞边缘盆地、大陆裂谷盆地为主，尤以被动大陆边缘盆地的大油气田数量与探明储量最多，其次为陆陆碰撞边缘盆地与大陆裂谷盆地。与国外中、新生代海相碳酸盐岩大油气田相比，中国古老碳酸盐岩大油气田最显著的特点是储量丰度低、分布面积大。我国海相碳酸盐岩油气田的储量规模要小很多，且油气藏类型也复杂很多，导致这种现象的主要原因是我国古老海相碳酸盐岩油气地质条件远比国外复杂得多。一方面我国陆上海相碳酸盐岩层系经历了复杂的构造运动，造成生、储、盖等成藏地质条件和原始沉积相比有很大变化，尤为明显的是最优生、储、盖条件的大陆边缘沉积卷入变形或者遭受破坏，残留保存较为完整的地层多属于板块内部克拉通盆地沉积，现今又多位于叠合盆地深层。另一方面，从生烃与成藏过程看，海相层系普遍经历了多起生烃与多起成藏（汪泽成等，2013）。江怀友等（2008）从碳酸盐岩资源现状、碳酸盐岩油气资源勘探技术与方法、碳酸盐岩油气主要开发技术等3个方面对世界海相碳酸盐岩油气勘探开发的现状进行研究。张宁宁等（2014）从碳酸盐岩大油气田分布特征、碳酸盐岩储层岩石特征及类型、碳酸盐岩储层埋深及圈闭类型、碳酸盐岩大油气田成藏的主要控制因素等方面对全球碳酸盐岩大油气田进行了深入研究。

（一）地 理 分 布

碳酸盐岩储层在前寒武纪至中新世均有发育，但时空分布呈现明显的不均匀性。碳酸盐岩储层主要分布于北半球，如中东波斯湾盆地、墨西哥湾盆地、锡尔特盆地、西西伯利亚盆地、滨里海盆地、美国阿拉斯加北坡、二叠盆地和中国四川盆地及渤海湾盆地等；碳酸盐岩和碎屑岩复合型储层主要分布于东西伯利亚盆地、塔里木盆地、乌拉尔前陆盆地带、威利斯顿盆地、阿尔伯塔盆地以及西非等地区（张宁宁等，2014）。

（二）层 系 分 布

据不完全统计（张宁宁等，2014），截至 2012 年底，世界上共发现了 1021 个大型油气田，其中碳酸盐岩大油气田 321 个。碳酸盐岩储层中油气的分布，可以有效反映碳酸盐岩储层的分布。统计全球主要碳酸盐岩大油气田个数可发现，发育白垩系碳酸盐岩储层的油气田个数最多，其数量占碳酸盐岩大油气田的 29%，如图 1.2 所示（张宁宁等，2014）。碳酸盐岩储层按岩性可分为白云岩及石灰岩两大类。大型碳酸盐岩油气田中，寒武纪—奥陶纪及三叠纪碳酸盐岩储层均为白云岩储层，白垩纪、古近纪—新近纪碳酸盐岩储层主要为石灰岩，如图 1.3 所示（江怀友等，2008）。

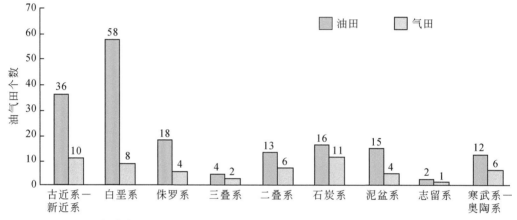

图 1.2　全球碳酸盐岩油气田层系分布（油气田数目 226 个）（张宁宁等，2014）

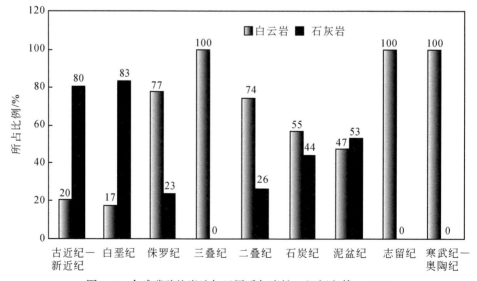

图 1.3　全球碳酸盐岩油气田层系与岩性（江怀友等，2008）

第二节 碳酸盐岩层系地球物理勘探概况

海相碳酸盐岩油气资源是十分重要的勘探领域。当前国际能源供需矛盾突出，能源安全日益成为各国关注的焦点，碳酸盐岩勘探开发聚焦了世界的目光，主要大国出于经济和政治利益的考虑，均加大了对碳酸盐岩油气勘探开发的投入。随着油气地质理论的发展和勘探技术水平的不断提高，世界碳酸盐岩勘探开发方兴未艾。碳酸盐岩油气勘探方法有地质法、地球物理法、地球化学勘探法和钻井法，其中地球物理法是油气勘探中最常用的一种手段和方法，在油气探明过程链中发挥着非常重要的作用。

碳酸盐岩层系的油气勘探是个长期的过程，国外碳酸盐岩大油气田的发现史已超过100年，但是近年来仍时有重大发现。中国海相碳酸盐岩油气勘探已有半个世纪，虽然发现了一些大油气田，但其探明储量仍然很低，探明率远低于陆相盆地。这一方面与勘探投入低有关，但更主要的原因在于海相碳酸盐岩油气地质条件的复杂性。与陆相盆地和国外海相碳酸盐岩盆地相比，中国海相碳酸盐岩具有自己独特的油气地质条件，金之钧（2005）对中国与国外海相碳酸盐岩盆地油气地质条件进行了对比（表1.1）。

表1.1 中国与国外海相碳酸盐岩盆地油气地质条件对比（金之钧，2005）

区域	时代分布	盆地类型	烃源岩	储层			保存条件
				时代	岩性	物性	
中国	主要为古生代	多旋回的叠合盆地	有机碳高—低	前新生代、古生代为主	多样，非均质性强	好—差	保存破坏分区性强
国外	主要为中、新生代	原型盆地	有机碳高，平均值为3.29%	中、新生代为主	灰岩，白云岩	好	保存条件好

一、全球碳酸盐岩层系地球物理勘探概况

全球大油气田的形成和分布规律一直是石油地质学家和油气勘探家探索的热点。碳酸盐岩大油气田是指以碳酸盐岩为储层且油气可采储量大于 6849×10^4 t 油当量的油气田（Michel，2003）。从全球来看，碳酸盐岩储层以其展布广、厚度均一稳定、物性好而成为重要的产油储层，全球碳酸盐岩储层油气储量约占油气总储量的40%，产量约占油气总产量的60%（Roehl and Coquette，1985a，1985b）。从区域分布上看，中东地区石油产量约占全球产量的2/3，其中80%的含油层属于碳酸盐岩（Alsharhan and Nain，1997）；北美的碳酸盐岩储层中的石油产量约占北美整个石油产量的1/2（Wilson，1980a，1980b）。

据 Halbouty 的资料统计，世界313个大型碳酸盐岩油气田探明可采油气总量 1434.5×10^8 t，其中石油约占52%，为 750.1×10^8 t，天然气占48%，为 684.4×10^8 t 油当量。张宁宁等（2014）对全球碳酸盐岩大油气田分布特征及其控制因素进行了细致研究，将碳酸盐岩大油气田类型分为生物礁类、颗粒滩类、白云岩类以及不整合与风化壳类等4种类型，世界上几个典型碳酸盐岩大油气田类型示意图见图1.4。

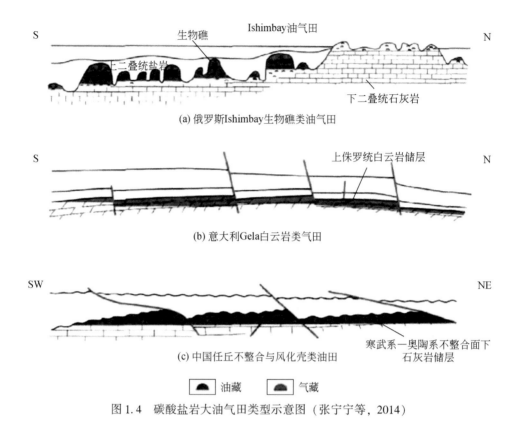

图 1.4　碳酸盐岩大油气田类型示意图（张宁宁等，2014）

碳酸盐岩的岩性变化大、储集空间类型多、次生变化明显、非均质性强，成岩作用的复杂性使碳酸盐岩储层的非均质性增强，其孔隙度和渗透率的分布难以预测。裂缝的分布规律复杂，所以碳酸盐岩缝洞研究一直是国际性攻关难题。

二、中国碳酸盐岩层系地球物理勘探概况

中国沉积盆地的油气勘探有两大层系：陆相沉积环境中形成的碎屑岩层系和海相沉积环境中形成的以碳酸盐岩层系为主的海相地层。中国海相碳酸盐岩的油气勘探始于 1958 年的四川盆地川中石油会战。20 世纪 90 年代初，中国海相碳酸盐岩油气勘探日益成为各大石油公司和学者关注的热点。这一方面是因为中国海相碳酸盐岩沉积区分布面积大，油气资源丰富，但勘探程度低，是现实的油气资源接替领域；另一方面是因为中国海相碳酸盐岩表现出的许多具有中国特色的油气地质特征吸引了众多学者从事该领域的研究（金之钧，2005）。

与国外相比，中国碳酸盐岩的勘探历程有所不同，1977～2000 年间中国碳酸盐岩油气田的探明储量以岩溶风化壳为主，主要勘探以岩溶风化壳和台缘带礁滩体并重，如图 1.5 所示（罗平等，2008）。

中国南方碳酸盐岩分布广泛，具有巨大的油气资源潜力和前景。但不少地区碳酸盐岩

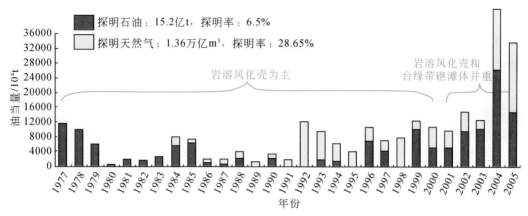

图 1.5　中国海相碳酸盐岩油气勘探历程（罗平等，2008）

裸露，山高沟深，岩溶发育，地震地质条件复杂，近地表结构横向变化大、地下碳酸盐岩目的层波阻抗差异小，界面反射信号弱，各种干扰波发育，地震记录信噪比低，近地表静校正问题严重，地震勘探方法难以奏效。由于碳酸盐岩裸露区地形切割深，地表嶙峋，表层泥土少，岩石坚硬，无法挖掘埋置电极和磁棒，泥土稍厚的地方往往又是大山密林，不容易到达和布站，再加上溶洞、地下河和裂隙发育，工厂、电站电网分布密集，干扰影响范围广，使得该区获得的大地电磁法（MT）资料质量受到严重影响。探索出切实可行的地球物理勘探方法技术路线，是当前该地区工作的重点和难点，复杂条件下碳酸盐岩裸露地区油气勘探是世界性难题（张春贺等，2011）。

中国海相碳酸盐岩形成于多旋回叠合盆地，具有时代老、埋藏深，储集层类型多、非均质性强，油气藏改造、破坏普遍，保存条件复杂等特殊性，碳酸盐岩油气藏的油气水分布非常复杂，油气藏分布规律认识难度大，给勘探开发带来很大的困难。针对上述问题，莫午零和吴朝东（2006）研究了一套预测碳酸盐岩风化壳储层分布规律的方法；李军等（2010）对海相碳酸盐岩勘探地球物理方法的新进展进行了总结。

碳酸盐岩裂缝型储层是海相油气储层以及西部探区的重要储层类型之一，多表现为缝洞储集体形态，埋藏深度大，地震反射波信号复杂，波场特征分析困难等特征，因而对其进行高分辨成像具有一定的难度。

第三节　碳酸盐岩地层地球物理特性

常用的地球物理勘探方法主要包括重、磁、电、震四种，其对应的岩石物理性质分别是密度、磁导率、电导率和弹性。碳酸盐岩具有双重介质（基质孔隙与裂缝孔隙）的特点，是油气勘探的重要领域。碳酸盐岩储层主要由石灰岩和白云岩组成，因此对于碳酸盐岩地层地球物理特性主要研究石灰岩和白云岩的重力特性、磁场特性、电场特性和地震波场特性。

一、碳酸盐岩地层重、磁、电特性

（一）重 力 特 性

重力勘探是目前应用非常广泛的一种地球物理方法，在勘查各种地质构造和寻找各种地质资源方面效果显著。地球内部岩石的物理或者化学性质使地下岩石密度不均，导致在地表及其周围空间重力发生变化，这种由某种地质原因引起的重力变化称为重力异常。通过研究重力异常特征可以得到地下各种地质构造、岩石分布和矿物信息，从而分析、评价、解决各种资源、能源问题。

沉积岩系中，不同时代和不同岩性的地层往往存在着密度差异。明显的密度界面除下古生界基底的顶界面之外，还有好几个界面上下存在着密度差别，并且这些界面往往与地质界面相吻合，这是利用重力研究沉积岩层区域和局部构造的依据。

（二）磁 场 特 性

自然界的岩石和矿石具有不同的磁性，可以产生不同的磁场，它使地球磁场在局部地区发生变化，出现地磁异常。磁法勘探是通过观测和分析由岩石、矿石（或其他探测对象）磁性差异所引起的磁异常，进而研究地质构造和矿产资源（或其他探测对象）的分布规律的一种地球物理勘探方法。

魏喜和郭友钊（2000）较早对碳酸盐岩储层的磁场特性进行了研究，含油碳酸盐岩与无油碳酸盐岩的磁性存在较为明显的差异，在碳酸盐岩储层中，含油储层的磁化率比较低。一般碳酸盐岩的电阻率较高，碎屑岩的电阻率也比较低，碳酸盐岩的电性较强。岩石中存在的含铁矿物决定了磁性，主要造岩矿物决定了岩石电性。

（三）电 场 特 性

地层的电性差异是电法勘探的前提条件。电法勘探是根据岩石和矿石电学性质（如导电性、电化学活动性、电磁感应特性和介电性，即所谓"电性差异"）来找矿和研究地质构造的一种地球物理勘探方法，在我国石油和天然气普查与勘探中有着十分重要的作用。它是通过仪器观测人工的、天然的电场或交变电磁场，分析、解释这些场的特点和规律达到找矿勘探的目的。

作为高电阻率特征的碳酸盐岩层，对地震波能量有较强的屏蔽作用，而对电磁波传播则影响很小，与油气有关的沉积岩往往导电性良好（电阻率低），应用电法勘探可以寻找和确定这类地层（孙卫斌等，2012）。与重力、磁法勘探相比，电法勘探的垂向分辨率高，反演的多解性小，成果的客观性和可视性强。某些重力、磁法勘探不能解决的或不能下结论的问题，可借助大地电磁法加以解决（汤祖伟，1996）。

二、碳酸盐岩地层地震波场特性

地震勘探是近代发展变化最快的地球物理方法之一，它是利用人工激发的地震波在不同地层内传播规律不同来勘探地下地质情况的。碳酸盐岩是形成于不同沉积环境中的碳酸盐沉积物在后期的成岩环境中经历复杂成岩作用的综合产物。基于碳酸盐岩特殊的成岩环境及其特有的物理化学性质，碳酸盐岩储层影响因素复杂，非均质性强，储层横向变化大，碳酸盐岩的主要特征是速度高、密度大，喀斯特化现象严重，往往形成于陡构造的地形复杂区，且碳酸盐岩自身物性差异小，内部层位的反射异常微弱，常常被各种噪声淹没。

（一）弹性与脆性

弹性指物体在外力作用下发生变形，当外力撤出后变形能够恢复的性质。脆性指物体在外力作用很小时就发生破坏的性质。碳酸盐岩的孔隙体系主要由原生孔隙和大量发育的次生孔隙构成，一般具有双重介质特点。碳酸盐岩具有较强的抗塑性性质，故碳酸盐岩成岩后，一般具有很低的岩块（基岩）孔隙度，且随埋深的增加，机械压实作用增加，对其孔隙空间改造十分微弱。在碳酸盐岩储层中，孔隙系统复杂，油气主要存储在次生孔隙中。

（二）地震波速与能量

地震波在地层介质中传播时，基于球面扩散和地层吸收的影响，它的能量会发生衰减。某点激发的地震波在地层中以球面的方式向外传播时，波的振幅与其传播距离成反比，同时地震波传播过程中，一部分能量会转化为热量，在地球物理学上，常用品质因子（Q）来度量地震波能量损失的程度。

一般情况下，碳酸盐岩沉积的纵波速度较高，声学特征明显。岩石无裂缝，声波能量衰减小；岩石有裂缝，声波能量衰减大。碳酸盐岩储层孔隙系统复杂，地震波能量衰减现象突出（马永生和田海芹，1999）。

（三）地震波场传播

碳酸盐岩地层一般具有岩性变化大、储集空间类型多、次生变化明显、非均质性强的特点，因此地震波在碳酸盐岩地层中传播时，方位各向异性特征明显。从理论上讲，横波是研究各向异性介质的最佳方法，当横波在这种各向异性介质中传播时，入射横波会分裂成两个相互垂直的分量，一个沿裂隙面偏振，以较快速度传播，称为快横波；另一个垂直于裂隙面偏振，以较慢速度传播，称为慢横波。在各向异性介质中，纵波同样具有方向性，也就是对于裂隙性各向异性介质，当纵波平行于裂隙带传播时，其速度几乎没有什么变化，而垂直于裂隙带传播的地震波速度会随着裂缝密度的增加而降低，只不过纵波不如横波明显（马永生和田海芹，1999）。

参 考 文 献

江怀友，宋新民，王元基，等.2008.世界海相碳酸盐岩油气勘探开发现状与展望.海洋石油，28（4）：6-13.

金之钧.2005.中国海相碳酸盐岩层系油气勘探特殊性问题.地学前缘，12（3）：15-22.

李军, 殷积峰, 谢芬. 2010. 海相碳酸盐岩勘探地球物理方法新进展. 海相油气地质, 15 (1): 61-67.

罗平, 张静, 刘伟, 等. 2008. 中国海相碳酸盐岩油气储层基本特征. 地学前缘, 15 (1): 36-50.

马永生, 田海芹. 1999. 碳酸盐岩油气勘探. 青岛: 中国石油大学出版社.

莫午零, 吴朝东. 2006. 碳酸盐岩风化壳储层的地球物理预测方法. 北京大学学报 (自然科学版), 42 (6): 704-707.

孙卫斌, 杨书江, 王财富, 等. 2012. 三维重磁电勘探技术发展与应用. 石油科技论坛, 2: 11-15.

汤祖伟. 1996. 南方海相碳酸盐岩分布区 1994—1996 年电法勘探找油实践. 海相油气地质, 1 (4): 45-52.

汪泽成, 赵文智, 胡素云, 等. 2013. 我国海相碳酸盐岩大油气田油气藏类型及分布特征. 石油与天然气地质, 34: 153-160.

魏喜, 郭友钊. 2000. 辽河油田碳酸盐岩储层的磁性特征研究. 石油物探, 39 (4): 114-120.

许效松, 杜佰伟. 2005. 碳酸盐岩地区古风化壳岩溶储层. 沉积与特提斯地质, 25 (3): 1-7.

张春贺, 乔德武, 李世臻, 等. 2011. 复杂地区油气地球物理勘探技术集成. 地球物理学报, 54 (2): 374-387.

张宁宁, 何登发, 孙衍鹏, 等. 2014. 全球碳酸盐岩大油气田分布特征及其控制因素. 中国石油勘探, 19 (6): 54-65.

赵文智, 胡素云, 刘伟, 等. 2014. 中国陆上深层海相碳酸盐岩油气地质特征与勘探前景. 天然气工业, 34: 1-9.

Alsharhan A S, Nain A E M. 1997. Sedimentary basins and petroleum geology of the Middle East. Amsterdam: Elsevier Science.

Michel T H. 2003. Giant fields 1868- 2003, in CD- ROM of giant oil and gas fields of the decade, 1990-1999. AAPG Memoir, 78: 123-137.

Roehl P O, Coquette P W. 1985a. Introduction carbonate petroleum reservoirs. Berlin, Heidelberg, New York: SpringerVerlag.

Roehl P O, Coquette P W. 1985b. Perspectives on world-class carbonate petroleum reservoirs. Tulsa: AAPG.

Wilson J L. 1980a. Limestone and dolomite reservoirs//Hobson G D. Developments in Petroleum Geology. London: Applied Science Publishers Ltd.

Wilson J L. 1980b. A review of carbonate reservoirs//Mall A D. Facts and Principles of World Petroleum Occurrence. Canada: Canadian Society of Petroleum Geologists.

第二章 灰岩裸露区地震采集技术

中国南方山地中下古生代地层经历了从古生代到新生代的加里东、印支、燕山和喜马拉雅等多期构造运动，强烈的构造挤压、抬升作用，使得四川盆地周缘山前带地区褶皱、破碎严重，在风化剥蚀等地质外力作用下，构造隆起区的轴部古生代海相沉积老地层直接裸露于地表，形成条带状分布的灰岩裸露区；桂中、黔西等大南盘江外围探区经历了长时间的大面积抬升、风化和剥蚀，致使三叠系及其以下海相沉积的灰岩老地层直接出露地表，形成大面积成片分布的灰岩裸露区（杨贵祥，2005）。

第一节 灰岩裸露区的地震地质特征

南方山地地形起伏剧烈，高差从几十米至几百米，甚至上千米，山大谷深、沟壑林立，地震施工条件十分复杂；地表植被发育，测量、钻井困难。地形的急剧变化和地表植被严重影响地震勘探炮点、检波点的选择及响检波器埋置，导致多串检波器大组合基距试验在南方山地很难实施。大量的微测井、高密度电法及层析反演表明，南方灰岩出露地区近地表结构的复杂性带来了严重的近地表干扰及静校正问题，直接影响地震勘探最终效果（李林新，2005）。

复杂的地下构造严重影响了波场传播的稳定性，加剧了波场的复杂程度，是制约灰岩裸露区地震勘探的另一个重要因素（敬朋贵，2014）。以镇巴地区为代表的典型的南方复杂山前带探区，地表隆起区出露三叠系须家河组，局部出露海相雷口坡组及嘉陵江组地层，凹陷区域普遍存在侏罗系及其以下陆相地层，产状较缓；地下大面积分布一套嘉陵江膏盐岩地层，揉皱剧烈，横向厚度变化较大；海相二叠系、三叠系—志留系构造复杂、断裂发育，地震反射凌乱；中寒武统反射能量较强但地震反射一致性较差。

南方灰岩裸露区集地形极度复杂、出露岩性及其产状复杂、近地表结构复杂的"地表三复杂"和"地下构造三重皱"于一体的地震地质特征，严重影响了地震波场传播的稳定性；陆相地层产状高陡及膏盐岩地层厚度变化剧烈导致地震波传播路径严重畸变；膏盐岩地层急剧揉皱对下伏构造带来的能量屏蔽作用，且地震波在传播过程中极易产生强烈的绕射；地层的破碎导致目的层地震反射以短反射、绕射为主，波组的稳定性差、波场的极度紊乱严重影响了地震勘探效果（杨勤勇等，2009）。

一、南方灰岩裸露区地形地貌特征

（一）地形地貌复杂多变

南方灰岩出露地区多属于山地地形，整体上地形变化较为剧烈，相对高差变化较大，地貌复杂多变。按照地形高差可以分为低缓丘陵山地、中等山地、高山山地。低缓丘陵山地一般高程差在几十米至百米范围变化，山体坡度较缓，因适合于农作物生长，田地广布，场镇密集，人口稠密，工、农业生产较为发达，交通便捷，但厂、矿多，工农业及人文干扰较为严重，典型探区为桂中。中等山地一般高程在100~800m变化，山体坡度变陡，植被发育，人文活动相对减少，但煤矿等矿山较多，典型探区为黔南黔西。高山山地一般高程大于800m，地形高差大，最大可达1600m以上，沟壑纵横、陡崖林立，山体坡度达到30°以上，悬崖、峭壁比比皆是，表现为山峦重叠、沟谷纵横，大部分属于无人区，典型探区为镇巴地区（图2.1）。

图2.1　南方复杂山地地形地貌特征（镇巴）

（二）出露岩性、产状复杂

南方地区探区经过多期次的构造运动，出露灰岩以三叠系以下老地层为主，出露岩性的复杂性不仅表现在灰岩年代多，既有中下三叠系灰岩，也有二叠系、石炭系、中下泥盆统、志留系、奥陶系、寒武系及震旦系灰岩，还表现在灰岩类型多，有泥质灰岩、灰岩、白云岩（图2.2）；且结构复杂，有块状灰岩、层状灰岩等。整体上看，四川盆地周缘灰岩裸露区主要呈条带状分布，桂中、黔西等广大外围探区灰岩裸露区主要呈大面积成片区分布。

南方山地地区经过多期次的地质运动，大部分灰岩裸露区地层褶皱发育、破碎严重、产状变化大、出露地层倾角陡，特别是构造核部，地层产状近于直立。近地表地层产状和纵横向岩性的不连续变化，构造了一个"不均匀"的地质-物理模型，这种"不均匀"的地质-物理模型引起地球物理特性的复杂变化，从而造成地震波传播过程中传

(a) 泥质灰岩　　　　　　　　　(b) 灰岩　　　　　　　　　(c) 白云岩

图 2.2　南方灰岩类型

播路径不规则性，不利于地震波能量的传播与接收。另外，出露地表的灰岩随含钙量的不同，受地表水淋滤和溶蚀作用及程度也不同，局部形成大型溶蚀孔洞出露地表，而大量溶蚀孔洞则埋藏地下，特别是近地表 100m 范围的溶蚀孔洞对地震波的传播形成较大影响，严重影响地震资料品质。灰岩裸露区普遍属于喀斯特地貌区，石笋山、悬崖绝壁、裂缝、溶洞发育（图 2.3），造成地震波能量衰减严重，在裂缝及溶洞发育段激发，地下散射体发育，散射干扰异常严重，有效信号损失较多，同时由于溶洞或裂缝的存在，炮井在岩区溶洞中激发，会在溶洞中产生空响，产生声波干扰及井口次生干扰，致使激发单炮记录信噪比降低。

图 2.3　南方山地典型喀斯特地貌、溶洞、垮塌区

（三）表层低降速带纵横向变化大

低降速带厚度变化大是南方灰岩出露地区另一个显著的特点。多期构造运动形成了山高、坡陡的复杂地形地貌，不同时代的地层裸露于地表，原岩的岩石特征在外应力的地质作用下不间断地改变；因山洪、滑塌等作用，岩石产生碎裂、溶浊。在相对平缓的低地，原岩化学风化强烈，经过长期地淋滤、侵蚀，常形成疏松的土层，而高山区以物理风化为主，原岩碎裂、崩塌，则形成大小不等的岩块。沟谷区常见成熟度较低的砂砾层，而山谷、河口，发育巨大的冲积扇体，冲积扇体最厚达 200m。风化层的结构、含水饱和度以及风化层厚度分布十分不均匀，造成了低降速带横向变化的不连续性（图 2.4）。低降速带的横向不均匀性导致地震波的运动学特征和动力学特征发生改变。在地震资料采集时，巨厚的低降速带带来较大的静校正时移，造成原始记录反射波组连续性差（敬朋贵，2014）。

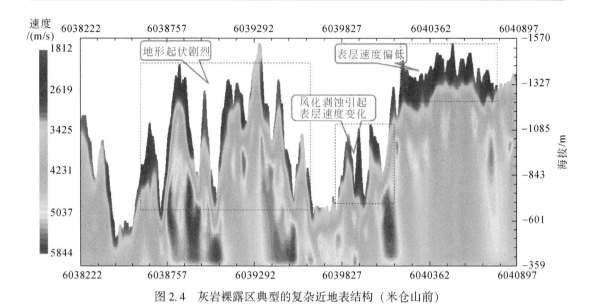

图 2.4　灰岩裸露区典型的复杂近地表结构（米仓山前）

二、南方灰岩裸露区地质构造特征

南方探区地质历史时期经受过多期构造运动，沉积盆地演化具有多阶段性，后期改造剧烈，岩溶、断裂、破碎带发育，地震波吸收衰减明显；受强烈地质构造运动的影响，地层褶皱发育、倾角变化较大、逆掩推覆强烈，致使地震波场异常复杂。

（一）按地层产状和构造变形程度分类

从现有资料揭示的地下地质特征上可以划分为地层产状相对平缓和构造变形剧烈两类区域。

1. 地层产状相对平缓区

地层产状相对平缓区，构造变形较小，沉积地层相对稳定，岩层的地球物理特性未发生重大改变，构造相对单一，地震波传播路径未受到较大改变，反射波阻抗界面反射系数较稳定，地震资料较好，典型区域如元坝工区、焦石坝主体区等（图 2.5）。

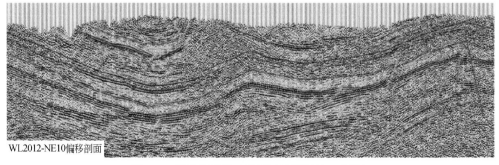

图 2.5　地下地层相对平缓区地震资料（武隆）

2. 构造变形剧烈区

这类地区深浅层构造不协调，断裂、断层发育，构造复杂，地层高陡，速度纵横向的差异将引起地震波场的较大变化，其射线传播路径会发生畸变，地震波场复杂，正常反射波与异常波（回转波、断面波、绕射波等）交混在一起，甚至远超出了物探技术常规的假设条件，地下成像难度大，严重影响采集、处理和解释质量及精度。

镇巴地区就是典型的构造变形剧烈区，其中下古生界曾经历了从古生代到新生代的加里东、印支、燕山和喜马拉雅等多期构造运动，致使地层破碎，褶皱强烈，构造类型主要为褶皱、叠瓦状构造及断层三角带，能量屏蔽严重；在强烈的构造抬升、挤压作用下，岩层破碎严重，地层产状陡，甚至直立或倒转，特别是盆山交接带的镇巴大断裂带，断裂破碎严重，造成地震波传播过程中存在严重的散射损失，地震波场异常复杂，不利于地震波能量的稳定传播，致使目的层反射能量弱，反射波组连续性差，信噪比低，缺少稳定的强反射界面（图 2.6）。

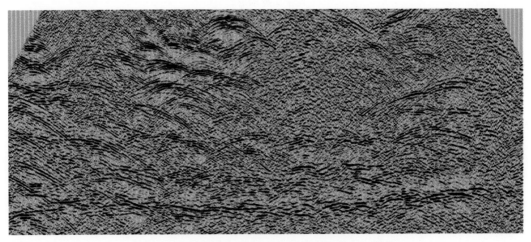

图 2.6　复杂地表和复杂地下构造区地震资料（镇巴）

（二）按地表和地下地震地质特征分类

根据南方山地的地表与地下地震地质特征主要可以分为四种类型。

1. 出露灰岩产状平缓且地下构造平缓

以桂中、安顺、黔西等探区为代表，由于近地表为喀斯特地貌特征，溶洞发育，激发单炮难以形成有效反射，且地下波阻抗差异小，虽然地下地层比较平缓，但地层反射弱，地震资料信噪比非常低，波组关系较难识别，可解释性差，难以满足勘探需要（图 2.7）。

2. 出露灰岩产状高陡但地下构造平缓

以焦石坝、武隆、丁山、林滩场等探区为代表，地表出露灰岩泥质含量较多，地震资料整体信噪比较高，各反射层波组特征稳定，同相轴连续，可解释性较强，勘探目的层可

图 2.7 地下反射产状较平缓典型的低信噪比剖面，二叠系—石炭系出露区（桂中）

对比追踪，断裂系统刻画较清晰，基本能够地满足地质解释需求（图 2.5）。

3. 出露灰岩产状平缓但地下构造高陡

以川东南、南盘江、綦江南等探区为代表，受构造高陡影响，特别是构造顶部破碎区，反射波场比较复杂，致使弱有效反射信息难以准确成像，信噪比普遍较低，同相轴难以连续对比追踪，可解释性较差（图 2.8）。

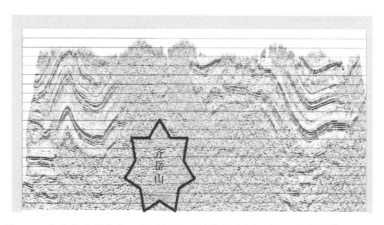

图 2.8 地表构造复杂化，灰岩裸露区低信噪比剖面段（川东南外围地区）

4. 出露灰岩产状高陡且地下构造高陡

以镇巴探区为代表，在地表地下双复杂条件的共同影响下，反射同相轴多显弧形特征，几乎没有水平连续反射同相轴，强弱相位频繁转换的特征明显，即使是明显的反射波组也无法连续追踪或连续追踪范围十分有限，纵向可连续追踪的反射一般不超过 50 道，普遍在 20～40 道之间，且反射波组普遍不完整，呈现半支绕射特征，而构造过渡带甚至难以形成反射，反射、绕射、回转波的匹配关系并不完整，波组稳定性差、波场不健全。

第二节 灰岩裸露区地震波激发、接收机理

长期的勘探实践表明，相比于砂泥岩地区，灰岩裸露区的地震资料的信噪比明显低。砂岩的弹性好，而灰岩的弹性差、刚性强，在外力作用下，灰岩介质不易形成弹性波。南方山地不同地区灰岩的泥质含量不同：泥质含量越低激发效果越差，易因灰岩的碳酸钙含量较高暴露地表而被风化、溶蚀，因此浅表层多溶洞是其典型特征。另外，灰岩因致密、含水性差的特性，激发效果差。灰岩的形态有块状的和层状的，块状灰岩激发接收条件差（如南江北部、镇巴东北部），层状灰岩激发接收条件相对好（安顺地区）。灰岩有直接暴露于地表的，但大部分灰岩之上有一层沙土覆盖层，覆盖层厚度不等（图2.9）。

(a) 三叠系灰岩　　　　　　(b) 二叠系灰岩　　　　　　(c) 灰岩溶洞及覆盖层

图 2.9　灰岩特征

影响地震资料信噪比的原因主要有两个方面：一个是各种噪声发育，另一个是有效信号能量弱。其中，噪声发育主要是表层结构和采集施工环境的复杂性引起，具有不可控制性，因此，工作的重点是探讨有效信号能量弱的原因。通常认为，有效信号能量弱的原因可能有两个，一是激发、接收到的信号弱，二是地层对信号的衰减作用强。通过垂直地震剖面法（VSP）数据的分析可知，在地震勘探频率范围内，深层灰岩地层和砂泥岩地层对信号的衰减没有明显差异，说明灰岩裸露区地震资料信噪比低主要与地震波的激发和接收条件有关，不同的激发和接收岩性，地震资料的品质差异明显。

针对炸药震源的激发能量而言，炸药在岩石中的爆炸机理、爆源属性的差异以及围岩性质可以决定爆炸地震波的强度和强度的变化率，进而决定岩石中质点的位移大小，即爆炸地震波的初始能量的强弱。因此，要想提高爆炸地震波的初始能量，改善地震资料的信噪比，就必须研究清楚炸药在岩石中的爆炸机理、爆源属性以及围岩性质对爆炸地震波能量的影响机制，制定出最佳的激发模式。

从地震波的接收条件来看，裸露的灰岩地表与有低降速层覆盖的砂泥岩相比，岩石更加坚硬、速度更高，按照弹性波理论，这样的条件更有利于减少波动能量在传递过程中的衰减，在检波器与表层介质耦合良好的条件下应该接收到更强的能量，但由于一定能量条件下高速度、高密度介质中振动幅度较小，实际上灰岩裸露区接收到的资料质量明显差于有低降速层覆盖的砂泥岩区，因此对地震波在岩石中的接收机理有待进一步认识，以求改

进接收技术。

综上所述，深入分析灰岩中爆炸地震波的激发机理和检波器在灰岩裸露地表的接收机理，找出影响灰岩裸露地区地震资料信噪比低的主要原因，是提高灰岩裸露区地震资料信噪比的基础。

一、灰岩类型及其适用的力学理论

（一）灰 岩 类 型

通常情况下，灰岩中所见到的颗粒组分和结构是以下 3 个因素相互作用的结果，即物理沉积作用、生物沉积作用和化学成岩作用。因此，灰岩可分为三大类型：沉积作用类、生物作用类、成岩作用类（梅冥相，2001），如表 2.1 所示。

表 2.1　灰岩成因结构分类表

沉积作用类				生物作用类			成岩作用类				
泥基质支撑		颗粒支撑		发育原地生物			原生沉积结构未消失			原生沉积结构全消失	
颗粒少于10%	颗粒大于等于10%	有基质	无基质	介壳状构筑生物为主	障积型生物为主	坚固抗浪型生物为主	主要由胶结物组成	颗粒多为缝合接触	颗粒绝大多数呈缝合接触	晶粒大于等于10μm	晶粒小于10μm
钙泥岩	粒泥灰岩	泥粒灰岩	颗粒灰岩	黏结灰岩	障积灰岩	骨架灰岩	胶结灰岩	凝聚颗粒灰岩	镶嵌颗粒灰岩	亮晶灰岩	微亮晶灰岩

（二）非连续介质力学

从表 2.1 中可以看出，由于沉积作用的不同，从微（细）观结构上看，不同灰岩的内部颗粒结构也存在明显的差异，这种微（细）观结构的差异必然会导致不同灰岩的宏观力学性质的不同，二者的关系通常难以用连续介质力学理论（忽略了介质具体的微观结构）进行准确描述。根据岩石物理理论，岩石的宏观参数不仅受到岩石中颗粒大小、形状和分布的影响，还与颗粒和胶结物的变形和强度特性有关。显然，要将颗粒细观力学参数与宏观力学特性联系起来，就必须采用非连续介质力学理论。

根据非连续介质力学理论的颗粒流方法，将岩石介质离散成刚性颗粒组成的模型，在颗粒接触关系模型假设条件的约束下，可以建立颗粒细观力学参数与宏观力学特性的联系，通过离散元模拟计算，可以模拟出外力加载情况下的岩石颗粒之间的相互作用和岩石破裂面的形成扩展过程，确定加载外力的能量传播和损耗过程。显然，从理论意义上讲，非连续介质力学也可以应用于爆炸地震勘探中，模拟爆炸冲击波加载在井孔围岩上时，加载外力的能量传播、损耗以及围岩的破坏过程。然而目前使用的颗粒流方法及其离散元模拟计算，通常假设颗粒形状和颗粒之间的接触关系较为理想化，与实际情况还相差太远，计算机模拟结果的多解性仍然较大。

（三）连续介质力学

目前地震勘探中实际使用的爆炸地震波的频率（5～120Hz）相对于岩石微（细）观结构的尺度（nm～mm）而言，利用连续介质模型假设，忽略物质的具体的微（细）观结构差异，用一组弹（塑）性理论方程去描述宏观物理量（如密度，速度，压力等）和介质质点振动（爆炸地震波）之间的关系，能够方便地使用数学形式描述地震波爆炸激发过程中围岩微观介质力学参数同其宏观力学参数的关系，研究灰岩介质在爆炸应力波加载下的力学特征及其破坏机制中的共性，分析爆炸地震波同灰岩宏观参数之间的关系。

二、灰岩介质地震波激发机理

南方灰岩裸露区地震波激发主要是通过炸药井中爆炸的方式进行，因此，震源激发机理的研究就归结为炸药在岩石中的爆炸机理、爆源参数以及围岩性质对爆炸地震波能量影响机制的研究。

（一）爆炸地震波形成机理

1. 炸药爆炸对围岩的作用过程

爆炸地震波是炸药爆炸能量对围岩做功形成的一种岩石内应力在空间传播的波动形式。炸药在炮孔中爆炸时，炸药能量以两种形式释放出来，一种是爆炸冲击波，另一种是爆炸气体。通常岩石的破碎是由冲击波和爆炸气体膨胀压力综合作用的结果，但两种作用形式在爆破的不同阶段和针对不同的岩石所起的作用不同。爆炸冲击波（应力波）使岩石产生裂隙，并将原始损伤裂隙进一步扩展，随后爆炸气体使这些裂隙贯通，扩大成岩块，脱离母岩。此外，爆炸冲击波对高阻抗的致密、坚硬岩石的作用更大，而爆炸气体压力对低阻抗的软弱岩石的破碎效果更佳。事实上，炸药爆炸产生的能量主要用于破碎围岩，仅仅只有极小的能量用于产生爆炸地震波，最终以弹性波的形式传播到地表被检波器接收。

大量爆破实践和试验表明，当炸药在无限介质中爆炸时，除炸药在井壁周缘形成压缩区（土介质和软岩中可塑性较强的介质最为明显）外，还从炸药中心向外依次形成压碎区、裂隙区（亦称破坏区，形成辐射状和环状裂隙）和振动区（弹性形变带）（图2.10）。在压碎区内，岩石被强烈粉碎并产生较大的塑性变形，形成一系列与径向呈45°的滑移面；在裂隙区内，岩石本身结构没有发生变化，但形成辐射状的径向裂隙，有时在径向裂隙之间还形成有环状的切向裂隙；振动区内的岩石没有任何破坏，只发生振动，其强度随距爆炸中心的距离增大而逐渐减弱，以致完全消失。上述作用过程普遍适用于固结的岩石，由于坚硬且较脆的灰岩抗拉抗剪能力较差，裂隙区会相对发育（钱绍瑚和李套山，1998）。

在炸药爆炸的整个爆轰过程中，先由冲击波对炮井围岩产生径向压缩和拉伸作用，再由爆炸气体产物对炮井围岩产生膨胀压力作用，但是整个爆轰反应时间相当短促，通常在

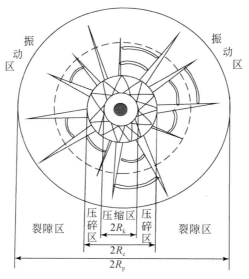

图 2.10　炸药爆炸对围岩作用的示意图

R_k 为压缩区半径；R_c 为压碎区半径；$2R_p$ 为裂隙区半径

岩石破碎前就已经结束。图 2.11 表示孔内药包起爆后，炮孔内爆破压力–时间（$P\text{-}t$）的变化曲线，t_1 为药包爆轰反应时间，t_2 为爆炸气体膨胀作用时间。P_2 为爆轰压力，P_3 为爆炸气体的膨胀压力在均压以后的爆炸压力。曲线 MN 表示爆炸压力随时间的变化，可以看出：①爆轰压力越高，曲线越陡，t_1 时间越短，能量利用率越低；②t_2 时间越长，爆炸压力作用的时间也越长，能量利用率越高，岩石破碎也越均匀。

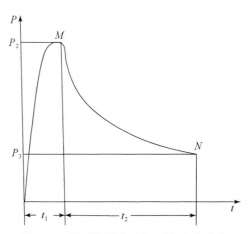

图 2.11　岩石的爆破压力–时间变化曲线

　　综上所述，炸药爆炸产生的爆炸冲击波和爆炸气体压力（应力波）将其附近的围岩介质粉碎、破裂（分别形成压碎圈和破裂圈），当应力波通过破裂圈后，由于它的强度迅速衰减，只能引起围岩质点产生弹性振动，这种弹性振动以弹性波的形式向外传播，又被称为爆炸弹性波。因此，提高爆炸弹性波的能量使得地震采集数据的信噪比得到提高是值得研究的问题。要弄清这个问题，就必须要探讨爆炸总能量在围岩介质中形成爆炸空腔和压碎区、裂隙区以及振动区的能量消耗情况。

2. 爆炸空腔和压碎区的形成过程

球形炸药瞬间爆炸气体产生的压力远远大于岩石的抗压强度。在这种超高压的冲击下，炮井邻近围岩不仅会立即被压碎，而且局部温度可超过3000℃，成为熔融状塑性流态，形成一个强变形区。在爆炸冲击波作用下，围岩被严重挤压或击碎，最终形成空腔和压碎区。

压碎区半径可以按下式来估算（戴俊，2001）：

$$R_c = \left(\frac{\rho_m C_P^2}{5 S_C}\right)^{\frac{1}{2}} R_k \tag{2.1}$$

式中，S_C为灰岩单轴抗压强度；R_k为压缩区半径，$R_k = (P_1/P_0)/4r_b$，P_1为炸药平均爆轰压，$P_1 = \rho_0 D^2/8$，P_0为多向应力条件下的灰岩强度，$P_0 = S_C(\rho_m \cdot C_P2/S_C)^{1/4}$，$r_b$为炮孔半径；$\rho_m$为灰岩初始密度；$C_P$为灰岩的弹性波波速。

虽然压碎区半径不大，但由于围岩遭到强烈粉碎，消耗能量却很大。因此，在岩石中进行以产生勘探地震波为目的的爆炸时，应尽量减小压碎区，减少能量损失。

3. 围岩裂隙区（破坏区）的形成过程

当冲击波衰减为压缩应力波，围岩直接受它的作用时，径向方向产生压应力和压缩变形（质点产生较大的径向位移），从而使切向（环向）产生拉应力和拉伸变形。这种环向拉应力容易在径向方向产生裂缝，形成裂隙区，通常压缩应力波造成的破坏程度由围岩所受的应力值决定。

此外，由于冲击波作用时间极短，压碎圈半径远小于裂隙区，计算裂隙区大小时，为方便理论计算，可忽略冲击波和压碎圈的影响，按声学近似公式计算应力波初始径向峰值应力P_2（即作用在孔壁上的最大冲击压力）。

对于耦合装药：

$$P_2 = \frac{\rho_0 D^2}{4} \times \frac{2}{1 + \frac{\rho_0 D}{\rho_m C_P}} \tag{2.2}$$

对于不耦合装药：

$$P_2 = \frac{\rho_0 D^2}{8} \times \left(\frac{r_c}{r_b}\right)^6 \cdot n \tag{2.3}$$

式中，ρ_0为炸药密度；D为炸药爆速；r_c为药柱半径；n为爆轰产物撞击孔壁时压力增大的倍数，$n = 8 \sim 11$。

式（2.2）和式（2.3）表明，炮孔壁上产生的初始冲击压力会受到不耦合系数的影响。

已知初始径向峰值应力P_2，可求的应力波应力随距离衰减的关系为

$$\sigma_r = \frac{P_2}{r^a} \tag{2.4}$$

由围岩在比例距离 $\bar{r}$ 处（实际半径/药室半径）所受的压缩应力可得，切向方向产生的拉应力近似按下式计算：

$$\sigma_\theta = b \cdot \sigma_r = \frac{bP_2}{\bar{r}^\alpha} \tag{2.5}$$

若以灰岩抗拉强度 S_T 代替 σ_θ，由式（2.4）和式（2.5）解出 r，即径向裂隙区半径为

$$r = R_P = \left(\frac{bP_2}{S_T}\right)^{\frac{1}{\alpha}} r_b \tag{2.6}$$

式中，b 为切向应力和径向应力的比例系数，$b = v/(1-v)$，v 为灰岩的泊松比；α 为应力波衰减指数，$\alpha = 2-b$；$\bar{r}$ 为比例距离，$\bar{r} = r/r_b$。

此外，当压缩应力波压强下降到某一临界值时，装药围岩在压缩过程中积蓄的弹性变形能就会释放，压缩应力波并转变为卸载波，形成朝向爆炸中心的径向拉应力，当岩石的抗拉能力较差时，岩石便会被拉断，在已形成的径向裂隙间将产生环状裂隙。在径向应力与切向应力共同作用下，还会形成剪切裂缝。裂隙区形成的同时，高压的爆炸产物气体的膨胀尖劈作用会助长裂缝的扩张，将岩石切割破碎，构成破裂区，范围一般为 3~15 倍的径向裂隙区半径为 r。

4. 爆炸地震波的形成机制及特征

在距爆炸点一定距离处，当应力波衰减到不足以对岩石形态造成破坏时，围岩就会发生弹性变形，形成稳定的爆炸地震波和弹性区。在弹性区爆炸地震波以弹性波的形式在岩石中传播，其质点位移函数可写成：

$$u(t) = \frac{a^2 P_0}{2\sqrt{2}\mu r_1}\exp\left(-\frac{kt}{\sqrt{2}}\right)\sin kt \tag{2.7}$$

式中，a 为爆炸形成的球形孔穴半径，m；P_0 为爆炸应力波作用于孔穴内壁上的压强，N/m^2；μ 为弹性常数；r_1 为传播距离（一般为孔穴半径的几倍），m；t 为传播时间，s；$k = 2\sqrt{2}V/3a$ 为圆频率，Hz，V 为波在围岩介质中的传播速度。

考虑到陆上采集使用的是速度类检波器，将式（2.7）求导可得质点振动的速度表达式：

$$s(t) = \frac{a^2 P_0 k}{2\sqrt{2}\mu r_1}\exp\left(-\frac{kt}{\sqrt{2}}\right)\left(\cos kt - \frac{1}{\sqrt{2}}\sin kt\right) \tag{2.8}$$

当 r_1 较小时，式（2.8）可近似看作是爆炸震源子波，其波形示意图如图 2.12（a）所示，通过傅里叶变换求得相应的振幅谱表达式：

$$|s(w)| = \frac{a^2 P_0 k}{2\sqrt{2}\mu r_1}\frac{w}{\sqrt{\left(\frac{3k^2}{2}-w^2\right)^2 + 2k^2 w^2}} \tag{2.9}$$

式中，w 为地震波的频率，Hz，其频谱示意图如图 2.12（b）所示。

由式（2.8）和式（2.9）可知，在不考虑其他因素时，震源子波的波形和振幅谱主要取决于激发岩性的速度、弹性常数和孔穴半径。当药量一定时，岩性速度越大，主频越

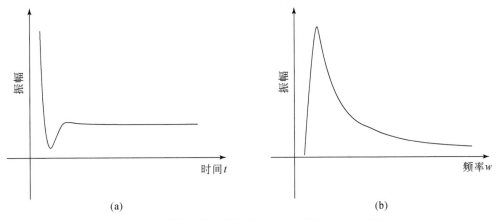

图2.12　爆炸地震波的波形（a）和频谱（b）示意图

高，频带越宽；孔穴半径越小，频率越高；岩石弹性常数越大，振幅越低。而地震波的传播实质是能量的传播，它与地震波的速度V、振幅A的平方、波的频率f的平方以及介质的密度ρ成正比，即$E \propto \rho A^2 f^2 V$。

　　显然，对于高速致密坚硬的灰岩，爆炸地震波的主频较高，高频能量较多，但弹性常数大（图2.13线性部分的斜率大），在能量一定的情况下，振幅较小，不利于接收。

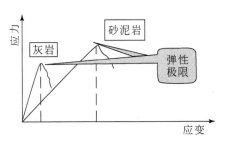

图2.13　灰岩和砂泥岩应力与应变关系图

　　如果没有地层的吸收衰减和环境噪声的影响，灰岩区接收的波场的分辨率应该较好。但在实际地层中，通常此类爆炸地震波的吸收衰减都非常严重，采集区的地质地形条件往往噪声发育，使得实际接收到的地震波的信噪比和频带宽度都远低于理论分析的结果。

（二）灰岩介质中地震波激发影响因素

　　大量的实践经验表明，破裂区与原状岩体区的交界面至爆心的距离（即爆炸破坏区半径）的经验计算公式为

$$R_{\mathrm{P}} = 1.65 K_{\mathrm{P}} C^{1/3} \qquad (2.10)$$

式中，R_{P}为破坏区半径，m；K_{P}为岩石的破坏系数，一般为$0.51 \sim 0.58$；C为等效三硝基甲苯（TNT）装药量，kg。

　　从雷管在砂岩中爆炸和在灰岩中爆炸后岩石的破碎情况（图2.14）可以看出：同样是一发雷管，砂岩被炸开的范围大［图2.14（a）］，灰岩被炸开的范围小［图2.14

（b）]；四发雷管在砂岩中爆炸，砂岩被炸后是块状的［图 2.14（c）]；而两发雷管在灰岩中爆炸，灰岩被炸后破碎严重［图 2.14（d）]。这些现象表明，砂岩的塑性强，可压缩性强，受外力作用质点位移特征明显，应力卸载区为塑性区，利于形成弹性波，因此砂岩中激发效果较好；而灰岩的刚性强，脆性强，塑性差，可压缩性差，质点位移特征不明显，在卸载区几乎不是塑性区，雷管或炸药爆炸做功大部分用于炸碎岩石，少部分能量转化为弹性波（表 2.2）。同时，正由于灰岩的刚性强，可压缩性差，形成的弹性波频率极高，可达到上千甚至数千赫兹，这些高频弹性波的形成又消耗了一大部分能量，剩余的少部分能量转化为地震勘探所需要的低频弹性波。高频弹性波能量在地层中被迅速衰减吸收，低频弹性波能量本身很弱，再经过地层的吸收衰减，反射到地表的能量更弱，从而导致检波器接收到的能量很弱，单炮记录特征是次生干扰极重，微弱的有效反射被淹没在极强的次生干扰之中。这就是灰岩裸露区激发效果差、地震记录信噪比低的主要原因之一。

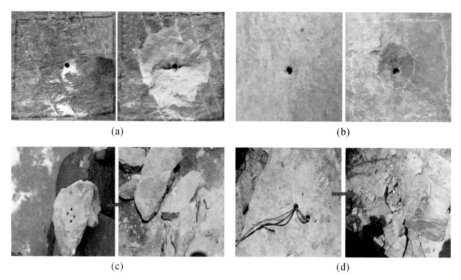

图 2.14　雷管在砂岩和灰岩中爆炸后岩石的破碎情况
（a）砂岩中一发雷管爆炸前（左）、后（右）；（b）灰岩中一发雷管爆炸前（左）、后（右）；
（c）砂岩中四发雷管爆炸前（左）、后（右）；（d）灰岩中二发雷管爆炸前（左）、后（右）

表 2.2　砂岩和灰岩中激发差异

岩性	加载区	卸载区	弹性区	结构特征差异	雷管实验
砂岩	破碎	形成塑性区	大部分能量转化为弹性波	颗粒结构，弹性好、受外力作用质点位移特征明显	5cm 激发加深 2cm，孔半径 5cm
灰岩	破碎	无塑性区	少部分能量转化为弹性波	骨架结构，弹性差、受外力作用骨架首先破碎，消散能量，质点位移特征不明显	5cm 激发加深 1cm，孔半径 3cm，球形扩径低 40%

根据地震波传播理论，在均匀的各向同性介质中，点胀缩震源作用下的波动方程的解为

$$U_{\text{p}} = -\frac{1}{4\pi V_{\text{p}}^2}\left[\frac{1}{r_1^2}\Phi_1\left(t-\frac{r_1}{V_{\text{p}}}\right)+\frac{1}{r_1 V_{\text{p}}}\Phi_1'\left(t-\frac{r_1}{V_{\text{p}}}\right)\right]\frac{\vec{r_1}}{r_1} \tag{2.11}$$

式（2.11）说明，当纵波传播的速度一定时，纵波的质点位移大小主要取决于和震源有关的震源强度函数 $\Phi(t)$ 和其变化率 $\Phi'(t)$。对于灰岩裸露区，激发介质一定的情况下，爆炸地震波在传播过程中表现出来的性质主要取决于震源本身所具有的特性。因此，提高灰岩区的激发能量就要研究如何改变震源的性质，即炸药种类、炸药药量、装药结构以及爆破条件、爆破方法等。

1. 炸药类型对爆炸地震波能量的影响

不同品种的炸药在同一碳酸盐岩中爆炸时，波阵面后质点运动速度、应力波正压作用时间，质点位移量以及能流密度各不相同。通常来说，炸药爆热越大，上述各参数越大，如果炸药的爆热相同，则炸药的爆速越高，和爆炸地震波能量正相关的各参量就越大（不包括应力波正压相互作用时间）。

炸药爆炸所造成的机械作用，首先是爆轰产物冲击邻近的围岩介质，当爆轰波传至炸药与介质的分界面处，必然在介质中产生冲击波，同时在爆轰产物中可能形成反射冲击波，也可能形成反射稀疏波。这种反射波的性质，将取决于爆轰波参数和介质的物理特性。

根据爆轰波结构 C-J 理论，爆轰波可简化为一个冲击压缩间断面，即一药柱与右端可压缩介质接触爆炸，爆轰波到达界面的瞬间，在介质中传入一透射冲击波，同时向 C-J 状态的爆轰产物中传入一反射波，如图 2.15 所示，其中，P_1、U_1 分别为入射爆轰波的压力和速度，P_1'、U_1' 为反射波的压力和速度，P_2、U_2 为透射冲击波的压力和速度。

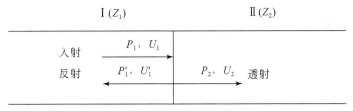

图 2.15　C-J 理论下的接触爆炸冲击波的反射和透射

爆轰波传入介质中初始能量占炸药总能量的比值（即能量传递系数 η）为

$$\eta = \frac{E_0}{E_0+E_0'} = \frac{1}{1+\dfrac{E_0'}{E_0}} \tag{2.12}$$

式中，E_0 为轰波传入介质中的初始能量；E_0' 为反射波能量。据此可知，当围岩和炸药的波阻抗匹配时，反射波的能量为零，炸药全部能量将传递给围岩介质。

由于应力波在传播过程中将不断衰减，在相对距离 $\bar{r}(\bar{r}=R/R_0)$，R 为应力波传播距离，R_0 为应力波产生时离炸药中心的初始距离）的最大应力 σ_{rmax} 为

$$\sigma_{\text{rmax}} = \frac{\sigma_{\text{r0max}}}{\bar{r}_1^n} = \frac{2\rho_{\text{m0}}V_{\text{m0}}}{\bar{r}_1^n(\rho_{\text{m0}}V_{\text{m0}}+\rho_0 V_0)}\cdot\frac{\rho_{\text{m0}}V_{\text{m0}}^2}{(k+1)} \tag{2.13}$$

式中，σ_{r0max} 为初始最大应力；ρ_{m0}、V_{m0} 为炸药所在岩石的密度与纵波速度。

对凝聚状介质，$k = 3$，则在相对距离 $\bar{r}$ 处的应力波能量为

$$E = \frac{\rho_0^2 V_0^4 \rho_{m0} V_{m0} R_0^{2m}}{4(\rho_{m0} V_{m0} + \rho_0 V)^2 R^{2n}} \int_0^r e^{-2a(t-t_r)} \frac{\sin^2 \beta t}{\sin^2 \beta t_r} dt \tag{2.14}$$

考虑到灰岩介质密度和弹性波传播速度大的特点，结合式（2.14），采用密度大、爆速高的炸药，可以提高相对距离 $\bar{r}_1$ 处的应力波能量，从而提高爆破地震波能量。由于爆炸能量对于爆炸地震波传播的距离和其他特性参数均有非常重要的影响，炸药爆炸能量的高效率传递将提高爆破地震波传播距离和范围。

2. 炸药与岩石耦合关系研究

炸药和围岩介质之间有两种耦合关系，即几何耦合和阻抗耦合。

几何耦合是指药包与周围介质的接触程度，药包与井壁完全接触叫耦合，药包与井壁不完全接触叫不耦合。不耦合或耦合不好会使炸药在井孔中爆炸时冲击波能量受到很大损失，在岩体中由它激发的爆炸应力波的强度也会降低。在实际的地震工作中，药包与井壁之间多少会有一点空隙，应在井中注水或灌满泥浆且要回填好井口，以改善它们的耦合关系。实际工作中的堵塞或闷井就是为了在爆轰气体充分作用于岩体之前，阻止高压的爆轰气体过早地泄漏到大气中，延长高压爆轰气体对岩石的加压作用；它还可以改善炸药与周围介质的几何耦合关系，提高爆炸能量的利用率和做功能力，增大波垂直向下的穿透能力。

阻抗耦合是指炸药波阻抗和介质波阻抗值之比 R_P，由前面的分析可知，当 R_P 值越接近于 1，所激发的地震波能量越强，各个频率段的能量才能达到最大。从表 2.3 和表 2.4 中可以看出，目前常用的高爆速 I 型炸药的平均阻抗与砂岩平均阻抗相当，高爆速 I 型炸药的平均密度比砂岩的平均密度小 0.6g/cm³，平均速度比砂岩平均速度高 1500m/s，高爆速 I 型炸药的平均阻抗却明显低于灰岩的平均阻抗，尤其远远低于二叠系及以下地层灰岩的平均阻抗，这也是在二叠系及以下地层灰岩中激发效果比三叠系灰岩中激发效果更差的主要原因。高爆速 II 型和高爆速 III 型炸药的阻抗也达不到灰岩的平均阻抗，难以获得较好的激发效果。

表 2.3　各种类型炸药指标

炸药类型	中密度	高爆速 I 型	高爆速 II 型	高爆速 III 型	TNT	黑索金
密度/(g/cm³)	1.2 ~ 1.4	1.4 ~ 1.6	1.4 ~ 1.6	1.4	1.64	1.77
爆速/(m/s)	4000	5000	6000	7000	6900	8600
阻抗/[kg/(s·m²)]	4.8 ~ 5.6	7 ~ 8	8.4 ~ 9.6	9.8	11.3	15.22
平均阻抗/[kg/(s·m²)]	5.2	7.5	9	9.8	11.3	15.22

表 2.4　砂岩、灰岩阻抗

炸药类型	砂岩	三叠系灰岩	二叠系及以下地层灰岩
密度/(g/cm³)	2.0 ~ 2.2	2.5 ~ 2.6	2.6 ~ 2.8
速度/(m/s)	3000 ~ 4000	3500 ~ 5000	4500 ~ 6000
阻抗/[kg/(s·m²)]	6.0 ~ 8.8	8.75 ~ 13	11.7 ~ 16.8
平均阻抗/[kg/(s·m²)]	7.4	10.875	14.25

　　另外，TNT炸药平均阻抗略高于三叠系灰岩的平均阻抗，密度比三叠系灰岩平均密度小0.91g/cm³，速度比三叠系灰岩平均速度高2650m/s；黑索金炸药阻抗略高于二叠系及以下地层灰岩的平均阻抗，密度比二叠系及以下地层灰岩的平均密度小0.93g/cm³，速度比二叠系及以下地层灰岩的平均速度高3350m/s，阻抗关系耦合得较好，如果仅按照阻抗匹配关系，TNT炸药在三叠系灰岩中激发，黑索金炸药在二叠系及以下地层灰岩中激发应该可以获得较好的效果，但实际激发效果并不理想。分析其原因可以发现，尽管两种炸药的阻抗都与灰岩较为匹配，药柱顶端起爆，应力场向下施加，但其爆速远远高于灰岩的速度，密度却远远低于灰岩的密度，药柱顶端起爆后，药柱爆炸强应力场区域偏离药柱方向的角度太大（图2.16），爆炸能量不能有效地输入地下浅、中、深层，一部分能量在极浅层被反射，一部分能量传向地面，转化为各类干扰波，影响地震数据的信噪比；偏离药柱方向较大的能量即使传输到地下，有限的排列长度也导致无法接收到反射信息，真正输入浅、中、深层又被地表检波器接收到的能量仍然很弱。

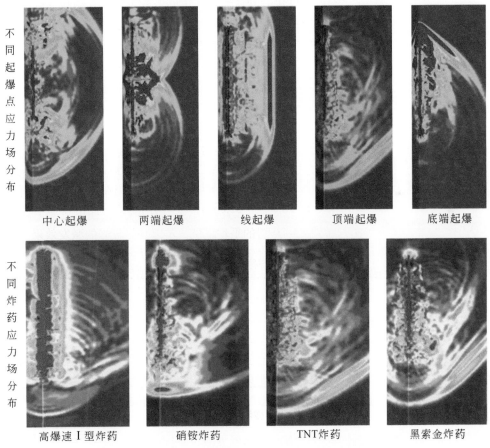

图2.16　不同起爆点应力场分布及不同炸药应力场分布情况

　　因此，对于灰岩中炸药震源激发，不仅要炸药阻抗与围岩阻抗匹配，而且两者的密度和速度也不能相差太大。目前的炸药爆炸速度、密度都与灰岩相差太大，所以无法匹配。当然，还有炸药猛度、威力、爆容、爆压、爆温等做功参数是否适合灰岩的问题。总之，目前的炸药与灰岩不匹配也是灰岩中激发效果差的主要原因之一。

总的来说，灰岩区激发效果差的主要原因其一是灰岩的刚性强、弹性差，不利于形成地震勘探所需的低频弹性波，其二是目前的炸药性能与灰岩不匹配。所以，灰岩裸露区要想获得好的激发效果，要么改良炸药的性能，要么改良炸药周围的灰岩的弹性。

3. 药量对爆炸地震波属性的影响

爆破理论认为球形集中式药包的药量大小与爆破的岩石体积成正比，即：

$$Q = qV = qr_2^3 \qquad (2.15)$$

式中，Q 为炸药量；q 为单位体积岩石的炸药消耗量；$V = r_2^3$ 为爆破岩石体积；r_2 为岩体等效半径。

式（2.15）经变换，可以得到振幅谱公式：

$$|S(\omega)| = \frac{1}{k} \frac{\omega}{\sqrt{\left(\frac{3k^2}{2} - \omega^2\right)^2 + 2k^2\omega^2}} \qquad (2.16)$$

对式（2.16）求取振幅谱中幅度极大点的频率 ω_m（即 f_p），可得

$$\omega_m = \frac{2v}{\sqrt{3}\,a} \qquad (2.17)$$

当 $\omega = \omega_m$ 时，将式（2.15）代入式（2.14）中，则得 f_p 处的峰值为

$$A_p = |S(\omega)|_{max} = \frac{9}{8\sqrt{2}} \frac{a^2}{v^2} \qquad (2.18)$$

从以上分析中可以看出：

（1）激发子波的强度或者振幅与炸药量的立方根成正比，即 $A = CQ_1^{1/3}$（C 为比例系数）；

（2）激发子波的频率 f 和峰值频率 f_p 与炸药量的立方根成反比，即 $f = CQ_1^{-1/3}$ 或 $f_p = CQ_1^{-1/3}$；

（3）激发子波的周期 T 与炸药量 Q_1 的立方根成正比，即 $T = CQ_1^{1/3}$；

（4）激发子波振幅谱中的极大振幅 A_p 与炸药量 Q_1 的三分之二次方成正比，即 $A_p = CQ_1^{2/3}$。

4. 装药的形式对爆炸能量的影响

根据应力波理论，应力波的衰减可以分为几何衰减和物理衰减，几何衰减是因能量分布空间的增大而导致的衰减；物理衰减是波在传播过程中与传播介质作用而导致其挟带的能量转变为其他形式的能。球形装药和条形装药爆炸地震波在传播过程中，相同距离条件下，增加的分布空间是不同的，因此，应力波的几何衰减是不同的。此外，爆炸过程破碎的围岩体积也是不同的，最终导致应力波的物理衰减也不同。

装药爆炸的正压作用时间 t_+ 与装药爆轰波传播方向的线性尺寸成正比，根据爆炸相似律建立的经验公式为

$$\frac{t_+}{\sqrt[3]{Q_1}} = f\left(\frac{r}{\sqrt[3]{Q_1}}\right) \qquad (2.19)$$

而在爆破地震波研究中，一般计算时采用萨道夫斯基给出的经验公式：

$$t_+ = B \times 10^{-3} \sqrt[6]{Q_1} \sqrt{r} \qquad (2.20)$$

式中，B 为与装药性质有关的系数；r 为装药爆轰波传播方向的线性尺寸。

条形装药在起爆点起爆后，爆轰波将沿药包轴线方向传播，经过一段时间后，整个药包才能完成爆轰，而球形装药可看作是以球心为起点沿径向完成爆轰的传播。在药量相近的情况下，条形装药爆轰波传播方向的线性尺寸 $r_条$ 明显大于球形装药爆轰波传播方向的线性尺寸 $r_球$，从而条形装药爆炸的正压作用时间 $t_{条+}$ 比球形装药的正压作用时间 $t_{球+}$ 长，因此，其产生的爆破地震波穿透能力强于球形装药。由于条形装药局部范围药量小，爆炸后对周围介质破坏小，从而与球形装药相比有更多的能量转换为弹性应力波（爆破地震波），产生的爆破地震波主频低于球形装药。因此，在药量与介质条件相近的条件下，条形装药比球形装药产生的爆破地震波有更强的幅值和更低的频率，爆破地震波的初始脉冲（或称地震子波）具有更长的延续时间；在爆炸近区的相同距离上，条形装药爆炸输出的能量明显高于球形装药，而且其压力和冲量随距离的衰减比球形装药慢得多。

5. 封井对爆炸能量的影响

封井起爆的目的是阻止爆轰气体过早逸散，使炮孔在相对较长的时间内保持高压状态，提高爆破作用能力。封井加强了它对炮孔中的炸药爆轰时的约束作用，降低了爆炸气体逸出自由面的压力和温度，提高了炸药的热效率。

图 2.17 表示在封井和不封井的炮孔的孔壁压力随时间变化的关系。从图中可以看出，在封井和不封井两种条件下，爆炸作用对炮孔壁的初始冲击压力虽然没有很大的影响，但是封井却明显增大了爆轰气体膨胀作用在孔壁上的压力和延长了压力作用的时间，相应地增大了介质中产生爆破应力波的能量。

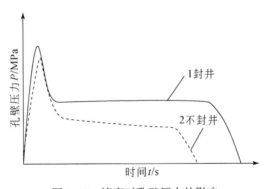

图 2.17　堵塞对孔壁压力的影响

野外施工的经验告诉我们，当把激发井封住与不封的激发效果差异非常大，封井的激发记录比不封井的激发记录好得多。由图 2.17 可知，有堵塞和无堵塞两种条件下，爆炸作用对炮孔壁的初始冲击压力是相当的，而对激发记录起主要影响作用的是压力作用的时间，也就是爆炸冲量。因此延长炸药的作用时间是提高地震爆炸能量的关键。

6. 表层结构对地震子波低频能量的影响

上述分析得到的认识是炸药在灰岩中爆炸的冲击脉冲的频率非常高，低频部分很微弱。但实际施工中，地表结构不同时，实际激发的地震波的频率特征也会不同。通过对野外灰岩和砂泥岩地层的地质调查，灰岩地层结构同砂泥岩存在明显的差异。由于二者沉积环境的差异，通常灰岩地层的岩性在纵向上变化不明显（图 2.18），灰岩地层的纵向分界面即波阻抗界面不明显或者波阻抗差很小；而砂泥岩地层在纵向上岩性变化很大，说明砂泥岩在纵向上波阻抗界面多，且波阻抗差一般比较大。野外采集实践表明，当炸药在波阻抗界面很多的砂泥岩介质中爆炸后，地震波的低频成分往往会得到加强，而灰岩介质中激发的低频却很弱，说明在层状结构的表层激发时，某些频率会被调谐放大。在地震地质条件良好砂泥岩地区，基本都是低速层、降速层、高速层发育齐全的地区，这些不同岩性的速度分界面形成了良好的调谐层位，对激发地震波的频率进行了重新调整，低频得到了加强，而灰岩区近地表浅层一般难以具备较好的调谐层位。

图 2.18　灰岩和砂泥岩地层的差异

野外的实际生产和试验也证明，当灰岩裸露区地表的灰岩结构为薄层时，可以得到良好的地震记录。图 2.19 为桂中拗陷灰岩裸露区不同地表灰岩结构得到的 2 张地震单炮记录，其中左侧为薄层灰岩激发得到的记录，右侧为厚层灰岩激发得到的记录，显然，薄层灰岩激发得到的记录远好于厚层灰岩激发得到的记录，说明薄层灰岩对地震勘探所需要的频率进行了调谐放大。

综上所述，炸药在介质中爆炸后产生的冲击波先转化为弹塑性应力波，进入弹性区后转变为应力波，该应力波的主要能量集中在几千甚至上万的频率范围，在地震勘探过程中，应力波的高频部分被衰减掉，而占其中很少部分的低频部分传播出去被我们接收。同时，炸药爆炸对大地产生激励作用，大地的表层在炸药爆炸的激励作用下产生由自身结构特点决定振幅响应，这种响应以低频形式存在，它和应力波脉冲汇合在一起，成为我们地震激发的地震子波。灰岩地层由于厚度、密度和速度大，造成爆炸子波主要能量分布在高频，而低频部分难以或不产生薄层调谐放大响应，经过地层的吸收衰减，会损失掉占主要能量的高频成分，结果接收到的地震子波能量（中低频）会很弱。

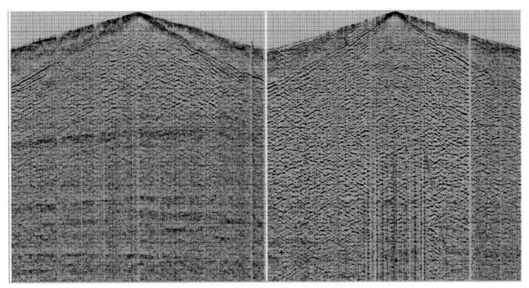

图 2. 19　薄层（左）和厚层（右）灰岩激发记录的对比

三、灰岩裸露区地震波接收机理

地震采集的核心问题是如何提高地震资料的信噪比，这主要从两个方面入手：一是尽可能地提高接收到的有效信号能量，二是最大限度地压制噪声。大量的野外原始记录和室内物理模拟结果表明，在同等激发条件、同样的检波器类型、背景噪声相当的情况下，灰岩区接收的地震波的信噪比普遍比砂泥岩区的低，说明灰岩区接收的地震波有效信号能量弱，灰岩介质的质点振动幅度小，这与灰岩介质的地震波传播机理密切相关，因此，研究清楚灰岩介质中地震波的波动机理和特征，是探索改善灰岩裸露区地震波接收工艺的基础。

（一）灰岩中的地震波波动的特点

地震波的传播理论是建立在弹性力学的基础上的，所谓"波动"实际上是弹性体内相邻质点间的应力变化引起质点间应变的传递。由于弹性波在岩石中的传播与岩石的性质有关，所以研究检波器在灰岩地层的接收机理首先需要弄清在灰岩中传播的地震波的应力–应变特点与灰岩物理性质的关系。

1. 应变与介质速度和密度的关系

对于大多数固体来说，当它处于弹性应变情况时，测得的应变与外面的作用力满足广义胡克定律。广义胡克定律规定：在固体中任一点的六个应力中的每一个应力都是六个应变分量的线性函数，因此有 36 个弹性常数。如果弹性体是各向同性介质，独立的弹性系数可以减少到只有 2 个，表示为 λ 和 μ，称为拉梅常数（陆基孟，2006）。

此时可以得到弹性体的本构方程，即应力和应变的关系：

$$\sigma_{xx} = \lambda\theta + 2\mu e_{xx}$$
$$\sigma_{yy} = \lambda\theta + 2\mu e_{yy}$$
$$\sigma_{zz} = \lambda\theta + 2\mu e_{zz} \tag{2.21}$$
$$\sigma_{yz} = \mu e_{yz}$$
$$\sigma_{xy} = \mu e_{xy}$$
$$\sigma_{zx} = \mu e_{zx}$$

其中，μ 的物理意义是阻止剪切应变，因此被称作剪切模量。

由于

$$\sigma_{xx} = \lambda\theta + 2\mu e_{xx} \tag{2.22}$$

对于线应变

$$\sigma_{xx} = \lambda e_{xx} + 2\mu e_{xx} \tag{2.23}$$

且纵波速度 $V_p^2 = \dfrac{\lambda + 2\mu}{\rho}$，则有

$$\sigma_{xx} = \lambda e_{xx} + 2\mu e_{xx} = e_{xx}(\lambda + 2\mu) = e_{xx}\rho\frac{\lambda + 2\mu}{\rho} = e_{xx}\rho V_p^2 \tag{2.24}$$

式（2.24）说明在应力一定的情况下，速度越高、密度越大的介质应变越小。灰岩的速度、密度通常要比其他柔软岩石的大，因此，在同等激发条件下，应力波在灰岩中的应变量相对其他柔软岩石应变较小。

在均匀各向同性介质中，点胀缩震源纵波的波动方程解可由式（2.25）和式（2.26）表示：

$$U_p = -\frac{1}{4\pi V_p^2}\left[\frac{1}{r_1^2}\Phi_1(t) + \frac{1}{r_1 V_p}\Phi_1'(t)\right]\frac{\vec{r_1}}{r_1} \tag{2.25}$$

或者

$$U_p = -\frac{1}{4\pi V_p^2}\left[\frac{1}{r_1^2}\Phi_1\left(t - \frac{r_1}{V_p}\right) + \frac{1}{r_1 V_p}\Phi_1'\left(t - \frac{r_1}{V_p}\right)\right]\frac{\vec{r_1}}{r_1} \tag{2.26}$$

从式（2.25）和式（2.26）中不难看出，在震源函数和传播距离一定的条件下，高速介质的位移小，这说明在同样激发能量条件下，地震波在灰岩中质点振动的位移量相对要小。

2. 介质中的应力与质点运动速度、波阻抗的关系

在爆破震动下，岩体内的正应力与质点振动速度、岩体的阻抗特性有关，根据动量定律可推导出岩体内纵波的正应力关系式为

$$\sigma = C_p \cdot \rho \cdot V_p \tag{2.27}$$

式中，σ 为纵波作用产生的正应力；C_p 为纵波在介质中的传播速度；V_p 为纵波引起的质点振动速度。

由上述理论公式的分析我们可以得到这样的认识：同样能量的地震波在高阻抗介质和低阻抗介质中传播的振幅是不一样的，与其他相对柔软的岩石介质相比，灰岩是高阻抗介质，当地震波在其中传播时，其质点运动的振幅和振动速度相对较小。因此，当岩石中传

播的能量相同时，使用检波器检测质点运动的速度和加速度，地震仪器上表现出在灰岩裸露地层上接收的信号能量较弱。

由于"波动"实际上是弹性体内相邻质点间的应力变化，从而引起质点间应变的传递。对于性质不同的岩石，在同样应力的作用下产生的质点的位移、速度和加速度是不一样的。因此，在不考虑介质对地震波吸收衰减的情况下，在坚硬岩石（灰岩）中用速度或加速度检波器接收到的地震波的振幅要比在较柔软岩石（砂岩、泥岩）中接收到的地震波的振幅小。

因此，解决灰岩裸露区的接收能量问题可以从两个方面入手：一是在坚硬岩石的表层加一层相对柔软的岩层，使地震波从坚硬的灰岩传入柔软的岩石中时，质点的运动速度更高；二是解决灰岩裸露区采用应力检测的方式接收地震波。但事实上，决定地震资料好坏的是地震资料的信噪比，虽然上述两种办法可以一定程度地改变在坚硬的岩石上接收地震波能量弱的情况，但是这两种办法对有效信号和噪声起的作用是一样的，难以达到提高信噪比的目的。另外，在实际的地震勘探中远排列的应力波十分微弱，应力检测传感器的灵敏度很难达到要求，且压电传感器对高频响应比较灵敏，而对地震勘探中的低频地震波响应较差。

3. 地震波的传播机制

实际的岩层是不完全弹性的，这就导致地震波的一部分弹性能量不可逆地转化为热能而消耗，因而使地震波的振幅产生衰减，这种现象称为介质的吸收衰减规律。当地震波在地下介质中传播时，吸收衰减是影响地震反射波振幅的重要因素。另外，高频成分的吸收要比低频成分快，深层反射波的频率较浅层反射波的频率低。

根据弹性黏滞理论，由均匀的非完全弹性介质所产生的吸收作用，将使地震波的振幅随传播距离的增大呈指数规律衰减，即：

$$A = A_0 \mathrm{e}^{-\alpha r} \tag{2.28}$$

式中，A 为传播到距离 r 处的振幅；A_0 为初始振幅；α 为吸收系数。

吸收的另外一种表达形式是振幅随时间的衰减。为了把它和吸收系数联系起来，假设波是周期性的：$A = A_0 \mathrm{e}^{-ht} \cos(2\pi f t)$，它表示在某一个固定位置的吸收，$h$ 称为阻尼因子，f 表示频率。

对数衰减 δ 是弹性波每传播一个周期，其振幅比值的自然对数量：

$$\delta = \ln\left(\frac{A_1}{A_2}\right) = hT = \frac{h}{f} = 2\pi \frac{h}{\omega} \tag{2.29}$$

式中，T 为周期。

品质因子 Q 是岩石对于弹性波吸收特性的一种表达方式：

$$Q = 2\pi \frac{E}{\Delta E} \tag{2.30}$$

因为能量与振幅的平方成正比，$E = E_0 \times \mathrm{e}^{-2ht}$，$\dfrac{\Delta E}{E} = 2 \times h \times \Delta t$，令 $\Delta t = T$，得到：

$$Q = \frac{\pi}{hT} = \frac{\pi}{\delta} \tag{2.31}$$

在一个周期内，波传播的距离是一个波长。如果能量的衰减完全是由吸收造成的，就有 $h \times T = \alpha \times \lambda$，所以吸收系数 α、对数衰减 δ、品质因子 Q 三者之间的关系就是

$$Q = \frac{\pi}{\alpha\lambda} = \frac{\omega}{2 \times \alpha \times f} = \frac{\pi}{\delta} \tag{2.32}$$

品质因子 Q 的倒数表示地震波能量在一个周期或者一个波长上的相对变化,即:

$$\frac{1}{Q} = 2\pi\frac{\Delta E}{E} = \frac{A_0^2 - A^2}{2\pi A_n^2} = \frac{1 - (A^2/A_0^2)}{2\pi} = \frac{1 - e^{-2\alpha\lambda}}{2\pi} \tag{2.33}$$

对式(2.33)中分子的指数部分作级数展开,并略去高次项,可得

$$\frac{1}{Q} = \frac{\alpha\lambda}{\pi} = \frac{\alpha V}{\pi f} \quad 或 \quad \frac{1}{Q} = \frac{\alpha\lambda}{\pi} = \frac{\alpha V}{\pi f} \tag{2.34}$$

式(2.34)说明吸收系数 α 与品质因子 Q 成反比,与频率 f 成正比。在实际地层中,表层的吸收系数相对较大,则 Q 值就较小;中深层吸收系数 α 较小,则 Q 值就较大。

根据以上几个关系式,如果用 D 表示地震波振幅的衰减,即:

$$D = 20\lg(A/A_0) = 20\lg(e^{-Q^{-1}\pi f t_0}) = -27.29 Q^{-1} f t_0 \tag{2.35}$$

式中, t_0 为地震波的双程旅行时。

各层的 Q 值可利用李庆忠院士提出的经验公式来计算,即:

$$Q \approx 1.4 V_n^{2.2} \tag{2.36}$$

式中, V_n 为层速度,km/s。

一般情况下,平面波在均匀吸收介质中随传播距离的增加呈指数衰减。其数学表达式为: $D_\alpha = \frac{A}{A_0} = e^{-i\beta t}$,其中 A_0 为震源发出的地震波的初始振幅, A 为地震波传播时间 t 时的振幅, $\beta = V\alpha$ 为介质的衰减系数, V 为地震波在介质中的传播速度, α 为吸收系数。

均匀层状介质为: $D_\alpha = e^{-\bar{\beta}t}$,其中 $\bar{\beta} = \left(\sum_{i=1}^{n}\beta_i t_i\right) \Big/ \left(\sum_{i=1}^{n} t_i\right)$, $t = \sum_{i=1}^{n} t_i$,为地震波通过 n 层介质的传播时间。 $\beta_i = V_i\alpha_i$ 为第 i 层的衰减系数, α_i 为第 i 层的吸收系数。

连续介质为: $D_\alpha = e^{-\bar{\beta}t}$,其中 $\bar{\beta} = \frac{1}{t}\int_0^t \beta(z)\mathrm{d}t$, t 为地震波通过整个连续介质的传播时间。 $\beta(z) = V(z)\alpha(z)$, 为深度 z 的衰减系数。

从上面的分析中可看到:

(1)介质的吸收具有频率选择性,不同频率的波的吸收程度不同,地震波的传播衰减系数近似地与频率成正比;

(2)地层对地震波振幅的吸收衰减具有一定的特性,纵向上,地表附近的低降速带的 Q 值相对较小,随着埋深或层速度的增大, Q 值相对增大;横向上,炮检距越大,相对衰减也越大,因此远道振幅的衰减比近道的更强。

综合上述影响岩石吸收特性的因素有以下几个方面:

(1)温度与压力的增大会使吸收减少, Q 值增大;

(2)震源附近,波动振幅很强,吸收强烈, Q 值很小;

(3)岩性的影响——灰岩吸收小,砂岩吸收大,泥岩介于两者之间;

(4)岩石中的孔隙形状与裂缝发育程度也极大地影响 Q 值的变化;

(5)频率不同, Q 值不同;

(6)饱和度与液体性质,对于纵波,随含水量的增加,吸收也增加;

（7）孔隙中流体的性质如黏度对吸收也有影响。

（8）反射振幅随反射时间的变化基本上呈衰减规律；

（9）随着深度的增加，Q 值是逐渐增大的，说明表层的吸收衰减最严重。

（二）灰岩裸露区地震波接收影响因素

1. 表层结构对接收的影响

灰岩裸露区岩层的表层结构的特点是在横向和纵向上复杂多变，图 2.20 是南方黔中地区比较典型的灰岩裸露区的地表情况。灰岩裸露地区地表大都是基岩上覆盖着一层薄土层或基岩直接裸露于地表，同时由于风化淋滤作用和地质构造运动的作用，表层基岩的结构复杂，甚至灰岩破碎，横向一致性很差，这必然会导致接收的地震波波形和频谱的变化，影响地震资料品质。

图 2.20　南方黔中地区比较典型的灰岩裸露区的地表情况

在灰岩裸露区，当地下的地震反射波到达地表时，表层条件一致性很差，会导致反射波的振幅、频率和相位产生很大的差异，这样会严重影响多次叠加的效果。此外，由于在灰岩裸露区噪声非常发育，通常采用多个检波器大面积组合技术来压制噪声，这对于局部表层条件差异较小的情况下，往往会取得不错的效果。但在局部表层条件差异很大时，这种大面积组合技术的应用效果会受到严重影响。因为组合的检波器一般在几十个，组合基距可以达到几十米，在这样大的范围内表层条件很可能发生剧烈的变化，如果其中的某个或某几个检波器的接收条件发生了不一致现象，最终就会影响到整个接收道的接收效果。因此，在灰岩裸露区，只有在保证接收条件一致性较好的条件下，高覆盖和大面积组合压噪技术的应用效果才会明显。

图 2.21 为黔中地区一条浅层地震勘探测线在不足 300m 范围内的表层结构变化情况，可以从两个方面分析这种表层条件对接收的影响：

（1）在局部范围内（图 2.21），检波器采用组合接收时，检波器可能安置在不同的表层介质上，导致了接收到的波形的差异增大，必然会对检波器组合的效果产生影响。

（2）图 2.22 为穿越 3 种不同表层条件下采用 1m 道距，96 道接收的排列得到的记录，

图 2.21　灰岩裸露区复杂多变的表层条件

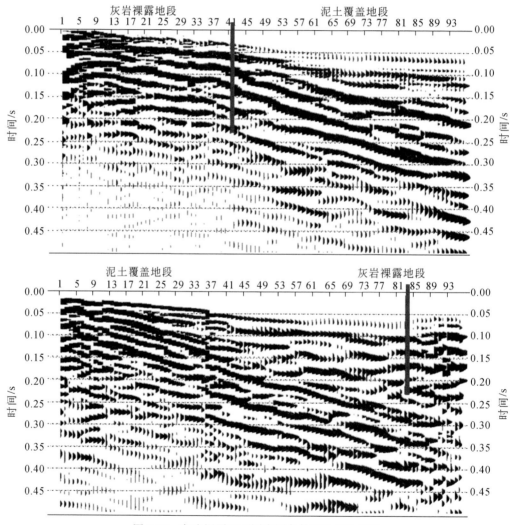

图 2.22　灰岩裸露区不同表层条件下的接收记录

可以看出，排列在不同表层条件下得到的初至波的波形差异非常大，其反射波的波形差异也很大，这种差异对叠加处理的效果产生很大影响，以往在灰岩裸露区地震采集中经常会采取了很高的叠加次数而难以见到效果，除了静校正问题和干扰波发育等影响因素外，接收条件的非一致性在其中也造成了很大影响。因此，在灰岩裸露区的地震采集技术上，保证接收条件一致性的检波器安置工艺研究是非常重要的。

2. 检波器耦合是影响灰岩区资料质量的重要因素

地面对检波器的振动传递称为检波器与地面耦合，检波器与地面耦合是影响地震采集原始数据质量的重要因素之一（王本吉，2002）。只有检波器以最小的畸变忠实地模仿地面的振动，地震信号所挟带的大量信息才有可能完全被以后的处理、解释工作应用。检波器与地面的耦合特性，与大地表面岩性的特点有很大关系。通常，埋置在硬土上的检波器的地面耦合效应可以忽略不计，因为耦合谐振的频率会高于正常地震反射波的频带。

在疏松和未固结的地表，耦合谐振会落入地震反射波的频率范围内，产生信号畸变。前人的研究发现，地面传递到检波器的运动形成一个谐振系统，这样地震波的接收通过两个振动系统来共同感应，就形成了以检波器自身振动系统和耦合振动系统两个自由度的振动系统，会改变信号中的某些频率的振幅和相位。另外，灰岩裸露区地表的岩石性质横向变化大，耦合谐振从一个地方到另一个地方也会发生很大的变化，并且在道间产生附加的时间延迟。因此，要获得耦合传递函数的较大带宽时，检波器的埋置技术和埋置质量显得尤为重要。

在灰岩裸露区的岩石出露的地表可以通过利用在岩石打眼或其他手段使检波器与地面牢固地连为一体，避免谐振的产生，但是在相当一部分地区，灰岩岩层上覆盖着厚度不等的疏松的夹有砾石等不均匀介质的土层，这样可能产生一系列复杂的现象：一是检波器与疏松的地表耦合不好，发生通常所说的耦合谐振；二是土层间充填的砾石在地震反射波的激励下发生一系列谐振，这些谐振也可以通过土层传递给检波器，是一种"层间介质之间的耦合"问题；三是疏松表层与基岩耦合不好也可能发生谐振。这些谐振的存在使得检波器接收来自近地表地震波的过程被大大地复杂化，致使地震反射波到达近地表后遭受了很大的破坏。

通过以上分析认为，灰岩裸露区除了地表的复杂性引起各类干扰外，还存在严重的非一致性和耦合噪声，常规的干扰可以通过组合、叠加和处理进行压制，而非一致性和耦合噪声问题则不能在处理中很好地消除，只有在野外施工中通过改进接收工艺予以避免。因此，灰岩裸露区野外施工时必须强化检波器埋置与地面的耦合，在薄层与碎石发育的地区要拨开表土和碎石，将检波器牢固地安置在基岩上，使检波器真实地记录反射地震波。

第三节　灰岩裸露区地震采集技术措施

灰岩自身所固有的坚硬、易碎的属性特征导致炸药震源在灰岩介质中激发时引起的弹性位移量微小，激发的有效弹性波能量较弱，而地震检波器对地下反射信息接收的敏感性受环境和次生干扰的影响严重，加之南方山地近地表岩性和低降速度带纵横向变化快、出露地层产状多样及地下构造复杂多变等多种不利因素的综合影响，使得南方山地灰岩裸露区地震资料有效反射能量弱、干扰能量强、反射波场复杂，严重影响了勘探效果。

一、南方灰岩裸露区地震资料基本特征

（一）南方灰岩裸露区地震记录特征

南方山地探区出露地表的灰岩岩性多随时代变化而变化，沉积年代、结构特征及泥质含量的不同造成灰岩属性的明显差异，使得不同灰岩激发的单炮面貌及干扰波属性存在明显差异；此外，灰岩区的原始记录还受到近地表出露地层产状、深层的地质构造特征、近地表的破碎程度等因素的综合影响，致使不同探区的原始单炮记录差异明显。

1. 不同沉积年代灰岩的地震记录特征

南方外围桂中地区是典型的灰岩喀斯特地貌特征，地形整体起伏较小，相对高差一般在 50～150m 之间，地下地层产状平缓，地层间波阻抗差异相对较小。地震原始记录表明二叠系（P_{1m}、P_2）地层中激发，面波干扰较重，频率稍低；石炭系（C）地层激发，频率高。分析其原因认为：灰岩的沉积环境不同，造成灰岩中的泥质含量存在差异，灰岩中的泥质一定程度地改造了灰岩的属性特征，减弱了灰岩的脆性和易碎的特点，灰岩越纯，激发的单炮记录高频成分越多，信噪比越低；泥质含量越高，激发单炮记录低频分量越多，信噪比较高。

2. 不同灰岩岩体结构的地震记录特征

南方山地（如桂中地区）地表岩性横向变化较大，既有薄层状灰岩，又有块状灰岩等，单炮记录表明，总体上灰岩区单炮记录品质相对差异不大，但薄层状灰岩具有一定的调谐作用，浅、中、深层的激发能量和信噪比均较块状灰岩激发有一定程度的提高（图 2.23）。

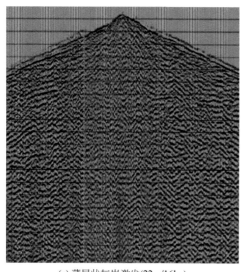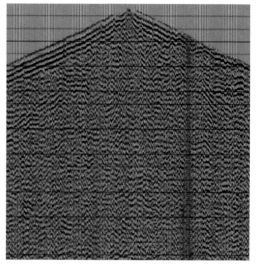

(a) 薄层状灰岩激发(22m/16kg)　　　　　　　(b) 块状灰岩激发(22m/16kg)

图 2.23　薄层状灰岩与块状灰岩激发的原始单炮（AGC 显示）（桂中）

22m/16kg 表示 22m 深井中 16kg 炸药震源激发，本书类似表述意义相同

当炮井在垮塌岩层激发时，激发资料品质变差，与完整岩层激发相比，垮塌岩层激发单炮记录信噪比低，低频面波发育，频率扫描显示有效波高频成分极弱（图2.24）。

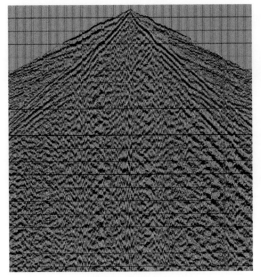 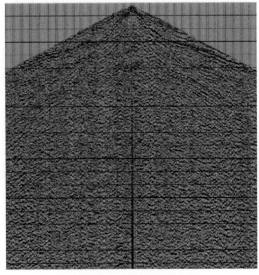

(a) 垮塌岩层激发(22m/16kg)   (b) 完整岩层激发(22m/16kg)

图2.24 垮塌岩层与完整岩层激发的原始单炮（AGC 显示）（桂中地区）

3. 溶洞和裂缝岩层的地震记录特征

灰岩喀斯特地貌区由于受地表水长年的淋滤和溶蚀作用，地表及地下溶洞和裂缝发育（如桂中地区）（图2.25），当激发炮井遇溶洞或裂缝时，激发产生的震动使岩块崩塌落入溶洞或裂缝，由此产生二次或多次震源，造成炮记录近道干扰严重，同时由于溶洞或裂缝的存在，炮井在岩区溶洞中激发，会产生空响，穿过地面产生声波干扰及井口次生干扰，激发单炮记录信噪比降低，低频面波发育，有效波高频成分能量较弱（图2.26）。

图2.25 溶洞及裂缝图

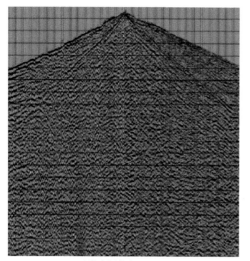 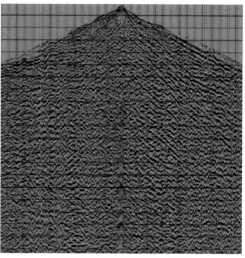

(a) 正常岩层激发(22m/16kg) 　　　　　　　(b) 存在溶洞岩层激发(22m/16kg)

图 2.26　正常岩层与存在溶洞岩层激发原始单炮（AGC 显示）（桂中地区）

4. 不同灰岩接收条件的地震记录特征

由于南方山地探区内出露的地层有石炭系（C_1、C_2、C_3）和二叠系（P_1、P_2）的灰岩，不同的地层导致不同接收条件的一致性较差，使得同一单炮不同道之间记录品质差异较大，特别是岩性和地形对激发、接收效果的影响较大，呈现"挂面条"现象，主要原因是山间平地表土较厚，记录上表现为频率降低，山上直接出露灰岩，表土薄或无表土，记录上表现为频率高；另外地表垮塌松散堆积较厚地区，接收的记录频率也较低（图 2.27）。因此，直接裸露灰岩填土埋置，垮塌松散段挖坑夯实埋置，能够一定程度地改善接收效果。

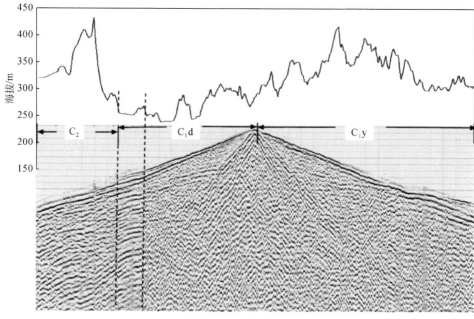

图 2.27　地表垮塌区接收记录（AGC 显示）

5. 含煤系地层灰岩地震记录特征

黔中隆起、黔西地区地形起伏相对较小，地表出露地层以三叠系和二叠系灰岩为主，同时还有少量的石炭系、寒武系、震旦系和侏罗系。整体上三叠系、石炭系、寒武系等灰岩出露地层激发资料信噪比差异不大，但二叠系出露区由于有大量的煤系地层出露，煤层对高频成分吸收衰减严重，致使低频成分相对较重，单炮记录上二叠系出露区激发资料低频面波相对较发育（图2.28）。

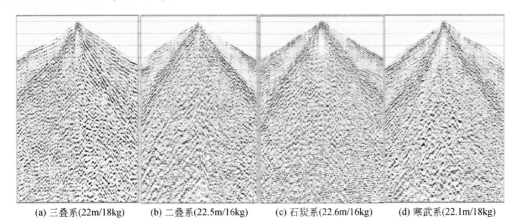

| (a) 三叠系(22m/18kg) | (b) 二叠系(22.5m/16kg) | (c) 石炭系(22.6m/16kg) | (d) 寒武系(22.1m/18kg) |

图 2.28 不同地质年代地层激发原始单炮（AGC 显示）（黔西地区）

6. 复杂构造区地震记录特征

灰岩区复杂的构造形态同样影响地震记录特征，典型的灰岩复杂构造如镇巴探区除与地表激发条件有关外，与地下构造的变化也息息相关。在灰岩裸露区和过渡带，断裂发育，地层破碎、倾角大，地层的破碎造成单炮记录低频面波发育、能量较强，复杂的构造改造了地震波场的传播路径，使地震波场（有效波和规则干扰波）扭曲变形，有效反射波场稳定性差，进一步降低了地震资料信噪比（图2.29）。

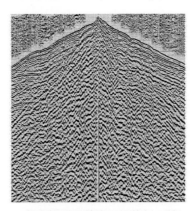

图 2.29 复杂构造区单炮记录特征（镇巴地区）

南方灰岩裸露区的地震记录受到灰岩的泥质含量、灰岩结构特征、地质构造形态等条件的综合影响。灰岩中泥质含量的差异是影响激发效果的一个重要因素，泥质含量越高，激发产生的低频成分越多，有效下传能量越强，信噪比越高，因此泥灰岩是灰岩区比较有利的激发岩性（图2.30）；层状灰岩中激发效果明显要好于块状灰岩，且缓产状灰岩激发要好于陡产状灰岩激发，这是由于块状灰岩中激发产生的能量更多用来破碎岩石，且激发的高频成分多，有效下传能量弱，而在层状灰岩中激发一方面消耗破碎岩石的能量要小，另一方面激发能量在层间传播时更容易调谐加强，因而单炮记录信噪比更高一些。

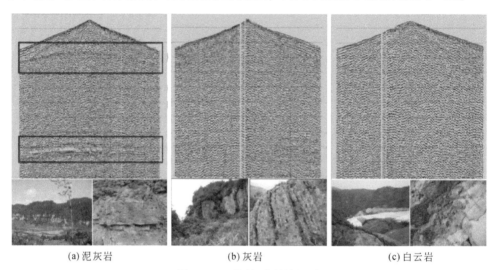

(a) 泥灰岩　　　　　　　　(b) 灰岩　　　　　　　　(c) 白云岩

图2.30　不同灰岩单炮记录

　　南方灰岩裸露区干扰波发育类型多、能量强是制约地震资料信噪比的另一个重要特点。山地特有的地理和人文环境造成既发育有综合干扰、机械干扰、高频干扰、随机干扰等环境噪声，又发育有折射多次波、线性干扰、面波干扰、声波干扰、多次干扰、散射干扰等次生噪声，还发育有串感、地形声波特殊干扰。而灰岩裸露区面波、面波散射、地形声波、浅层多次波、高频干扰等干扰波更加突出，因而原始记录信噪比更低（图2.31）。

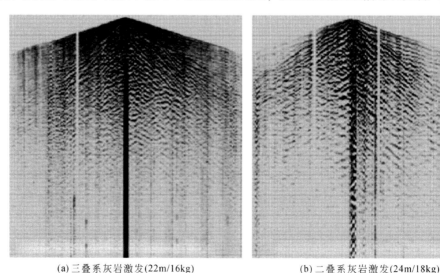

(a) 三叠系灰岩激发(22m/16kg)　　　　　　(b) 二叠系灰岩激发(24m/18kg)

图2.31　灰岩区干扰单炮记录

（二） 干扰波特征分析及调查技术

南方山地地震勘探，特别是灰岩裸露区，干扰波的异常发育是影响地震单炮品质的重要因素之一。地震采集中所采取的许多技术措施主要是围绕压制干扰波、加强有效波、提高地震记录品质而进行的。

干扰波不仅与地表地物、人文活动有关，也与近地表低降速度带变化、地形变化、出露地层产状有关，特别是灰岩地区与普遍发育的溶蚀孔洞关系密切。地形、地物的明显差异，如近地表岩性和低降速带的厚度、速度发生突变时，地震记录线性干扰波均会出现明显变化。地表和近表层的突变点可视为次生干扰源，特别是南方山地复杂近地表结构，面波发育，而面波在传播过程中地表起伏变化、溶洞、岩性突变点等处产生散射效应，致使面波发生畸变，形成次生干扰源，使面波复杂化，灰岩区原本较弱的有效能量更加难以识别，进一步降低了地震资料的信噪比。

1. 数值和物理模拟

通过数值和物理正演模拟研究发现，以地表起伏变化点作为散射点，起伏变化越剧烈，面波散射效应越强，干扰越严重（图 2.32）。

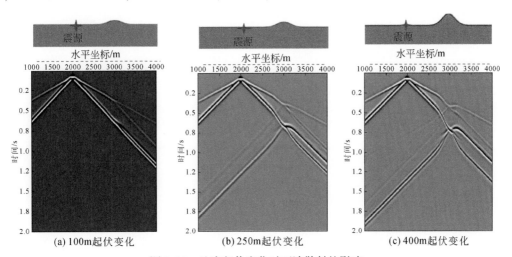

图 2.32　地表起伏变化对面波散射的影响

地表溶洞发育区、地表岩性突变点及断层产生的不连续的地质体等同样可以作为散射点，致使地表面波产生散射。散射干扰主要出现在直达波范围内，非均质性越强，散射越严重。物理模型正演结果（图 2.33）表明，随着非均质性的增强，正演单炮信噪比迅速降低。介质"纯净度"由 0.12 增加到 0.60 时，直达波视衰减 5%，反射波衰减 32%，频率降低 25%，信噪比降低 75%。

低降速带的纵横向变化同样可以产生强的面波及散射，其散射强度与低降速带厚度变化有关，厚度接近波长，干扰最强（图 2.34）。因此低降速层内激发效果差，干扰波能量强，资料信噪比较低，而采用加深井深，从而避开低降速带，在高速层中激发，地震记录中干扰波能量弱，信噪比较高。

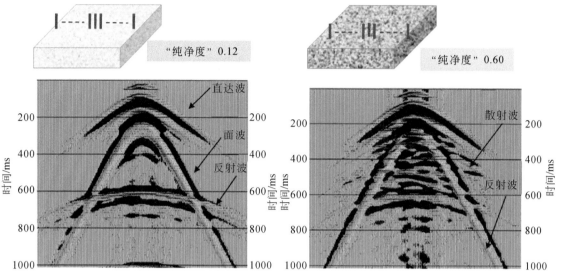

图 2.33　地表的均质性变化对散射效应的影响

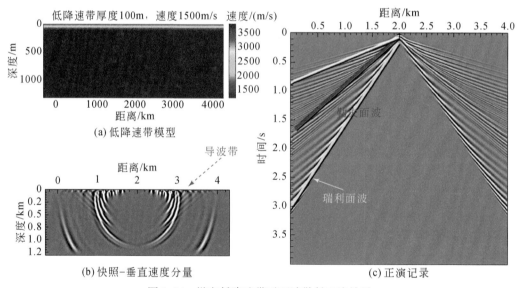

图 2.34　纵向低降速带对面波散射正演效果

2. 复杂山地声波产生的原因

南方山地特别是在排列穿越悬崖、陡坡处，除了产生多次波干扰外，在到达悬崖空道附近时，受到直立崖壁反射面的阻挡后，产生强的反射，形成较强的交叉状"地形声波"干扰。"地形声波"是南方复杂山地资料独特而常见的一种干扰波，其来源是震源点，在单炮资料上的出现与震源位置、排列位置、地形特点有关。它具有典型的声波速度（340m/s）特征，在记录上表现为单支或双支。

　　根据震源、排列和地形的配置关系，南方山地存在 6 种类型的地形声波：

　　（1）山腰激发，排列沿山体布设，在激发点的下方产生单支声波；

　　（2）山顶激发，排列沿山体布设，若产生声波，则产生有一定时间延迟的能量较弱的双支声波；

　　（3）山脚激发，排列沿山体布设，在激发点的上方产生单支声波；

　　（4）山谷激发，排列沿山体布设，在激发点的左右两侧产生能量较强的双支声波；

　　（5）在山谷中的高点激发，排列沿山体布设，产生的声波特点是单支和双支并行存在，主要是排列所在地形因素影响所致［图 2.35（a）］；

　　（6）在山谷中的山腰激发，排列沿山体布设，产生的声波以单支为主［图 2.35（b）］。

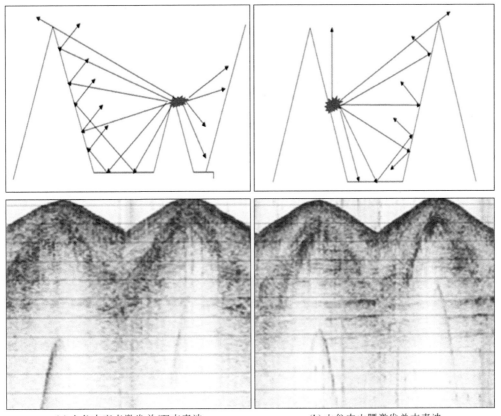

（a）山谷中高点激发单/双支声波　　　　　　　　（b）山谷中山腰激发单支声波

图 2.35　地形声波配置关系示意图

3. 实际生产记录特征分析

　　受地形起伏、出露岩性、风化剥蚀、垮塌堆积以及近地表低降速带的速度和厚度纵、横向变化等因素的影响，造成面波、散射波、折射波、十字形干扰波等干扰波异常发育，严重影响单炮记录面貌。图 2.36 为过悬崖区激发记录，左端为悬崖，右端为陡坡，在悬崖段左边激发，直达波沿地表传播，在到达悬崖空道附近时，受到直立崖壁直立反射面的阻挡后，产生强的反射，形成较强的十字形干扰波［图 2.36（a）］；而在悬崖段右边激发，由于河道段地形较缓，没有形成强的反射界面，直达波反射较弱，以低频面波干扰为主［图 2.36（b）］。结合近地表速度模型和地形分析认为，速度、地形以及岩性突变引起波场发生改变，而波场改变的强弱与其传播路径关系密切，地形的剧烈起伏（如悬崖、陡坎形成强反射界面、地形速度突变点形成强散射点），引起直达波的强反射，形成较强的十字形干扰波；表层速度较高、低降速层较薄区域的低频面波相对较弱；在表层速度相对较低、低降速层较厚区域则会强化低频面波的形成和传播。

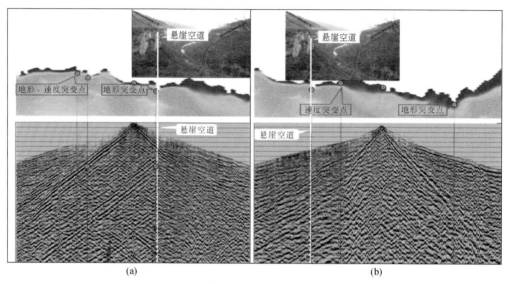

图 2.36　复杂近地表的单炮记录特征

南方山地采集的单炮记录表明，灰岩地区单炮受到干扰波能量强、有效反射信息弱的影响，反射波组特征不清楚，原始记录几乎无法识别有效反射同相轴（图 2.37）。在灰岩条带出露区，尽管其地表实际宽度不大，但受表层出露地层倾角大、岩性变化快的严重影响，原始记录无反射或信息微弱范围要远比实际灰岩范围大。

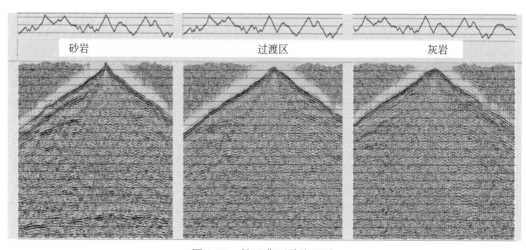

图 2.37　镇巴典型单炮记录

4. 干扰波调查

地形和近地表的非均匀性引起的散射噪声及地形声波是造成地震资料低信噪比的主要原因之一,要想在灰岩区获得优质的地震数据采集和成功的成像处理,就必须对此类噪声进行细致地研究,通过定性和定量分析方法确定其与有效信号的差异,进而才能选择适当的采集方式来压制这些散射噪声,获得高信噪比的地震数据。

盒子波技术提供了适合于识别和定量分析这些散射噪声的野外测试和处理的方法,该技术一方面可以检测散射噪声的存在,并根据水平传播速度识别它们,另一方面可以进行信噪比的定量分析和实施组合效应的量化分析,从而能够为野外组合压噪提供最为可信的基础数据和最为有效的指导(梁尚勇,2003)。

盒子波技术的基本原理是将检波器以矩形面积、小道距、等间距埋置,炮点沿一个方向或数个方向等间距激发,得到地下小道距的三维数据体。通过对小道距的三维数据体进行处理分析研究,从而达到识别干扰波,寻找压制干扰的途径。

在野外进行盒子波技术观测时的观测排列是由一组沿着测线的炮点和一个三维接收网格组成,这个三维接收网格的参数设计取决于噪声的速度和有效信号的瞬时频率范围,通过理论计算最终确定本区盒子波试验方法。如在镇巴灰岩区开展的盒子波试验采用方形排列接收,排列边长为48m,道距为2m,总道数为25×25 = 625道,每道采用单个20DX检波器接收。沿试验测线的方向按照偏移距25m、73m、121m、169m分别激发4炮,激发井深10m,药量10kg,追逐放炮(图2.38),在试验过程中每隔半小时记录一次环境噪声。

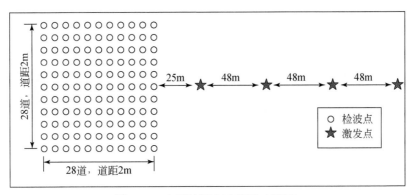

图2.38 盒子波调查示意图(镇巴)

图2.39就是在镇巴地区干扰波分析的例子,通过不同方向干扰波的雷达切片,进一步分析该干扰波主要是面波和侧面波,其视速度在200~800m/s范围内,视波长为40~140m。

复杂地表引起的面波及其散射大大干扰了有效反射信息,降低了地震记录的信噪比。在南方复杂山地探区应用盒子波技术,可获取野外干扰波的属性及类型,为后续的地震激发、接收参数的选择、观测系统优化设计及室内噪声压制处理奠定了良好的基础。

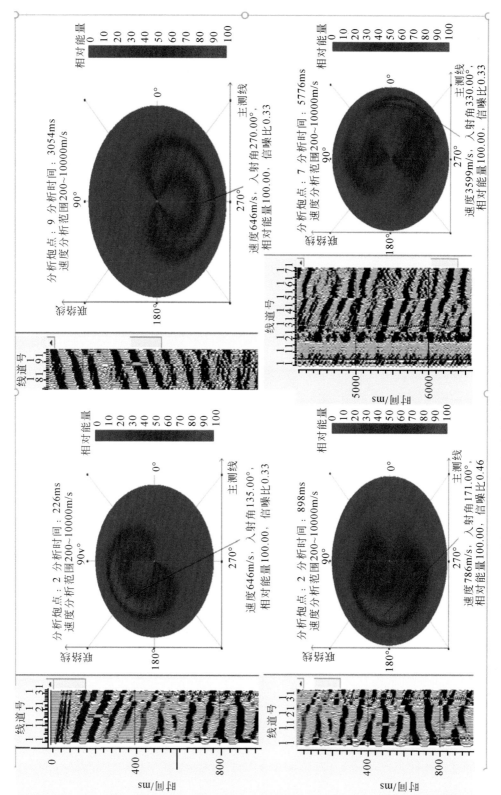

图 2.39　四个不同方向干扰波雷达切片图（镇巴）

二、精细近地表调查技术

南方山地表层地震地质条件的复杂性，不仅表现在地表地貌形态复杂，同时也表现在地表岩性和构造复杂。查清表层地层结构及其变化特点，精确测定表层低、降速带的厚度、速度、岩性及断裂和破碎的特点，追踪岩性动态设计井深是保证激发效果的基础，精细的近地表结构数据可为动态设计井深提供依据。

为了获得比较完整的、精细的表层地质模型，形成了比较完善的综合表层结构调查技术，即以服务于地震采集设计和提高静校正精度为宗旨，以地面地质调查为先导，以地球物理调查方法为主要手段，以建立精细表层地质模型为最终目标，集地质、地球物理以及钻井取心等多种方法技术为一体的高精度表层结构调查技术。核心技术主要包括地质露头调查、微测井、钻井取心和高密度电法等。

（一）地质露头调查

地质露头调查是运用地质学、地球物理等方法，阐明各类地质体（如地层、岩体）的产状、分布、组分、时代、演化及相互间的关系，查明不同地层种类和分布。通过野外的勘查和观测，详细描述每个物理点的岩性、产状，主要是通过罗盘来详细测量测线附近每个物理点岩层的倾向和倾角，并确定它的岩性，依此来推断周围岩层的分布情况（图2.40）。详细描述每个激发点和接收点的地貌条件，注明实际情况是直接岩石出露还是表土覆盖，覆盖有多厚，是否枯叶覆盖及枯叶厚度是多少，是否为砾石区（乱石滩），植被覆盖情况如何，是否处于悬崖边，能不能打井等。记录每个物理点50m范围内的地表地貌情况：记录和描述两条排列线每个桩号（10m间距）附近的地形、地貌特点，追寻两条测线之间及两侧的岩石露头，岩石类型、风化情况、夹层情况、小型构造特征及产状变化情况等。通过野外地质剖面调查，根据实际资料，按照一定的比例尺，编绘完成野外地质剖（平）面图，为野外采集提供基础数据。

图2.40　地层倾向和倾角测量、山谷和山顶走向及方位测量

（二）微 测 井

微测井是一种比较准确的表层结构调查方法，能获得表层结构的厚度与速度，结合钻井取心，也能获得表层岩性，但成本较高，根据井数的多少，微测井可以分为单井微测

井、双井微测井及多井微测井等方法。

1. 单井微测井

通过钻井，可实现在井中接收地面激发的地震波或地面接收井中激发的地震波，然后利用记录到的透射波初至得出表层厚度模型，进而得到介质模型与透射波垂直旅行时间的对应关系。在上述关系中，每个速度层对应一个线段，其斜率为这个层的层速度。不同速度层对应的斜率不同，两线段的交点对应着介质的分界面。

2. 双井微测井

双井或多井微测井能够较准确地获得虚反射界面，为井深的选择提供理论依据。双井微测井的施工方法如图 2.41 所示。两井相距一般在 5～10m，井深选择在高速层顶界以下 20m，一井激发，一井接收，激发井中每间隔 1m 一炮，激发药量要相同，接收井中井底和井口均放置一个检波器。在室内分析中将井口和井底接收道按不同井深的排序合成一个道集，在记录中可以分辨出虚反射界面，根据激发点深度，从而获得虚反射界面的深度，同时做好两个井的岩性录井，结合微测井低降速带资料确定出低降速层深度和速度，分析不同的激发井深、激发岩性对地震波频率、幅度影响情况。

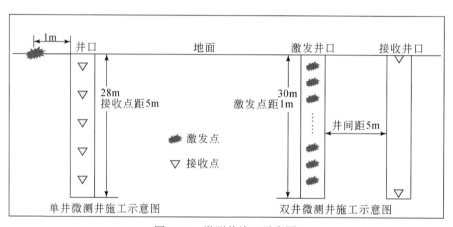

图 2.41　微测井施工示意图

（三）钻 井 取 心

钻井取心是表层结构调查中最直接也是最准确可信的一种调查方法，但是钻井取心一般难度较大，成本较高，因此，该方法在实际应用中有效测点数量较少，可控制的空间和平面范围也比较有限。大多数情况下，其主要用于对其他表层调查方法进行标定。

通过钻井取心可以对岩石在深度方向的排列和分布特点进行详细和直观的描述，包括岩性、厚度、地层倾角、岩石的致密程度、纵向排列方式等。对采集的岩心样本，通过室内测量可以获得较为准确的关于岩石组分、孔隙度、速度、密度以及吸收衰减特性等多方面特性的细致描述和测量结果，还可以直观地研究近地表岩性变化和岩石沉积环境。在南方山地的岩性取心，一般采用 QPY30 水钻利用取心筒钻井取心。

（四）高密度电法

高密度电法与常规直流电法原理一样，是以探测地下目标体导电性差异为基础的一种物理勘探方法。当人工向地下加载直流电时，在地表利用相应仪器观测其电场分布，通过研究这种人工施加电场的分布规律来达到要解决的地质问题的目的。研究在施加电场的作用下，地层中传导电流的分布规律。求解其电场分布时，在理论上一般采用解析法。其电场分布满足以下偏微分方程：

$$\nabla^2 U = \frac{-I}{\sigma}\delta(x_0 - x_1)\delta(y_0 - y_1)\delta(z_0 - z_1) \tag{2.37}$$

式中，U 为电位；I 为供电电流；σ 为电导率；δ 为冲激函数；∇^2 为拉普拉斯算子；x_0、y_0、z_0 为电场点坐标；x_1、y_1、z_1 为源点坐标。

视电阻率为地下介质电性的综合反映，通过反演计算即可得到深度-电阻率剖面（图2.42）。高密度电法集中了电剖面法和电测深等普通直流电阻率方法的特点，不但可以提供地下一定深度范围内电性的横向变化情况，而且还可以提供垂向电性的变化特征。此外，高密度电法的测量系统采用了多电位电极系，可以方便地进行多种电极排列方式的组合测量（多种装置类型），实现了自动化快速数据采集和现场微机处理，大大提高了工作效率和测量精度。

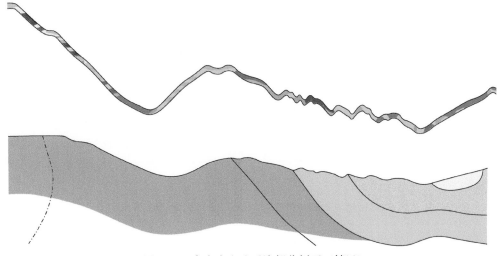

图2.42 高密度电法反演部分剖面（镇巴）

高密度电法具有以下的特点：

（1）该方法属于人工源直流电法，具有资料信噪比高、抗干扰能力较强的特点，勘探深度范围通常在几米至几十米。

（2）同时具有电剖面法和电测深的特点，信息丰富，浅层电性分辨率高。

（3）该方法能采用多种电极排列方式，方便灵活，在不同的条件下可采取相应的观测装置。

（4）实现了自动化快速数据采集和现场微机处理，工作效率高，测量精度高。

（5）直流电测深法理论较成熟，二维勘探方法已广泛使用，三维勘探方法也开始推广使用。

（6）在资料处理中，可对地形影响进行较好的校正，此外由于是自动化跑极，相对常规直流电测深，大大减轻了劳动强度，对复杂地形的适应性较强。

（7）该方法由于是几何测深，在勘探深度大时，需要大极距，大电流，成本较高。

（五）表层结构调查方法对比

由于每种近地表调查方法都存在自身的优点和不足（表2.5），单一的近地表调查方法难以获取准确的近地表状况。为了能够更加全面准确地了解南方复杂山地的近地表结构特征，采用多方法联合的精细近地表调查技术，即利用高密度电法并结合地质露头调查获取较准确的横向上岩性和低降速带厚度变化情况，利用微测井、小折射等纵向上调查资料，获得较准确的岩性和低降速带厚度、速度分布，并确定产生表层虚反射的深度，为动态设计井深提供较为准确的近地表结构模型，以确保一定范围内在统一的、良好的激发岩性中激发，从而为实现追踪岩性激发、保持激发谱的相对统一提供可靠的依据。

表2.5　不同表层结构调查方法对比表

调查方法	优点	缺点	适应性
单井微测井	受地形影响小，取得的资料较精确，结合钻井取心可得岩性资料	施工效率稍低，只能得到点的资料	好
双井微测井	受地形影响小，取得的资料较精确	成本高，效率低	较好
地质露头调查	能够取得地表岩性变化情况和近地表地层构造特点资料	不能取得低降速带厚度、速度资料，只能取得地表的岩性变化情况，并且受地表植被及覆盖物的影响	一般
钻井取心	能够直观地取得岩性变化资料	效率低，不能取得速度资料，只能取得一个点的资料	较好
高密度电法	能够取得连续的资料和微测井联合应用，精度较高	不能取得速度资料，施工成本较高	较好

三、灰岩裸露区地震激发工艺试验

激发是地震采集中极为重要的一环，尤其是南方山地灰岩裸露区地震采集，提高灰岩介质的有效激发能量是改善灰岩区地震资料品质的有效手段。以精细的近地表调查资料为基础，通过系统试验，优选合理的激发井深、药量等参数，并尝试人为改善激发环境试验，努力增强有效低频信息的分量和下传的能量。

点状炸药震源能在瞬间放出巨大的能量，对围岩的破坏性极大，转变为地震波的能量相对减少，但是这种炸药爆炸是在瞬间完成的，激发频谱相对较宽，能量在球面上均匀分布。长药柱呈线状形式，分布范围较大，对周围岩石破坏较轻，因而有较多的能量转换为地震波。但由于长药柱爆炸作用时间较长，时差效应会使激发频谱变窄，地震波主频向低频方向移动。为了发挥长药柱地震波能量强、定向作用明显的特性，而又要避免高频成分的衰减，应选取与介质速度、密度基本相等的药型，并采用药柱顶端引爆的方式起爆，使药柱爆炸产生的应力主要沿着药柱向下施加应力，以使下传能量更强、频率成分更加丰富，因此药柱下方的岩性至关重要。

（一）砂岩、灰岩爆炸试验

为了直观观测在砂岩与灰岩中爆炸后效，实施了雷管激发观测爆后效果的现场实验。砂岩选择了疏松砂岩和致密砂岩两种，灰岩选择了泥质灰岩和纯灰岩两种。具体方法是用电钻在岩石截面上钻孔后塞入雷管，引爆雷管后，对比岩石表面破损情况。实验表明，雷管激发在砂岩和灰岩表现的后效存在明显差异，砂岩中能量向雷管插入方向传递能量和效果强于灰岩，围岩波及范围大于灰岩，重要的是砂岩爆后波及外围的外观圆形（球形）特征更稳定，而灰岩破裂不规则，且易产生裂缝（图2.43、表2.6）。

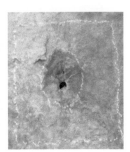

(a) 砂岩一发雷管爆炸前后 　　　　　　(b) 灰岩一发雷管爆炸前后

图2.43 砂岩和灰岩被炸后破裂情况

表2.6 电雷管在砂岩、灰岩激发后效实验测量数据表

岩性	雷管数	孔深/cm	破坏程度/cm	
			破坏直径	破坏深度
疏松砂岩	1	7.5	13	3
	3	7.5	17	5
致密砂岩	1	5	12	2
	3	5	16	4
泥质灰岩	1	5	5	1
	2	5	19	2
	4	5	30	3.5
纯灰岩	1	5	8	1
	2	5	19	1.7
	4	5	21	3.5

（二）激发井深试验

选择高速层中激发和优选好的岩性段激发是最重要的两个方面。优选岩性通常要结合试验取心、微测井调查、露头调查等手段获取的精细近地表结构进行，实现基于追踪岩性的动态井深设计。

激发井深选择通常是以保证激发能量可最大限度地向地下传播，且有一个宽频带的激发子波为目的，兼顾虚反射界面、要保护的最高频率、炸药的爆炸半径以及激发岩性和密度等多个方面。井深选择合适，子波能量能够加强，频带影响小，反之，子波能量减弱，频带影响大。

对比镇巴地区不同井深条件下的激发记录，定性和定量分析认为20m井深得到的资料信噪比较高，同相轴的连续性好，波组特征清晰，有效波频带宽，主频段能量强。采用深井激发可有效减弱由震源激发而直接上传到地表的能量，进而削弱了由震源直接形成的近地表干扰，从而提高了地震资料的资料信噪比。因此，在近地表难以形成稳定的强波阻抗界面的灰岩区勘探时，适当增大激发井深对提高资料信噪比是有利的。

在南江地区北部三叠系灰岩裸露区和镇巴地区开展了30～70m超深井激发试验（图2.44）。单炮记录表明，单深井不同井深试验资料能量基本相当，22m能量略高；从频率分析来看，井深增加，主频略高，频宽差异不明显；从信噪比分析来看，井深增加，信噪比略高。因此认为：采用超深井激发，能够适当提高采集单炮信噪比和提高采集单炮主频，但总体改善不大。

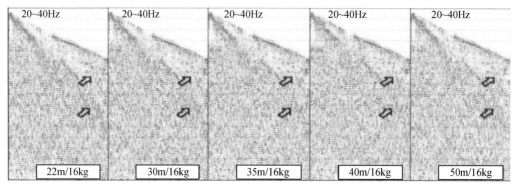

图2.44　灰岩单深井激发试验单炮记录及定量分析

在对70m井深的录井岩性分析后认为，灰岩中含泥与否决定了激发能量和频率的高低，在该井20m与40m处明显见泥质，在此深度激发效果略好于其他深度。因此在激发井深达到20m以上后，再增加深度带来的效果已经不足以弥补付出的成本代价。目前南方灰岩地区普遍采用22～24m的灰岩激发深度是合理的。

（三）组合井激发试验

组合激发是具有低通效应的，破碎区、垮塌区和砾石区由于单深井无法成井，单浅井激发根本无法满足激发能量的需求，采用适当的组合激发方式可以增强有效下传能量，改善地震资料品质。

当野外采集施工采用多井组合时，井距的选择也是一个比较关键的激发因素，组合基距最少要大于两倍的爆炸半径。

组合井距经验公式：

$$d = 2r = 3q^{1/3} \tag{2.38}$$

式中，d 为组合井距，m；r 为起爆时形成的塑性带半径，m；q 为药量（单井），kg。

镇巴地区多组合井激发试验分别采用井数为 8 口、12 口、14 口面积组合，井深统一为 5m，井间距 3~5m。从不同时窗、峰值能量分析，随着组合井数的增加，总能量有所增强，频率、信噪比与单深井相比略有下降，但单炮记录内总体信息并无明显变化。

另一组组合井激发试验井数分别为 3 口、5 口面积组合，井深为 13m、8m，统一在泥土中激发。从激发单炮原始记录看，泥土中激发低频干扰明显较重，但分频处理滤掉低频分量后，泥土中激发的有效信号明显强于灰岩中激发（图 2.45）。

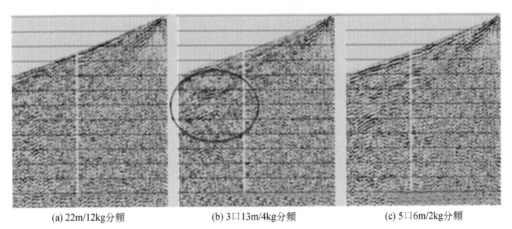

(a) 22m/12kg分频　　　　(b) 3口13m/4kg分频　　　　(c) 5口6m/2kg分频

图 2.45　泥土中灰岩多井、超深井激发单炮记录

（四）改善激发环境试验

当药柱爆炸速度近似等于围岩介质的速度时，药柱的长度就越长越好；当药柱爆炸速度与围岩地层速度相差较大时，长药柱就相当于一个垂向的组合爆炸，它具有低通、高截作用。组合爆炸的高截作用取决于起爆时间差 Δt。从顶到底的爆炸时间差公式为

$$\Delta t = L(V_1 - V_2)/V_1 V_2 \tag{2.39}$$

式中，Δt 为药柱爆炸总时差；L 为药柱长度；V_1 为爆炸速度；V_2 为地层速度。Δt 的存在导致各点爆炸产生的波前在向下传播方向上叠加相位差，使叠加后的波的频带宽度受到一定压制，频宽减小。因此，当药速与地层速度不相同时，我们应尽可能地减小或消除 Δt。为提高长药柱的激发效果，一是选择合适的药柱长度和爆速，二是人为改善激发环境，减小 V_2 与 V_1 的差。以此为出发点，根据南方灰岩裸露区的客观条件，尝试开展了一系列人为改善激发环境的试验，探索了改善灰岩区激发效果的技术方法和技术工艺。

1. 井中浸水试验

既往的地震资料表明，灰岩区水中激发（即水炮）资料较岸上资料信噪比高，含水的井中激发比干井中激发资料信噪比高、能量强，这些现象均表明灰岩中含水后激发效果变好。因为水的速度在 1700m/s 左右，比灰岩速度低得多，密度也比灰岩低得多，灰岩含水后速

度、密度变低，改善了炸药与围岩的匹配关系。而且灰岩含水后脆性变弱、弹性变强，更有利于形成弹性波。为此，在镇巴南部地区进行了炮井中灌水浸泡试验，具有一定效果，井中浸水后激发的单炮记录能量较未浸水的记录明显增强，但仍然见不到反射同相轴（图2.46），达不到水炮和含水井中激发的效果。分析其原因，主要是浸泡时间有限，且浸水深度不够，灰岩没有得到充分浸泡，弹性仍然很差，速度仍然很高，与炸药的匹配关系仍然达不到要求。

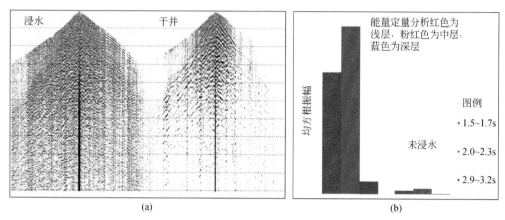

图2.46　井中浸水激发试验的振幅补偿后单炮记录（a）及其能量分析（b）

2. 改变炸药作用岩性的试验

当炸药与岩石阻抗很不匹配时，使用合适阻抗和厚度的中间层，可有效地提高能量利用率，无须改变炸药种类。由此可以推论，既然砂岩的弹性较好，与炸药的匹配也较好，如果在炸药的应力施加区将灰岩改变为砂岩或与砂岩相当的介质，应该可以提高应力施加区的弹性，改善炸药与围岩的匹配，还可以使炸药作用力不直接施加于灰岩，减小对灰岩的破坏，减小能量的损失，使更多爆炸能量转换为弹性波。由于柱状药包顶端起爆，应力主要向下施加，目前常用的高爆速Ⅰ型炸药爆速不是很高，应力场偏离药柱方向较小，因此，改变药柱正下方爆炸半径以内的激发岩性至关重要，只要在药柱下方垫入足够长度的砂岩或与砂岩相当的介质，应该会收到改善灰岩激发环境的效果。

为了验证以上推论，在綦江地区三叠系灰岩裸露区进行了药柱下方垫砂岩岩心和垫含沙水泥柱的激发试验，并与常规方法激发（即药柱下方不垫任何介质）的结果进行对比。采用高爆速Ⅰ型炸药激发，井深22m，药量12kg，可计算出12kg炸药爆炸半径在1.927～2.19m之间。同时，为了对比砂岩岩心和含沙水泥柱长度小于爆炸半径和大于爆炸半径的效果，选择分别垫1m和3m长的砂岩岩心和含沙水泥柱进行试验。

从试验获得的单炮全频段、分频段记录（图2.47）的对比以及能量和信噪比定量分析结果（图2.48）可以看到，药柱下方垫3m砂岩岩心、垫3m含沙水泥柱激发单炮记录的能量和信噪比都明显高于常规激发单炮记录，反射同相轴更加清晰；药柱下方垫1m砂岩岩心、垫1m含沙水泥柱激发单炮记录能量和信噪比与常规激发单炮记录相当，远不如药柱下方垫3m砂岩岩心、垫3m含沙水泥柱的单炮记录。这主要是因为水泥柱、砂岩岩心的长度达不到爆炸半径，而3m则已超出爆炸半径1m左右，也就是说有1m左右的岩心或含沙水泥柱在弹性区内。

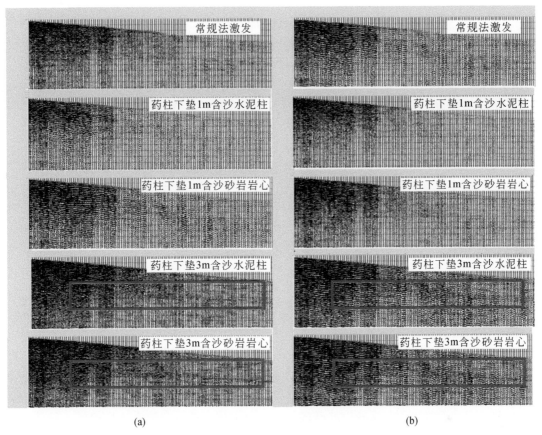

(a)　　　　　　　　　　　　　　(b)

图2.47　常规法激发及药柱下方垫含沙水泥柱和垫砂岩岩心激发的15~30Hz（a）、
20~40Hz（b）分频段单炮记录对比

　　从频谱分析结果（图2.48）看，药柱下方垫3m砂岩岩心、垫3m含沙水泥柱激发记录低频段振幅有所提高，说明改善激发环境后有利于产生低频段有效反射信息，这正是我

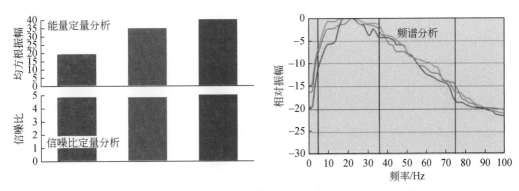

图2.48　常规法激发（红色）及药柱下方垫含沙水泥柱（粉红色）和
垫砂岩岩心（蓝色）激发单炮记录定量分析

们期望的结果。因为近地表的灰岩往往溶洞、裂缝发育，对高频信息吸收严重，而对低频信息的吸收相对弱得多；同时，较强的低频信号抗干扰能力也较强，有利于检波器接收到较高信噪比的地震反射信息。

四、灰岩裸露区地震波接收试验

南方山地复杂的地震地质条件致使干扰波异常发育，且有效反射信号弱，利用检波器组合效应在野外压制干扰波，提高接收的有效反射能量，从而提高地震资料信噪比是地震采集的一个重要环节和有效的技术方法。

（一）检波器类型、埋置方式试验

南方灰岩裸露区有效反射能量弱，提高检波器的灵敏度对提高有效反射能量的接收和压制噪声十分必要，为此，在灰岩裸露区进行了多种检波器接收试验，并进行了多种组合图形试验。

从试验结果看，超级检波器 SN7C-10Hz 检波器较常规检波器（20DX-10Hz）接收弱信号的能力略强，单炮记录信噪比略高，该种检波器在镇巴三维攻关生产中已批量采用；陆用压电检波器（LHY）与两串常规检波器组合相比，接收能量较强，但因为是单只接收，压噪效果较差，信噪比较低；SS-10PT-3、SS-10PT-6 型超级检波器也只能使用单只接收，无法组合，与常规单只检波器相比能量强、信噪比高，但与两串常规检波器组合相比，能量和信噪比较低，即使在井下接收，也不及常规检波器组合接收；加速度检波器（单只）和常规检波器（两串组合）相比能量、信噪比略低，频率较高（图 2.49），三分量检波器 z 分量接收信息叠加剖面与常规检波器接收叠加剖面比，能量和信噪比均较低，只是频率较高，但将三分量检波器 z 分量接收信息与 x 和 y 方向接收到的信息叠加后，较 z 分量叠加剖面反射同相轴连续性略强，信噪比略高，说明灰岩裸露区确实存在纵波漏失现象，常

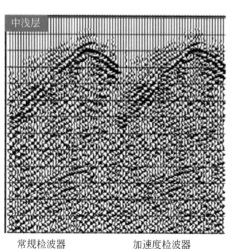

常规检波器　　　　加速度检波器

能量分析(左为常规，右为加速度检波器)

信噪比分析(左为常规，右为加速度检波器)

频率分析(红色为常规，粉红色为加速度检波器)

图 2.49　常规、加速度检波器接收效果对比

规纵波检波器确实难以完全接收完整的地下反射信息。

检波器耦合试验表明，利用电钻打眼，直接将检波器插在灰岩上有一定效果（图2.50），

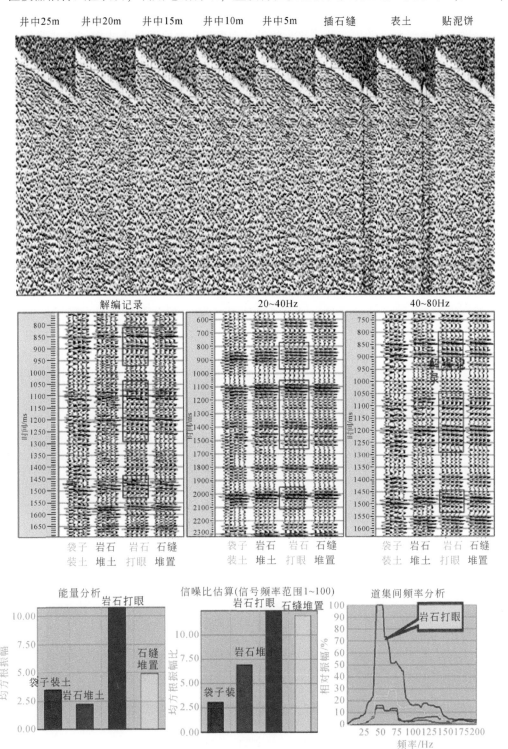

图2.50　检波器不同耦合方式效果

灰岩之上没有覆盖层或覆盖层较薄时可以实现，但部分区域覆盖层较厚，实现难度很大，超出1m的情况比比皆是，如果每道都将覆盖层铲除，成本几乎无法接受，将检波器插在石缝中与将检波器插在覆盖层上虽然不及电钻打眼的效果，但可实现性强，井下接收和贴泥饼、堆土等效果均不理想，井下接收效果不理想的主要原因是无法做到检波器与灰岩的良好耦合；贴泥饼、堆土等效果不理想主要是因为泥饼、土堆与灰岩耦合不好。最现实的做法是灰岩之上没有覆盖层时采取电钻打眼或将检波器插在石缝中，灰岩之上有覆盖层时将检波器直接插在覆盖层上。

（二）　检波器的组合分析

检波器组合是利用有效波和干扰波在传播方向、视速度上的差异来压制干扰波，相对增强有效波能量。在每个地震道中，按一定形式和间隔将多个检波器连接在一起接收地震波的样式称为组合方式，生产中多采用线性组合和面积组合的方式实施。组合效果与检波器和地面耦合条件、组合方式、组合参数及其构建的组合效应有关。

检波器组合接收的时候，组合图形也很关键。线性组合只对沿测线方向的干扰波有压制，而对于垂直测线方向的干扰波是没有压制作用的。在复杂地区，干扰波往往是没有方向性的，这就要求采用面积组合来压制各个方向的干扰波。

组合接收方面试验了2串大、小组合与6串大组合接收对比试验。经子波特性、定性、定量分析认为，从能量上看，6串大组合接收能量最强；从信噪比来看，6串大组合略好于2串大组合；从频率上看，大组合的主频明显偏低。总体而言，增加组合串数和加大组合基距对灰岩地区改善接收效果有利（图2.51）。但受南方复杂山地地表地形的限制，拉大组合基距无法实现。

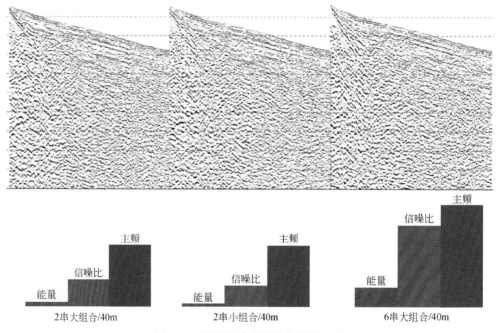

图2.51　不同组合基距接收效果对比

大量试验表明，二维采用矩形面积组合，三维采用圆形面积组合效果较好，三维圆形面积组合有利于保持各个方向地震波接收的一致性。由于受南方复杂山地地表地形的限制，拉大组合基距难以有效实施，二维可以靠多线（宽线）、高叠次来压制噪声，三维靠高叠次来压制干扰。

另外，南方山地灰岩区复杂的近地表条件难以在一定范围内形成稳定的地表一致性接收条件，致使大组合接收不同检波点之间容易存在波形差异，影响整体的组合接收效果。另外，受复杂地形条件的限制大组合基距接收难以有效展开，因此单检波器高密度接收是下一期接收技术研究的突破重点。

五、灰岩裸露区二维宽线地震采集观测系统

面对灰岩坚硬、易碎的固有属性，改善激发环境提高地震资料信噪比的技术工艺虽然取得了一定的效果，但若大规模推广应用于生产，无论是从经济上还是从工程工艺上来说都是现实不可行的。大组合基距接收对压制噪声有较好效果，但在南方山地地区由于受到复杂地表地形条件限制，拉大组合距的大组合接收技术难以有效实施。对于二维地震，常规的二维单线观测通常采用加密炮点的方式，以达到提高覆盖次数的目的，但其潜力有限，无法实现通过大规模提高覆盖次数达到提高资料成像信噪比的目的。通过在桂中、黔西的采集攻关，把宽线高覆盖的观测思路引入攻关生产中，取得突破性的进展，提高了灰岩区地震资料的信噪比。

（一）二维宽线观测系统关键参数

宽线采集技术是一种特殊的三维观测技术，其炮检点相对单线采集技术纵横向离散，面元道集内传播路径的差异削弱了干扰的相干性，弥补了南方山地无法实施大组合基距接收对噪声压制能力的限制，提高了对干扰的压制能力。同时，优选炮线垂直叠加和扩大横向面元叠加，能够大幅提高共中心点（CMP）面元的有效覆盖次数。宽线采集有不同方位的炮检距，噪声分布比二维采集更接近于高斯分布，因此，可通过有效提高覆盖次数来压制噪声干扰。宽线采集技术设计需要论证的主要参数包括道距、覆盖次数、最大炮检距、接收线距和激发接收参数等。

1. 道距

道距选择需要考虑以下两个问题。

第一是最高无混叠频率条件，即：

$$\Delta x < \frac{v_{\text{int}}}{4f_{\text{max}}\sin\theta} \tag{2.40}$$

式中，Δx 为道距；v_{int} 为层速度；f_{max} 为需要保护的有效信号最高视频率；θ 为目的层沿侧线方向的最大倾角。

第二是横向分辨率要求，即：

$$\Delta x < \frac{v_{\text{int}}}{2f_{\text{dom}}} \tag{2.41}$$

式中，f_{dom} 为目的层主频。

2. 覆盖次数

足够的覆盖次数能充分压制干扰，增加目的层反射能量，提高资料的信噪比，确保成像效果，覆盖次数选择的经验公式即：

$$\sqrt{n} = \frac{P(S/N)}{d(S/N)} \tag{2.42}$$

式中，n 为覆盖次数；$P(S/N)$ 为设计要求的剖面信噪比；$d(S/N)$ 为原始单炮记录信噪比。

3. 最大炮检距

最大炮检距的选择需要考虑对动校拉伸畸变和速度分析精度影响。

动校拉伸与排列长度的关系为

$$X_{max} \leqslant \sqrt{2DV_{rms}^2 t_0^2} \tag{2.43}$$

式中，X_{max} 为最大炮检距；D 为动校拉伸百分比（一般为 12.5%）；t_0 为双程反射时间；V_{rms} 为目的层上覆地层的均方根速度。

速度分析精度与排列长度的关系为

$$X_{max} \geqslant \sqrt{\frac{t_0}{f_{dom} \left[\frac{1}{V_{rms}^2 (1-P)^2} - \frac{1}{V_{rms}^2} \right]}} \tag{2.44}$$

式中，P 为速度分析精度（一般为 6%）；f_{dom} 为目的层主频。

4. 接收线距

宽线叠加实际上是一种面元叠加，垂直测线（横向）的面元边长由接收线数、接收线距和观测系统决定。因此，我们先讨论横向面元边长的限制条件，计算出横向面元边长，然后依据横向面元边长和压制干扰波的要求计算线距。

要使反射波能够同相叠加，则应横向面元宽度范围内的反射时差小于目的层反射波周期的 1/4，即：

$$b_y \leqslant \frac{v_{int}}{8 f_{dom} \tan\alpha} \tag{2.45}$$

束线宽度 W_y 为横向面元宽度的 2 倍，即：

$$W_y = 2b_y \leqslant \frac{v_{int}}{4 f_{dom} \tan\alpha} \tag{2.46}$$

式中，b_y 为 CMP 面元的横向宽度；α 为目的层在横向上的视倾角；v_{int} 为目的层上覆地层层速度；f_{dom} 为目的层主频。

侧面波被压制要求：

$$W_y \geqslant \lambda^* \tag{2.47}$$

式中，λ^* 为侧面波视波长。对于主测线来说，地层横向视倾角一般较小，确定束线宽度后，接收线距可以用式（2.48）计算：

$$L = \frac{W_y}{n-1} \qquad (2.48)$$

式中，L 为接收线距；n 为接收线数。

（二）基于地质目标的模型正演与论证

通过目标地质模型的正演模拟确定震源对地下界面的照射强度、照射的范围以及照射的盲区，确定地下界面对地表检波器照射能量，从而了解不同观测系统对野外地震数据采集的有效性，进而评判观测系统的优劣性，迭代修改观测系统的最优化设计（单刚义，2011）。

在诸如逆掩推覆构造复杂地区，覆盖次数除了与炮点和检波点排列有关外，还取决于目的层的深度以及上覆地层地质结构，常规的基于水平层状假设的共中心点（CMP）进行观测系统设计的思路在复杂构造区是不合适的。目的层上的各共反射点（CRP）的覆盖次数和地震波总能量共同决定了地震波对该点的照射情况，进而决定了该点的成像质量，因此应该根据目的层上各 CRP 的照明能量和覆盖次数的分布来确定最佳的检波器排列长度和排列方式。如镇巴地区正演模型论证可见图 2.52，针对高陡构造需要的排列长度为5428m，针对复杂构造的断层点需要的排列长度为 6188m，针对断面处需要的排列长度为6687m。通过综合分析认为，该观测系统的排列长度应在 6600m 左右。

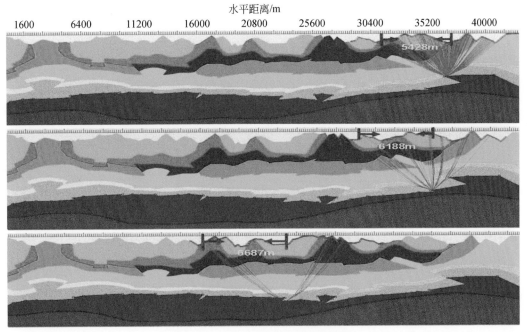

图 2.52　针对不同构造点的 CRP 追踪

综合模型正演分析认为，对复杂构造的资料采集，宜采用小道距、小炮检距、高覆盖次数的基本参数。

（三）宽线观测参数论证优化

宽线宽到什么程度合适需要根据工区特点进行方法论证。针对南方灰岩低信噪比探区勘探程度较低的现实，为了降低勘探风险，我们通常首先论证一个相对较高的技术方案进行试验采集，在试验线采集过程中，现场处理与负责室内精细处理的技术人员同时对试验方案进行多种退化处理，分析不同观测方案的勘探效果，从而得到既能满足勘探需求，又适合成本控制要求的生产技术方案的论证过程。

针对桂中、黔西、镇巴地区地震攻关均实施攻关试验及二次方法论证。其中在桂中实施了 3L3S810 次宽线观测系统攻关采集，并抽取不同炮线、检波线退化 14 种不同观测系统开展成像处理，分别对比相同覆盖次数条件下不同观测方式的对比和不同覆盖次数的成像效果对比，最终优选出了 3L2S540 次观测方案实施生产，具体施工参数：接收线 3 条；接收线距 40m，炮点距 40m，炮点分布在测线上，炮排距 60m（中间线炮）、120m（两边线炮，即 2 炮抽 1 炮，炮点分布呈 Z 字形），检波点距 20m；单线观测系统 5390-10-(20)-10-5390；接收道数 1620 道（540×3＝1620 道）；最高覆盖次数 540 次。通过退化分析实现了观测方式的有效性和经济性的最佳匹配，且最终的成果资料相比于前期 90 次覆盖采集资料地震内幕反射信息明显丰富（图 2.53），泥盆系内部及深层反射信噪比明显提高，对构造解释及圈闭类型有了新的认识。

在黔西、镇巴地区的二维攻关中，推广应用了同样的技术思路，如黔西实施 3L3S660 次宽线攻关采集，优选出 3L2S330 次观测系统实施生产，镇巴南部实施的 4L3S1968 次宽线攻关，经过二次方法论证后延续攻关方案开展生产，均取得了较好的勘探效果，资料信噪比明显提高，基本满足勘探生产需求。

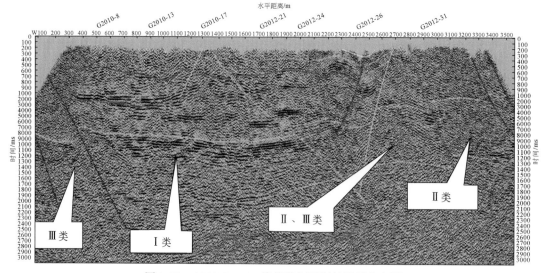

图 2.53　GZ2012—024 线偏移剖面资料品质分布图

六、灰岩裸露区三维地震采集观测系统

二维宽线地震采集技术以较高的覆盖次数、一定方位角的观测方式在南方灰岩裸露区的应用较大地改善了地震资料品质，增强了构造解释精度，优选出了有利目标区。针对有利目标区，根据地质构造特点，开展了以较高叠加次数为基础，以保证采集波场完整性为目标的宽方位高覆盖三维地震采集技术攻关，并在南方灰岩区和山前带的勘探实践中取得了良好效果，探索形成了"基于叠前偏移收敛性的宽方位高覆盖"三维地震观测技术。

一般情况下，三维观测系统的设计应考虑以下几个原则：

（1）地下面元道集内的炮检距分布均匀。在一个炮集或一个共深度点（CDP）道集内应当有均匀分布的地震道。炮检距应当是从小到大均匀分布，能够保证同时勘查浅、中、深各个目的层。使观测系统既能保证取得各目的层的有用反射波信息，又能够用来进行速度分析。

（2）在一个 CDP 道集内各炮检距连线的方向应当尽可能地比较均匀。在一个面元（反射点）上地震道是从各个方向入射到这个面元（反射点）上的，为了使三维的共中心点叠加具有真实显示三维反射波的特点，必须保证方位角的均匀性。

（3）地下共中心点覆盖次数分布均匀。各地下的覆盖次数应尽可能相同或接近，在全区范围内分布是均匀的。均匀的覆盖次数是保证反射记录振幅均匀、频率成分均匀的前提条件，这样才能保持地震记录特征稳定，使地震记录特征的变化能够与地质变化的因素相联系，有利于对复杂地质结构和岩性、岩相的研究。

（4）三维观测系统的设计还受地面条件的制约，在地面条件不允许的情况下，局部采用不规则变观进行三维地震观测。

南方山地的地震采集三维地震观测系统受到复杂地表及地下构造复杂、地层倾角大的影响。因此针对在地表地下双复杂的南方山地探区，加强基于起伏地表及地质目标的共反射点（CRP）属性分析的三维观测系统设计，进行炮点、检波点位置和组合的设计，有目的地增加目标点、层和断面的有效反射信息量。

（一）高陡区反射能量最大化的照明分析技术

南方山地由于受到多期构造运动，地下地质构造复杂多变，受构造形态的影响，地震波传播不均匀。高陡构造由于地层倾角较大，又加上上覆地层的影响，地震波能量较弱，成像质量较差，需要加强对高陡构造的特殊观测系统设计。要提高高陡构造的成像质量，必须通过局部优化变观的方式，并在局部加密炮点（或延长检波线排列），在最佳的激发和接收点位置进行采集，改善高陡区的地震采集效果。

通过照明分析技术，统计计算在目标点产生地震波场能量最大值的位置设计布设激发和接收位置。首先在高陡目的层段布设检波点，在地面布设许多炮点进行模拟放炮，统计这些模拟计算结果，找到接收点接收能量最大的炮点位置，确定最佳的激发点位置。

然后在地面布设排列，将激发点放在目标层位上进行激发，将接收记录进行分析，寻找能量最大的位置，确定最佳的接收排列位置，如图 2.54 所示。

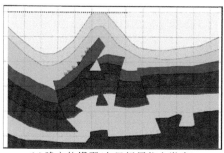

(a) 建立的模型(在目标层位上激发)

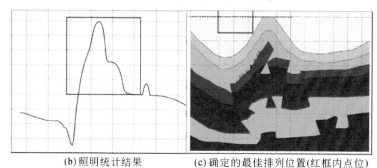

(b) 照明统计结果　　　　(c) 确定的最佳排列位置(红框内点位)

图 2.54　照明统计确定接收范围（在目标层位上激发）

　　使用这样的方法确定的最佳排列位置及炮点位置，进行加密放炮。图 2.55（a）显示加密前照明情况，图 2.55（b）显示加密后照明情况，从前后对比中可以看出，高陡构造位置照明得到了改善，提高了成像效果。

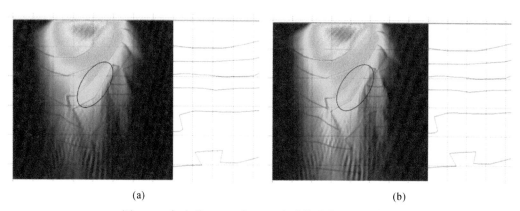

(a)　　　　　　　　　　　　　　　(b)

图 2.55　加密前（a）后（b）高陡构造位置照明分析

（二）基于叠前偏移收敛性的三维观测系统设计

　　使用双聚焦理论研究观测系统参数对叠前偏移成像的影响。利用基尔霍夫（Kirchhoff）积分法，采用偶极子震源、WRW 模型形式进行计算，计算过程是相互独立、可以互换的两步偏移计算过程。

双聚焦成像是一种叠前偏移处理方法，实质上它是 Kirchhoff 积分法偏移分解为相互独立、可以互换的两步聚焦过程：第一步，通过检波聚焦算子实现上行波场向反射界面延拓的检波聚焦；第二步，通过震源聚焦算子实现下行波场反向延拓的震源聚焦。经过上述两步聚焦，将采集系统算子和传播算子的影响从地震记录中去除掉，实现估算反射系数 R 这一处理目标。

检波聚焦束：

$$B_{D(z_m,z_0)} = F_{D(z_m,z_0)} W_{D(z_0,z_m)} D_{(z_0)} \tag{2.49}$$

震源聚焦束：

$$B_{S(z_0,z_m)} = F_{S(z_0,z_m)} W_{S(z_m,z_0)} S_{(z_0)} \tag{2.50}$$

式中，W_D、W_S 分别为上行和下行传播算子；D、S 分别为检波点和炮点排列数组；Z_0、Z_m 分别为地面坐标和地下反射点位置；B_D、B_S 分别为检波和震源聚焦束。

在这里为更加符合实际情况，震源类型选择偶极源压力场进行计算。图 2.56 显示的是双聚焦的计算结果。从中可以看出，双聚焦成像主要组成部分是主瓣和旁瓣，主瓣的宽度决定了空间分辨率，主瓣的高度决定了成像能量，旁瓣是偏移假频，它是由有限的震源带宽、偏移孔径、目标点埋深、观测系统共同决定的偏移假象，它的大小决定了信噪比，以及采集痕迹的大小。

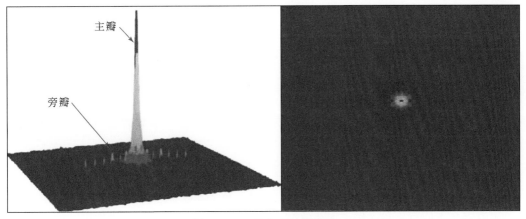

图 2.56　双聚焦的计算结果

针对镇巴近地表各向异性严重，激发接收条件差异大，尤其是灰岩区和过渡带区激发与接收效果均较差，地下地质结构复杂，地震波场复杂、资料信噪比低的地震地质特点，开展了基于叠前偏移收敛性的较宽方位、高覆盖三维地震采集攻关。用高覆盖次数增强有效反射信息能量，提高成像品质；以大排列片接收更丰富的反射信息，有利于叠前偏移成像；基于宽方位角以获取更加完整的地震波场，有利于陡倾角成像。首先建立地质模型（图 2.57），利用波场正演手段认识地下复杂构造对于地震反射信息的影响，根据波场分析（图 2.58），选择合理的排列长度，足够的覆盖次数，适当增加横向观测范围，加强对地下地层反射信息的接收。

通过优化观测系统参数，改善观测系统属性，优选了 28 线×3 炮×288 道（正交）观

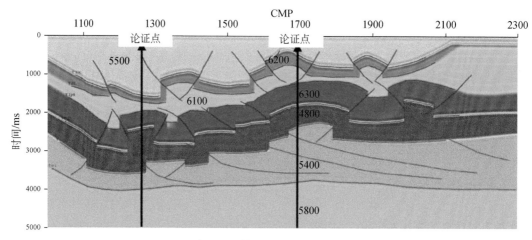

图 2.57　镇巴工区地质模型图

图内数字表示速度，单位 m/s

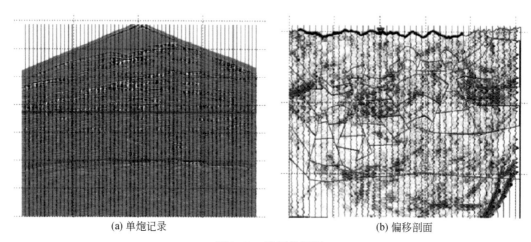

(a) 单炮记录　　　　　　　　　　(b) 偏移剖面

图 2.58　波场分析图

测系统（表 2.7）。观测系统属性分析（图 2.59，图 2.60）表明，与以往观测系统对比，2011 年方案在方位角分布、噪声衰减效果及叠前偏移响应上都有大幅度优化：首先，覆盖次数大幅度提高，有利于提高资料信噪比；其次，降低横向滚动距离，横向耦合性好；再次，采用较大观测方位，炮检距和方位角分布更为均匀，压制噪声效果更好；最后，叠前偏移收敛性明显提高，有利于偏移成像。

表 2.7　镇巴各期观测方案

方案	镇巴三维 I 期	镇巴三维 II 期	镇巴三维 III 期
观测系统	16 线×10 炮×300 道	20 线×10 炮×300 道	28 线×3 炮×288 道
纵向排列	5980-20-40-20-5980	5980-20-40-20-5980	5740-20-40-20-5740
覆盖次数	120 次（8 横×15 纵）	150 次（10 横×15 纵）	336 次（14 横×24 纵）
面元尺寸/m	20×20	20×20	20×40
炮点距/m	40	40	80

方案	镇巴三维Ⅰ期	镇巴三维Ⅱ期	镇巴三维Ⅲ期
道距/m	40	40	40
接收线距/m	200	200	240
炮线距/m	200	200	240
束线距/m	400	400	240
最大非纵距/m	1700	2100	3320
最大偏移距/m	6216	6338	6641
横纵比	0.28	0.35	0.58
炮密度/(炮/km^2)	62.5	62.5	52.13

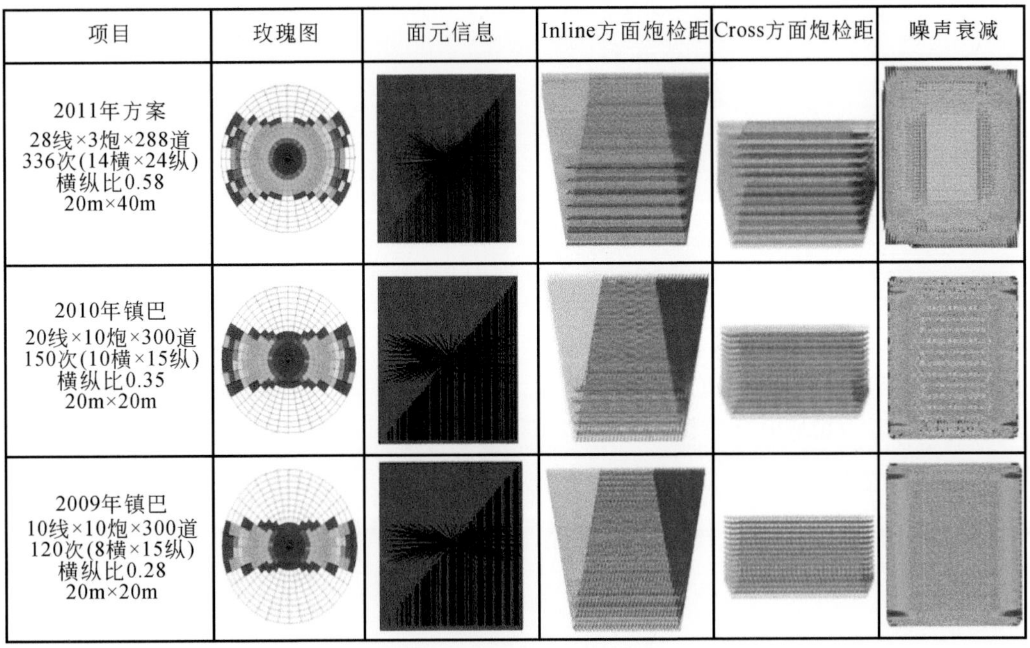

项目	玫瑰图	面元信息	Inline方面炮检距	Cross方面炮检距	噪声衰减
2011年方案 28线×3炮×288道 336次(14横×24纵) 横纵比0.58 20m×40m					
2010年镇巴 20线×10炮×300道 150次(10横×15纵) 横纵比0.35 20m×20m					
2009年镇巴 10线×10炮×300道 120次(8横×15纵) 横纵比0.28 20m×20m					

图2.59 观测系统属性分析

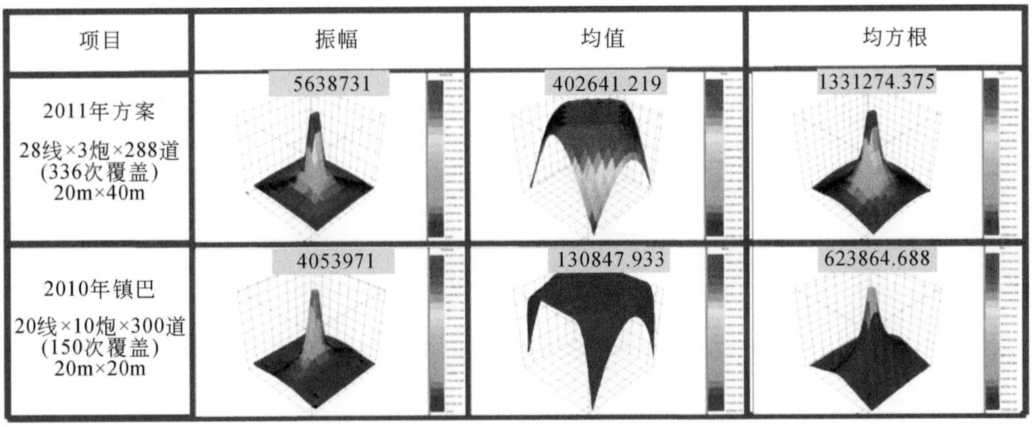

项目	振幅	均值	均方根
2011年方案 28线×3炮×288道 (336次覆盖) 20m×40m	5638731	402641.219	1331274.375
2010年镇巴 20线×10炮×300道 (150次覆盖) 20m×20m	4053971	130847.933	623864.688

图2.60 观测系统收敛性分析

　　从 I、III 期剖面对比看，III 期剖面反射层位清晰，灰岩区成像效果改善明显，反射层较为连续，完全能够真实反映构造特征（图 2.61）。

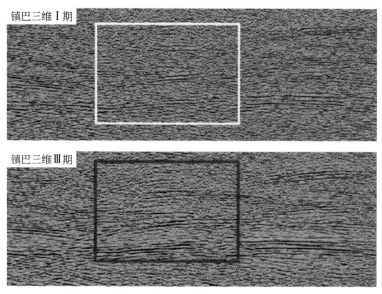

图 2.61　镇巴三维 I、III 期地震叠加剖面对比图

　　从偏移剖面看，2011 年资料比 2009 年资料（两块三维重合区）在灰岩区中深层成像效果改善较大，偏移归位较好，划弧程度小，尤其是寒武系、志留系资料信噪比得到明显提高（图 2.62），此结果与基于叠前偏移响应的观测系统设计相吻合。

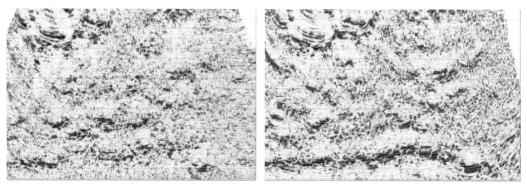

图 2.62　2009 年与 2011 年采集资料叠前偏移剖面对比

第四节　灰岩裸露区地震采集实例

　　利用灰岩裸露区地震采集基础研究及试验分析成果指导开展了桂中、湘中和镇巴南等地区的二维宽线采集攻关，镇巴和桂中两个地区的宽方位三维采集攻关，取得了明显的勘探效果。

一、灰岩裸露区二维宽线地震采集

（一）桂中二维宽线采集

为加快广大外围探区的勘探进度，2010～2011 年在桂中拗陷北部斜坡环江-宜州地区整体部署二维地震采集攻关，探索改善外围灰岩裸露区的地震勘探技术方法和工艺，为油气勘探提供较高品质的地震资料基础。

1. 地震地质条件

桂中地区是典型的喀斯特地貌区，表层地震地质条件复杂，具有西高东低的特点，区内岩溶发育，具有典型的喀斯特地貌特征。工区西部山体陡峭，沟壑纵横，地形切割剧烈。工区出露的地层为 K、T、P、C、D，出露岩性主要为厚层状灰岩、薄层状灰岩、砂岩、泥岩，局部为砂泥岩、砾石层等（图 2.63）。区内表层结构变化大，山体区和第四系出露的地区不尽相同。在山体区低降速层较薄，大部分地区可见高速层（灰岩）直接出露，速度变化较大。在平坦地区部分为第四系松散泥土所覆盖，中间夹杂砾石，低降速层速度及厚度变化较大，形成极强的横向剧烈变化的反射波速度差异界面，易产生原生、次生干扰和反向散射，加上溶洞、裂隙发育，将造成井漏和卡钻，会给钻井工作带来很大的困难，检波器的耦合效果也受到影响。

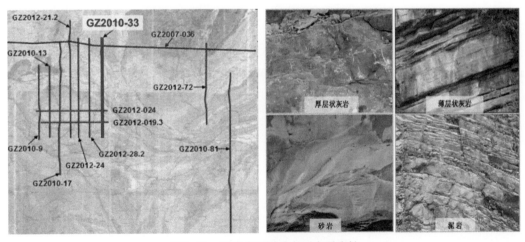

图 2.63　测线位置图及主要出露岩性

工区内中、深层可看到有效反射，但有效反射信息弱，局部波组特征不明显，难以连续追踪。TT、TC、TD 地震反射层品质稍好，基本可追踪，TP 地震反射层相对较差，较难识别。

2. 地震采集难点

（1）工区为典型的喀斯特地貌灰岩区，出露地层主要为三叠系（T）、二叠系（P）、石炭系（C），局部还出露泥盆系（D）、白垩系（K）及第四系（Q），地震波场复杂，特别是 P_1 及 C_3 灰岩区激发、接收条件变化大，资料信噪比低。

（2）地表山体陡峭、沟壑纵横，老地层出露，地层倾角大，造成地下地震波场复杂，地震成像困难，地下反射界面波阻抗差别小，资料信噪比低，目的层反射能量不强。

（3）地表多为碳酸盐岩出露，地下裂缝、溶洞发育（图2.64），造成地震波能量衰减严重。在裂缝及溶洞发育段激发，地下散射体发育，损失有效信号，散射干扰严重。由于垮塌地层的存在，地层易垮塌，声波发育，影响资料信噪比。

裂缝　　　　　　　　　　　溶洞　　　　　　　　　　　溶洞

图2.64　工区裂缝及溶洞情况

（4）各种干扰波较发育，主要有面波、浅层折射波等，特别是近地表折射及多次折射干扰强，侧面线性干扰严重，能量散射严重，且干扰波波长偏大，不易在野外进行压制，影响地震资料的信噪比。

（5）喀斯特地貌发育，独山较多（图2.65），禁炮区段多，炮检点选取困难，河边多流沙、砾石区，钻井成井困难，激发效果差，影响地震资料品质。

图2.65　喀斯特地貌高陡地形及众多连片的尖耸竹笋山

3. 针对性技术措施

（1）针对灰岩的记录信噪比低的难点，以系统的试验为基础，着重加强灰岩区激发、接收参数试验与认识，以最大程度提高资料信噪比。通过试验对比分析，采用深井大药量激发方式，虽然信噪比总体较低，能够一定程度地增强主要目的层的有效反射信息。

通过系统试验确定的最优激发参数如下：

根据地形和激发岩性合理设计井深，激发井深为 22 ~ 24m，激发药量为 16 ~ 18kg。特殊地段（离房屋、水库、大坝等较近时），采用深井小药量激发，激发井为 28 ~ 30m，激发药量为 6 ~ 8kg。

（2）岩溶发育区和垮塌区技术对策。

溶洞及采空区均具有隐蔽性，走向及其结构复杂。溶洞造成地震波严重衰减，无法获得以下的地震发射信息，单炮记录常常表现为初至不清、反射空白及低频。溶洞及采空区的存在，造成地震波严重衰减，无法获得以下的地震发射信息，剖面上常常表现为空白或者反射同相轴凌乱。为查明溶洞对地震资料的影响，我们通过建立地质模型来模拟地震响应特征。从正演记录中可以看到采空区处有明显的绕射波，频率降低，同相轴中断、消失等现象。因此采空区的存在，使地震反射波产生动力学的变化，具体表现为振幅减弱，频率降低，相位翻转及波形畸变等。

从叠加剖面上看，溶洞区存在较强的绕射波，随着溶洞的直径的增大，绕射能量也增大。偏移剖面上看，绕射波得到了一定的收敛，不同大小的溶洞呈现出振幅强弱不同的"串珠状"，溶洞下的水平地层受到其影响，呈现曲线状，溶洞直径越大，畸变越剧烈（图 2.66）。

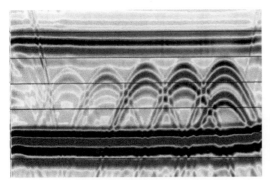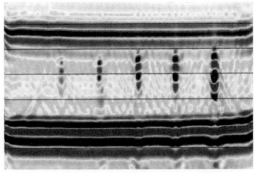

图 2.66　溶洞模拟单炮叠加剖面与偏移剖面（溶洞直径从左至右分别为 10m、20m、30m、40m、60m）

利用模型正演，对于近地表大型溶洞（通常认为大于 1/4 波长）进行射线追踪模拟。正演结果表明，当地表存在较大溶洞时，无论在溶洞顶部或者翼部激发，射线都无法正常穿透溶洞下传，形成了地震波传播的盲区。

为此需加强施工前的详细踏勘工作，搞好室内精心设计。在基本掌握溶洞群分布情况之后，逐点设计炮点，优化设计方案，更好地保护浅层反射信息。遇到溶洞和垮塌地层地段，首先考虑采用局部变观方式避开，如果局部变观不能绕开大范围的地表垮塌与地下溶洞，则将控制重点放在闷井质量上。优选激发点位时，将高、陡、险段上的炮点在设计规范允许范围内合理变观到激发条件较好的低洼部位，并在低洼位置加密炮点，弥补高、陡、险地段资料能量不足，提高有效覆盖次数。激发点位按"避高就低，避陡就缓，避干就湿，避碎就整，避虚就实"的原则优选，并在表层调查的基础上优选激发岩性，尽可能避免在岩溶发育地段和垮塌地带中激发。其次加大陆坡带的激发井深，提高激发井深的"真井深"，提高下传能量，进行严格做好下药、闷井质量控制，保证激发能量下传，采用吸波材料（海面泡沫充填物）组装井口"消声器"，有效减弱由于爆炸产生的声波。

（3）二维宽线观测退化优化论证–设计。

针对首线 GZ2010-33 线，采用 3 线 3 炮的攻关试验采集方案（图 2.67），具体观测参数为：单线观测系统 5390-10-20-10-5390；道距 20m；接收道数 540×3 = 1620 道；线距 40m；炮间距 40m；炮排距 60m；偏移距 10m；覆盖次数 810 次。

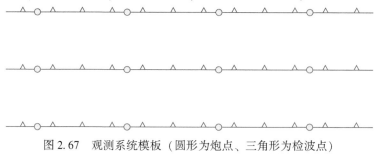

图 2.67　观测系统模板（圆形为炮点、三角形为检波点）

在此基础上开展精细的观测系统退化优化分析–论证。分析相同覆盖次数不同炮检线组合叠加成像效果，抽取不同炮线、检波线组合得到了 4 种 180 次覆盖的叠加剖面，3 种 270 次覆盖的叠加剖面，4 种 540 次覆盖的叠加剖面，分别对相同覆盖次数观测方式的叠加剖面进行对比分析以及不同覆盖次数叠加成像效果分析。

图 2.68 ~ 图 2.70 是采用不同的炮线、检波线组合，得到 45 次、90 次、270 次、360 次、540 次和 810 次覆盖次数的叠加剖面，图中 s 表示炮数，r 表示检波线数。

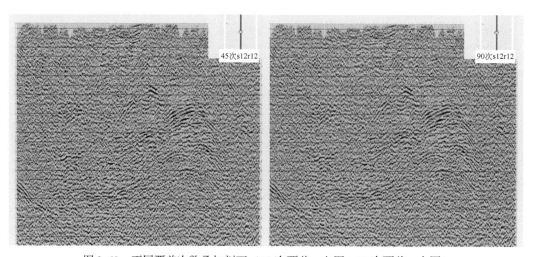

图 2.68　不同覆盖次数叠加剖面（45 次覆盖，左图；90 次覆盖，右图）

通过综合对比分析认为，宽线放炮或者交叉放炮可以改善接收方向上各向异性的接收效果，可以更好地压制散射、侧面波、规则干扰等干扰波。交叉放炮射线密度分布均匀，也就是反射线分布均匀，可以减少因高陡构造或碎岩等产生的接收盲点，尽量减少接收死

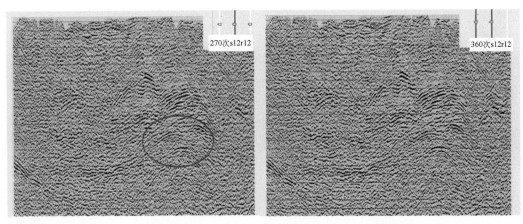

图 2.69 不同覆盖次数叠加剖面（270 次覆盖，左图；360 次覆盖，右图）

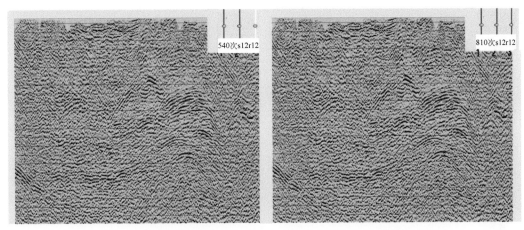

图 2.70 不同覆盖次数叠加剖面（540 次覆盖，左图；810 次覆盖，右图）

角，可以更好地达到多次覆盖叠加效果。

不论哪种观测方式，炮线和排列线对称分布比一侧或不对称分布要好。三条反射线比两条反射线效果都好，反射方位角变大，因此可以尽量增加反射线和增加反射方位角以达到最佳化的宽线叠加效果。覆盖次数越高资料信噪比越高，能量越强，剖面干扰越小。

45 次和 90 次信噪比明显太低，剖面背景噪声大。180 次比 90 次覆盖明显提高。270次信噪比比 180 次提高不明显，360 次比 180 次提高明显，540 次以上信噪比较高，810 次最好。360 次覆盖 40m 线距与 80m 线距相比，40m 线距在浅层略有优势，地表一致性较好，容易达到同相叠加。

4. 勘探效果

通过退化优化，最终优选了 3 线 2 炮观测系统完成生产线采集工作。

采集参数：单线观测系统 5390−10−（20）−10−5390；接收道数 540×3＝1620 道；覆

盖次数 270×3 = 810 次；道间距 20m；线距 40m；炮点距 40m，炮排距 60m（中间炮）、120m（两边炮，即 2 炮抽 1 炮）。

仪器因素：仪器型号为 428XL 24 位 A/D 转换数字地震仪；采样间隔 1ms；记录长度 8s；前放增益 12dB；记录格式 SEG-D；高截频 0.8FN；高截滤波器相位线性相位（LIN）；不加陷波；记录极性是监视记录初至下跳，磁带记录初至值为负。

激发因素：震源类型是炸药；炸药类型为高密度成型炸药药柱；激发方式采用单深井激发；激发因素根据地形和激发岩性合理设计井深，井深 22～24m，药量 16～18kg；特殊地段（离房屋、水库、大坝、易垮塌区等较近时），采用深井小药量激发，激发井深 28～30m，激发药量不少于 8kg。

接收因素：检波器为 20DX-10Hz，6 串 2 并；检波器组合方式是双串矩形面积组合，组内距 d_x = 1.5m，组合基距 L_x = 16.5m，L_y = 2.0m，组内高差不大于 2m，当组合高差大于 2m，则适当缩小组内距。组合方式如图 2.71 所示。

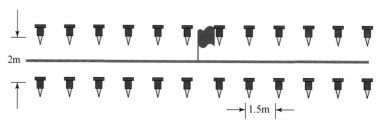

图 2.71　检波器组合方式示意图（组内距 1.5m，串距 2m）

埋置方式：挖坑埋置，坑深≥20cm。

通过 3 线 2 炮 540 次覆盖宽线采集，整体上获得较高的信噪比，分辨率、连续性等方面均有大幅改善，反射信息更加丰富。特别是河池向斜区地震资料品质好，基本能反映该区的沉积构造特征，河池-柳州为孤立台地相，地震剖面显示西北部发育马蹄形礁滩，两侧为深水台盆对称发育（图 2.72）。地质信息丰富，构造平缓部位资料好，断裂及构造复杂带品质较差；总体上东部比西部好，北部比南部好。层位可解释性较好，层位同相轴较为连续，可以连续追踪。

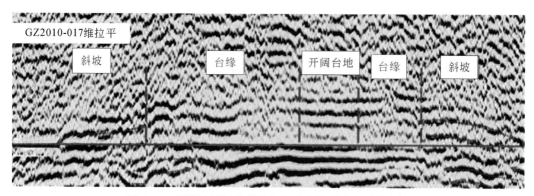

图 2.72　河池地区泥盆系孤立台地边缘礁滩地震异常体

区块西部主体位于受河池-宜州断裂与加贵-古蓬断裂控制的向斜区内，向斜内地层较为宽缓，资料品质好，盖层发育，泥质岩由南向北增厚，波组特征明显。礁滩地震异常体处于河池向斜区，构造相对稳定，沉积盖层发育，地震资料品质相对较好。

通过对新采集的地震资料解释在河池地区泥盆系发现孤立台地边缘礁滩地震异常体。地震剖面显示在桂中孤台发育德胜马蹄形礁滩，两侧为深水台盆对称发育。台地边缘相具明显的"底平顶凸"丘状外形、内部空白或杂乱反射结构，顶部振幅弱，杂乱；开阔台地相为低频、亚平行地震反射结构，中强振幅、连续性好；斜坡相在靠近台地边缘一侧存在前积反射特征，往深水方向厚度减薄，下超，振幅强而连续（与开阔台地相的区别为振幅强，厚度小）（图 2.73）。

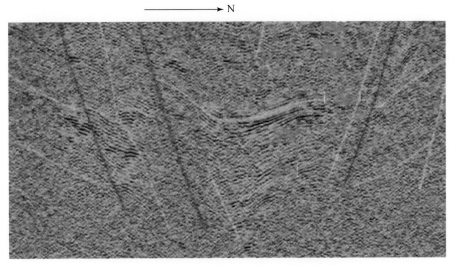

图 2.73 河池-宜州区域构造格局及礁滩分布

礁滩地震异常体处于河池向斜区，构造相对稳定，沉积盖层发育，地震资料品质相对较好，为落实德胜礁滩岩性圈闭面积和资源量奠定了资料基础。

（二）镇巴南二维宽线地震采集

镇巴探区位于四川盆地的东北缘，秦岭构造带的南侧。北以城口-房县断裂与南秦岭褶皱系为界，南侧大致以三叠系与大面积出露的侏罗系分布区为界，西北以米仓山凸起东南部为界，东端到巫溪一带，主体为扬子北缘冲断褶皱带的一段，总体走向为北西-南东向，呈现向南西突出的弧形构造带。地理上位于陕西省、四川省、重庆市三省（市）交界处。行政上隶属陕西省汉中地区镇巴县，四川省巴中地区通江县、达州地区宣汉县，以及重庆市城口县、开州区、巫溪县所辖。

1. 地震地质条件

镇巴南工区表层地震地质条件主要表现为：多种地貌并存，重峦叠嶂，沟梁纵横，灌木丛生，施工难度极大；地形相对高差大，最大可达 1600m 以上，为国内外山地地震勘探所少见；不同地质年代、不同岩性地层出露地表，且风化程度差异很大，横向非均质性严重，激发、接收条件极差；地表出露地层主要为灰岩，部分夹杂泥质条带。受构造运动影响，褶皱、破碎严重，产状变化大，倾角陡，使得地震波场非常复杂，难以识别；纵向上表层结构具有厚度多变和速度多变的特点，造成激发条件复杂，激发子波不稳定等；第四系以坡积物和现代河流沉积为主，部分地段坡积物较厚。河床上泥沙较少，多为大块灰岩，不仅钻井困难，且激发效果较差。

工区地表出露地层岩性复杂多变，以二叠系、三叠系灰岩出露为主，仍有志留系、奥陶系甚至寒武系碳酸盐岩地层大量出露。通过对表层出露地层的地质分析，工区缺失泥盆系、石炭系。受强烈地质构造运动，地层褶皱严重，从侏罗系到寒武系等层系埋藏深度、倾角变化较大，逆掩推覆强烈，地震波场异常复杂，地震波衰减严重，反射能量弱，信噪比和分辨率低。由于灰岩、泥质灰岩与砂泥岩互层交互出现，且表层切割严重，地表岩石风化剥蚀程度较高，造成表层速度和厚度复杂多变，再加上深部构造复杂，造成落实构造形态难度大，这些给地震勘探带来巨大的挑战。

从构造上看，工区位于四川盆地东北的大巴山台缘断褶带。其西邻米仓山、北靠秦岭造山带、南接四川盆地，处于盆山耦合的复杂带内，由巨型逆冲推覆褶皱带构成，构造展布在形态上表现为向西南凸出的弧形。构造类型主要为断层相关褶皱、叠瓦状构造及断层三角带。大巴山弧形逆冲构造带可分为 3 个构造单元，城口断裂以北为北大巴推覆构造带，城口断裂和镇巴断裂之间为南大巴冲断褶皱带，镇巴断裂以南、四川盆地以北为南大巴滑覆构造。

2. 地震采集难点

1）地形地表条件复杂、炸药激发效果差

工区地表岩性以二叠系、三叠系灰岩为主，局部有志留系、奥陶系和寒武系等下古生界出露。岩性以灰岩为主夹杂部分砂、泥岩。灰岩以及灰岩与砂泥岩互层交互出现，造成表层速度和深度复杂多变。地表为多种地貌并存，高山、沟谷及造山破碎带交互出现，一些地段表层结构松散，地层断裂破碎、风化剥蚀严重，致使炸药激发效果差，能量差异大。

2）地表接收条件复杂、接收效果差

工区起伏剧烈，表层非均一性强，高山、沟谷、坡积物、田地及破碎带交互出现，地表接收条件复杂，接收效果差。

3）地质构造复杂、地震记录信噪比低

目的层为震旦系—二叠系碳酸盐岩，碳酸盐岩波阻抗差异小，内幕反射弱，再加上碳酸盐岩非均一性以及吸收衰减严重的影响，使得碳酸盐岩区地震资料信噪比和分辨率低、提高资料品质难度大。另外，工区构造上位于南大巴山台缘断褶带，受强烈地质构造运动、地层褶皱严重影响，从侏罗系到寒武系等层系埋藏深度、倾角变化较大，逆掩推覆强烈，地震波场异常复杂。

3. 针对性技术措施

1）系统性试验确定最优激发接收因素

根据镇巴南地区的地震采集难点，结合灰岩区采集技术的研究成果，以系统试验为基础，开展激发药型、井深、药量、组合井、闷井工艺、水炮试验以及接收因素试验探索有效地激发、接收参数；应用宽线观测系统加横向大组合基距理论，同样以采用首线开展超高叠次的探索性攻关试验，以此为基础开展退化处理、分析，优选经济可行的方案开展批量生产。

药性试验：在灰岩裸露区的试验点进行三种不同爆速的炸药（高爆速型 G Ⅰ、高爆速型 G Ⅱ、高爆速型 G Ⅲ）对比试验，激发药量为 18kg，井深为 22m。从能量上看，高爆速型 G Ⅰ 炸药能量较强，高爆速型 G Ⅲ 炸药能量较弱。

激发井深、药量试验：为优选合理的激发井深和激发药量，开展了井深为 18m、20m、22m、24m 和 30m 等五种不同井深（18kg 药量）激发的对比试验和 12kg、14kg、16kg、18kg、20kg、22kg、26kg 药量（固定 22m 井深）的激发的对比试验，以确定最佳的激发参数。从试验资料的能量和信噪比上看，22m 井深、16kg 药量激发效果最好。

组合井激发试验：鉴于工区表层存在部分破碎垮塌带和河滩，钻井困难，因此在进行组合井试验，选取最佳组合方案是提高资料信噪比的有效技术。对比了 4 井组合 4×18m×4kg 的正方形（井距 7m 和井距 1m）、线形（井距 7m、垂直测线排列）三种不同图形激发效果。综合分析能量、信噪比和频带优势，选择间距 7m 的线性四井组合激发。对比三角形组合、线性组合和五边形组合的激发效果，同样从能量、信噪比和频带优势方面分析，组合井选择 4×12m×4kg 激发。

闷井工艺试验：闷井工艺是影响激发效果的重要因素之一，为优选闷井方法，进行了常规泥土细沙混合闷井、水泥闷井和速凝材料闷井三种不同闷井方法试验。从试验结果看，采用泥沙混合物压实闷井（普通闷井）的记录能量最强，采用水泥浇筑闷井的记录能量最弱；从信噪比来看，采用水泥浇筑闷井的记录信噪比最差，其他两种闷井方式差异不大；从频率上看，采用水泥浇筑闷井的记录中深层主频较高，频带较宽。

接收因素对比试验：为优选灰岩区最佳接收因素，进行 2 串和 6 串检波器线性组合对比，对比常规检波器组合和超大基距检波器组合的接收效果，具体组合图形如图 2.74 所示。

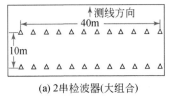 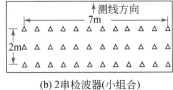 

(a) 2串检波器(大组合)　　　(b) 2串检波器(小组合)　　　(c) 6串检波器(大组合)

图 2.74　检波器组合图形

对比 40m 2 串检波器（大组合）、2 串检波器（小组合）、40m 6 串检波器（大组合）接收记录的 20 ~ 40Hz 的分频记录（图 2.75）看，40m 6 串检波器（大组合）和 40m 2 串检波器（大组合）接收记录反射同相轴较清晰，连续性较好。从能量上看，6 串检波器（大组合）接收中深能量较强；从信噪比来看，6 串检波器（大组合）接收中深层信噪比高，2 串检波器（大组合）接收次之；从频率上看，大组合的主频明显偏低，因此，采用 40m 6 串检波器（大组合）接收时，效果最佳，40m 2 串检波器（大组合）次之。但综合考虑到野外施工效率问题，本工区选择 40m 2 串检波器组合为宜。

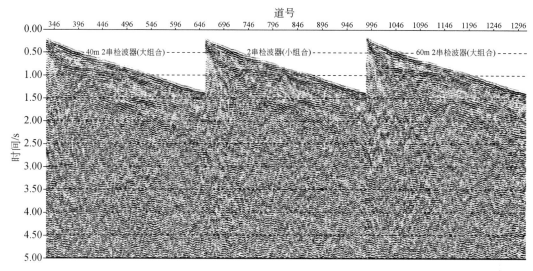

图 2.75　检波器组合图形对比试验 20～40Hz 分频记录

通过以上生产因素试验，得到以下试验结论。

（1）适用药型为的高爆速型 G I （爆速大于 5000m/s）炸药；

（2）最佳激发井深：地势相对平缓地区 22m、地形较高地区 24m；

（3）最佳激发药量为 16kg；

（4）在钻井困难地段，可以采用三口或四口较浅井组合替代单深井，也能取得较好的激发效果；

（5）水炮激发能获得高频率和不错的信噪比的单炮资料，因此在过河流区域可采用水炮激发，弥补由空炮引起的叠次不足；

（6）本工区最佳闷井方式为普通泥沙闷井，对于干井，在闷井时往井孔注水，能较好改善激发效果；

（7）40m 基距的 6 串大组合为最佳组合图形，但考虑地形条件限制和施工效率，宜采用 40m 基距 2 串检波器（大组合），并根据具体地形情况，适当缩小检波器组合基距。

2）观测系统退化优选

为满足镇巴南地区地震勘探任务，通过对不同复杂的地质构造单元进行基于地质模型的采集参数论证，采用 4L3S 宽线观测系统采集方案，以此为基础开展观测系统退化处理，分析接收线距、接收线数、道距、炮距和排列长度等因素对观测系统的影响，优化宽线方案。在道距不变的前提下，选择不同叠次的 1L1S、2L1S、4L1S、3L3S（1，3 线 80m 炮距）、4L3S（1，3 线 80m 炮距）、3L3S 和 4L3S 的七种观测系统进行对比，其中 L 表示检波线，S 表示炮。

退化结果表明，在构造平缓部位，七种不同叠次观测系统的叠加剖面差异不大，然而在构造陡倾部位，1L1S、2L1S 和 4L1S 观测系统与其他几种观测系统剖面的浅中深层反射同相轴的连续性和信噪比差异较为明显（图 2.76）。在构造陡倾部位，3L3S（1，3 线 80m

炮距)、4L3S(1,3线80m炮距)、3L3S和4L3S观测系统叠加剖面差异不大,4L3S观测系统叠加剖面信噪比和连续性稍好于3L3S(1,3线80m炮距)、4L3S(1,3线80m炮距)和3L3S观测系统叠加剖面。

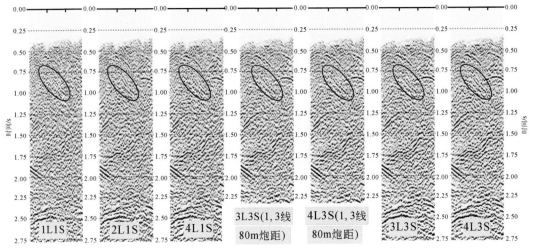

图2.76　构造陡倾区观测系统退化成像效果

3) 优选观测系统参数

(1) 经过系统的观测系统参数论证,适合该工区的基本观测系统参数如下:道距20m,炮距40m;最大炮检距6000~6800m;线束宽度为80~153m,若采用4线施工,接收线距为40m。

(2) 在南方类似的起伏山地工区,与任何退化的较低叠次观测系统相比,4L3S观测系统能取得更好的资料效果。随着观测系统的叠加次数的降低,资料信噪比逐渐降低,这种渐变过程不存明显的突变台阶。考虑到工区的复杂性,进一步增加检波线或炮线,即采用更高叠次的观测系统,不具有技术和经济的可行性、可操作性。因此本区最佳观测系统为4L3S观测系统,利用该观测系统的宽线大组合,能较好地压制侧面波干扰,改善高大山体部位剖面成像效果。

(3) 对于沟谷地区,由于单炮激发效果较好,采用叠次较低的2L1S观测系统采集,也可以获得较好的采集效果。

因此镇巴南工区地震采集,在一般高大山体部位采用超高叠次的4L3S宽线观测系统,在沟谷区则采用较低叠次的2L1S观测系统。

4. 勘探效果

通过采集技术攻关,结合系统化的激发、接收参数试验分析,特别是推广应用了宽线观测技术,总体来说,取得了较好的勘探效果,相对镇巴地区地震资料,四条测线的信噪比明显提高 (图2.77),三叠系、二叠系、志留系、寒武系底部的波组比较连续、清晰,是可以追踪的,可以较好地完成地质任务,并取得如下认识:

(1) 4L3S观测系统使得所得资料有超高覆盖次数,能够较好地压制部分干扰波,改

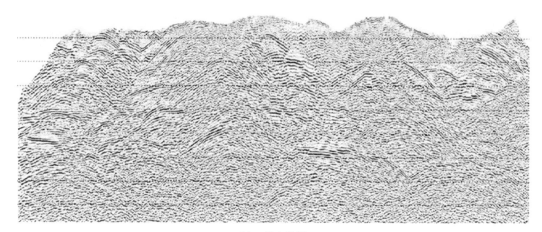

(a) 一线全分析

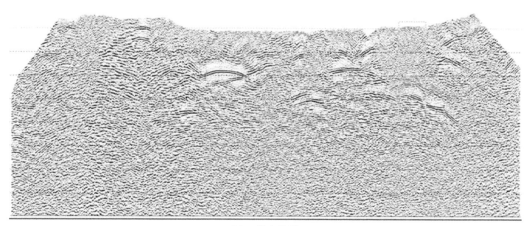

(b) 二线全分析

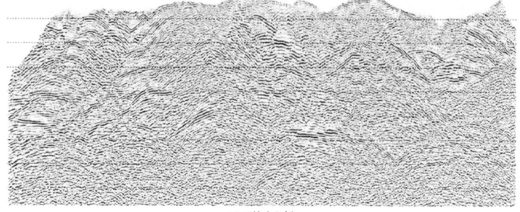

(c) 三线全分析

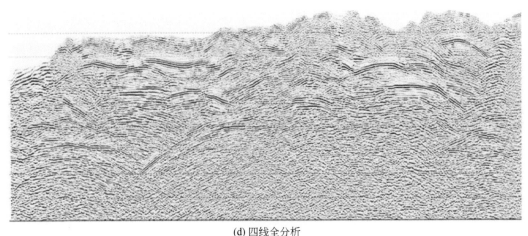

(d) 四线全分析

图 2.77　镇巴南宽线采集测线叠加剖面

善剖面成像能力，4L3S 的攻关效果体现了在该区使用这种观测系统的合理性和有效性。

（2）从 ZBN2012-NE-4 线中北段剖面来看，印证了在低平沟谷部位采用稍低叠次的观测系统能获得相对较好的资料的可行性，因此在镇巴地区的沟谷部位可以考虑采用 2L1S 采集方式。

（3）2 串检波器大组合压制噪声要好于小组合接收，但工区地形切割剧烈，悬崖众多，大组合图形的实施只有 10%，大部分区域无法展开实施，造成大组合图形在镇巴山地施工时受到了一定的限制。

（4）通过镇巴地区攻关，认为该地区较合理的激发因素为激发药量 16kg、井深 22 ~ 24m、常规炸药 GⅠ（>5000m/s 爆速）、泥沙混合方式闷井。在过河流区域可采用水炮激发，垮塌地区根据实际情况试验浅井组合。

（5）通过镇巴地区攻关，认为影响工区资料品质的重要因素有地下地质构造、裂断发育、地形、地表风化垮塌情况、地层产状和地层出露岩性。灰岩激发以三叠系激发效果最佳；二叠系由于以中厚层的灰岩为主，泥质含量较低，激发效果相对较差；奥陶系和寒武系虽然夹泥页岩，泥质含量比较高，但其出露区往往是构造变化复杂的位置，因此附近单炮品质不如三叠系激发；志留系虽然出露区往往是构造变化复杂的位置且易风化，但以泥页岩为主，因此其激发效果相对较好。

（6）镇巴断裂带在地震剖面上表现均为一组向北倾的逆断层，绕射波较为发育，南北两盘断距较大，呈现出从西到东断距逐渐减小的特征。

（7）从四条叠加剖面反映地质构造特征来看，镇巴南构造特征异性大，在两条相邻的测线剖面上难以识别出相似的构造单元，这说明了镇巴南工区的构造复杂，变形剧烈。

二、灰岩裸露区宽方位三维地震采集

为精细落实勘探目标区的构造形态和礁滩异常体，针对镇巴复杂山前带，在前期攻关的基础上，开展了基于叠前偏移收敛性的宽方位高覆盖三维采集技术攻关，取得了较好的效果，探索并初步形成了针对复杂低信噪比探区的地震勘探技术。桂中地区在二维宽线采集的基础上，针对目标礁滩体推广应用了基于叠前偏移收敛性的宽方位高覆盖三维观测技术，勘探效果表明宽方位三维观测较二维宽线有明显提高，是南方灰岩裸露区针对目标精细勘探的有效手段。

（一）镇巴地区宽方位三维地震采集

镇巴区块不仅具有地表和地下地质条件的双重复杂性，同时面临着山地和碳酸盐岩裸露区地震勘探的双重困难性，对地震采集资料质量的影响十分严重。强烈的构造运动造成地表和地下地层的破碎、断裂，极大地影响了地震波的传播。

1. 表层地震地质条件

工区内多种地貌并存，高山、沟谷、造山破碎带等交互出现，地形起伏变化大，特别是从三叠系灰岩裸露区开始，灰岩区地形起伏更大，地表切割剧烈，多呈"V"字形山谷，坡度一般在40°~50°之间，部分区段地表更陡，甚至达到直立，形成悬崖峭壁。这不仅不利于地震波的激发和接收，而且会严重改变地震波的射线路径，造成资料品质在横向上的明显差异。不同地质年代、不同岩性地层出露地表，且风化程度差异很大，横向非均质性严重，激发、接收条件极差。

出露地表的灰岩大多显现条带状、受构造运动影响褶皱、破碎严重，产状变化大，倾角陡，使得地震波场十分复杂，有效波难以识别。暴露的灰岩长期遭受风化剥蚀和水的淋滤作用，内部的孔洞和裂缝十分发育，对地震波的吸收和衰减作用严重，造成地震波下传能量弱；另外则是在山顶激发时，下倾方向一边的接收排列将受到强烈的声波干扰。再者，激发点与接收点的相对高差较大，将造成激发、接收点之间的实际传播距离较大，从而可能使得地震波传播过程中能量损失加剧，到达接收点的能量变弱。

纵向上表层结构具有厚度多变和速度多变的特点，造成激发条件复杂，激发子波不稳定等。强烈的构造运动所形成的大型逆断层可能会造成地震反射波的屏蔽，不利于地震上行波的传播。同时，地下地层均为高速地层，界面反射系数较小，使得界面反射能量较弱，抗噪能力差。

2. 深层地震地质条件

由于该区中下古生界曾经历了从古生代到新生代的加里东、印支、燕山和喜马拉雅等多期构造运动，使得古生代老地层直接裸露于地表，同时受到强烈的构造抬升、挤压作用，深浅层岩石破碎严重，岩性变化差异较大，地下构造断裂及断层众多，地层产状变化多端、倾角高陡、直立地层增多。特别是在测线的右端接近盆山交接带的镇巴大断裂带，断裂破碎严重，从而造成地震波传播过程中存在严重的散射损失，不利于地震波能量的传播（图2.78）。

根据前期的勘探认识，该区逆掩推覆强烈，地震波场异常复杂，深层特征表现为：

（1）受多期不同性质构造运动的影响，地层破碎，褶皱强烈。构造类型主要为断层相关的褶皱、叠瓦状构造及断层三角带，能量屏蔽严重；

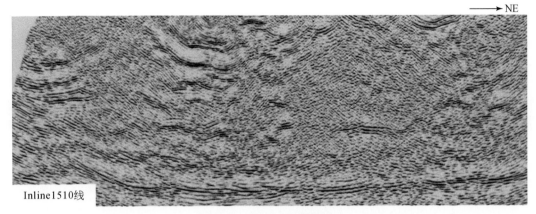

图2.78　镇巴工区典型剖面

（2）受强烈地质构造运动影响，地层产状陡，甚至直立或倒转，地震波场异常复杂；

（3）目的层反射能量弱，反射波组连续性差，资料表现为信噪比低，缺少稳定的强反射界面。

3. 勘探技术难点

难点一：工区灰岩区反射能量弱，资料信噪比低，成像差，提高灰岩区资料品质难度大。

工区内灰岩呈条带状分布，分布的灰岩主要为三叠系灰岩，该段地表和地下岩层破碎，断层发育。由于破碎严重，岩层层状结构差，地面岩层露头皆为高陡和直立岩层，潜水面深或无潜水面，地表严重缺水。同时，地下岩层受断层破坏严重，反射波组特征模糊，同相轴连续性差。复杂的地表激发条件造成了地震波传播路径复杂，散射干扰和背景干扰较严重，地表条件对地震波产生了严重的吸收、衰减等作用，特别是山顶及河滩卵石区域的激发接收条件差，造成地震记录反射能量弱、信噪比低、地震记录频率差异较大。

难点二：复杂断块，褶皱强烈且层产状陡，致使地震波场十分复杂，资料成像困难。

镇巴探区主要目的层系为中侏罗系–志留系的陆相及海相地层，构造类型包括高陡构造及低幅度构造、岩性及岩性构造复合型圈闭，深度变化大、多层系勘探目的层等特点各异，地震反射波场复杂，特别是灰岩裸露区有效激发能量弱，单炮有效反射同相轴难以识别，再加上面波、浅层多次折射及山间侧反射等干扰波发育，压制干扰、提高信噪比（特别是中深层）比较困难。

难点三：工区起伏剧烈，表层岩性和速度变化大，静校正问题解决困难。

工区起伏剧烈，表层岩性差异大，不同静校正方法在不同的地表效果各有不同，单一的静校正方法很难满足资料处理精度要求，高速层速度变化大，最终基准面和替换速度的选择比较困难，致使静校正不彻底，影响剖面叠加效果。

4. 针对性措施

鉴于镇巴地区油气资源勘探的困难性和挑战性，在2009年和2010年两次三维采集攻关的基础上，于 2011 年结合中国石油集团东方地球物理勘探有限责任公司，从激发、接收上进一步优化施工方案，并应用基于叠前偏移收敛性的三维观测系统设计论证技术开展高覆盖、宽方位采集攻关，取得了较为明显的效果。

1）观测参数优化论证

采用基于叠前偏移收敛性的宽方位高覆盖观测思路，利用模型正演、波场快照等手段，针对复杂地表和高陡构造区，精细论证，优化观测参数，局部变观采用超级排列，增大观测方位和排列长度，提高叠前偏移成像效果，采用较高覆盖以提高剖面信噪比，利用较小横向线束滚动距，改善观测系统横向耦合性，以此来保证最终成像效果好。在灰岩两侧适当进行炮点加密，使灰岩区由原来的最高覆盖次数 336 次提高到 350 次，这为提升灰岩区资料品质奠定了基础。灰岩区采用长排列不对称接收，进一步提高灰岩区覆盖次数，使灰岩区实际最高覆盖次数达到 379 次（图 2.79）。

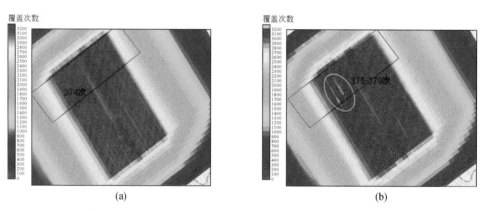

图 2.79　变观前覆盖次数（a）和变观后覆盖次数（b）对比图

2）细化激发分区，逐点设计激发因素

根据点试验确定的激发因素充分考虑了地表岩性、地表类型、地势高低和地下构造特点等因素。以灰岩条带为界，东北高部位井深不低于 20m，西南砂岩区高部位不低于 18m，炮点所归属的高低部位根据炮点高程曲线共同确定。

通过表层调查结果指导验证井深，确保所有激发点在高速顶下 3m 激发，对达不到在高速层下 3m 的井及时调整井深。

结合高精度卫片及 DEM 地理信息，按照"避灰就砂、避虚就实"原则，指导野外放样，并在室内做好偏点论证工作，确保放样的均匀性和合理性。

在灰岩区经过系统的激发试验，优选出较好的激发参数。通过对比单井 1 口×20m×14kg 激发与双井 2 口×18m×6kg 激发，双井 2 口×18m×6kg 激发对提高灰岩区激发能量、资料信噪比等方面有较大的优势（图 2.80），因此灰岩区全部采用优选出的激发因素。

3）检波器类型和组合图形试验

以试验结果优选适合该工区的检波器类型，根据理论参数和试验结果分析认为 SN7C-10Hz 超级检波器接收的资料品质稍有优势。另外，灰岩区采用两串圆环小组合（半径 R = 1m、3m）检波器接收，可以提高地震高频信号的接收能力（图 2.81）。

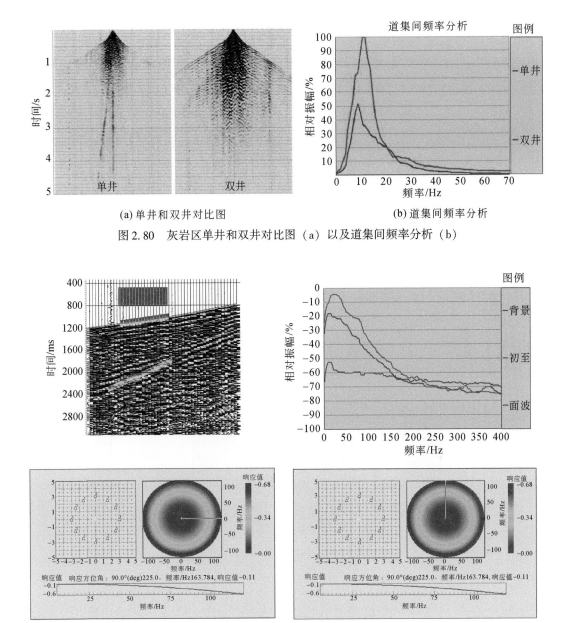

(a) 单井和双井对比图　　　　　　　　　(b) 道集间频率分析

图 2.80　灰岩区单井和双井对比图（a）以及道集间频率分析（b）

图 2.81　圆形检波器组合分析示意图

5. 勘探效果分析

1）观测系统属性分析

前两期的三维都采用"砖墙"式观测系统，400m 的炮线距，16～20 线接收。采集方法存在以下几点不足：观测系统方位过窄，不利于叠前偏移归位，特别是叠前深度偏移；炮线距偏大，横向覆盖次数偏低，致使目的层有效覆盖次数低；横向滚动距大，观测系统横向耦合性差；正交观测系统更利于叠前去噪和偏移。

　　第三期三维采集观测系统较前两期的观测系统有大幅度优化，比以往观测系统覆盖次数大幅度提高，降低横向滚动距离，采用较大观测方位，炮检距和方位角分布更为均匀，压制噪声效果更好，叠前偏移收敛性明显提高（表2.8，图2.82）。

表2.8　镇巴三维三期采集方法统计表

项目	2009 年镇巴区块三维	2010 年镇巴区块三维	2011 年镇巴区块三维
观测系统类型	16 线 300 道 10 炮（墙砖）	20 线 300 道 10 炮（墙砖）	28 线 288 道 3 炮（正交）
道距/m	40	40	40
接收线距/m	200	200	240
炮距/m	40	40	80
炮线距/m	400	400	240
面元尺寸/m	20×20	20×20	20×40
覆盖次数	120 次（8 横×15 纵）	150 次（10 横×15 纵）	336 次（14 横×24 纵）
纵向最大炮检距/m	5980	5980	5740
最大非纵距/m	1700	2100	3320
最大炮检距/m	6216	6338	6630.99
纵横比	0.284	0.35	0.58
排列方式	5980-20-40-20-5980	5980-20-40-20-5980	5740-20-40-20-5740

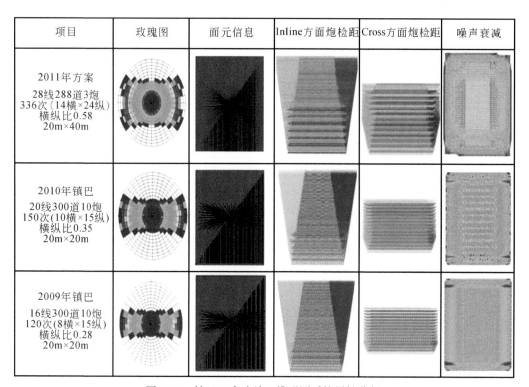

图2.82　镇巴三次攻关三维观测系统属性分析

2）覆盖次数分析

对比一期、二期、三期三次攻关采集实际施工的覆盖次数属性，2011 年采用大排列片、高覆盖观测技术的三期资料覆盖次数更加均匀，有效地保证了资料的完整性，更有利于后续的叠加和叠前偏移处理。

第三期采集观测系统使不同深度目的层的有效覆盖次数分布和方位角分布尽可能均匀，整体资料覆盖次数较高，浅层没有资料缺失的区域，有效地保证了资料的完整性，有利于叠前偏移处理。

3）灰岩区单炮记录分析

对比灰岩区单双井单炮记录（图 2.83）、平面属性和能量分布分析可知，第三期采集单炮异常能量点很少，整个区域的能量分布较均衡，灰岩区采集单炮背景噪声能量较低，背景干扰控制较好。

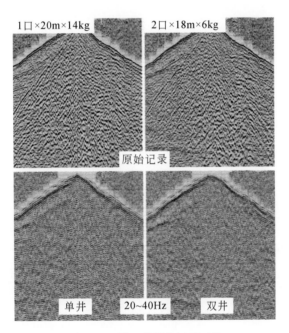

图 2.83　单双井单炮记录对比

4）成像效果分析

镇巴三维第三期地震攻关采集采用 28 线×288 道×3 炮（正交）高覆盖、宽方位三维观测系统。宽方位三维相比于窄方位三维地震叠加剖面信息更加丰富，深层反射能量更强，特别是灰岩裸露区成像效果得到进一步改善，使寒武系、志留系本次资料信噪比得到明显提高（图 2.84，图 2.85）。

（二）桂中拗陷宜州—河池区块三维地震采集

1. 地震地质条件

桂中拗陷是一个由古生界和三叠系充填的海相残留盆地，具有沉积早、后期改造作用

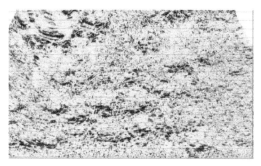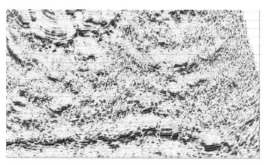

图 2.84　镇巴一期（左：窄方位）、三期（右：宽方位）资料偏移效果对比

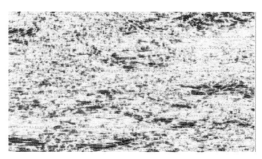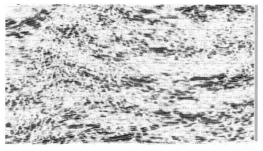

图 2.85　镇巴一期（左：窄方位）、三期（右：宽方位）资料偏移效果对比（灰岩裸露区局部放大）

强、研究程度低的特点。前期二维宽线资料研究结果表明存在德胜礁滩体，为了进一步查明德胜台缘礁滩异常体的时空展布特征，为风险探井论证和储量预测提供依据，部署实施了南方外围探区第一块三维风险勘探。

工区内表层结构变化大，山体区和第四系出露的地区不尽相同。在山体区低降速层较薄，大部分地区可见高速层（灰岩）直接出露，近地表横向速度变化较大。在平坦地区部分为第四系松散泥土所覆盖，中间夹杂砾石，低降速层速度及厚度变化较大，形成极强的横向剧烈变化的反射波速度差异界面，易产生原生、次生干扰和反向散射，加上溶洞、裂隙发育，容易造成井漏和卡钻，给钻井工作带来很大的困难，检波器的耦合效果也受到影响。

工区表层地震地质条件复杂，具有西高东低的特点，区内岩溶发育，具有典型的喀斯特地貌特征。工区西部山体陡峭，沟壑纵横，地形切割剧烈。工区出露的地层为 C、P，地表出露岩性主要为灰岩，工区东北角出露泥页岩，局部为第四系黄色黏土夹灰岩碎石所覆盖，出露岩层倾角变化大，激发区 90% 为二叠系灰岩夹煤层，其余为石炭系。

通过对微测井结果分析大部分浮土厚度在 0 ~ 6m 不等，低速层速度一般为 632m/s，低降速带厚度一般在 2 ~ 14m，降速层速度一般为 1368m/s，大部分地区在 15m 以下出现高速层，高速层速度一般为 3500 ~ 6000m/s。表层结构表现为纵向速度变化剧烈，横向岩性多变，地表一致性较差。

桂中拗陷是晚古生代海相大型沉积拗陷，已演化成为由上古生界和三叠系充填的残留盆地，泥盆系深埋地腹，是主要的勘探目的层系，桂中 1 井揭示泥盆系—石炭系具有两套生储盖组合条件，钻遇了气测异常、油迹砂岩、固体沥青等三类油气显示。

桂中拗陷位于雪峰山隆起南侧，东部以龙胜-永福断裂及大瑶山隆起为界，西部以南丹-

都安断裂为界，是晚古生代在加里东浅变质褶皱基底上发育形成的大陆边缘盆地。其基底为元古宇—下古生界，岩性为大套轻变质岩类。沉积盖层主要由泥盆系—中三叠统海相沉积地层组成，厚达14000余米。工区内 D—C 海相地层发育层位比较齐全上三叠统（T_3）—侏罗系（J）缺失，地表主要为上石炭统（C_3）、二叠系（P）、中三叠统（T_2）出露。

从以往所获资料分析，该地区中、深层可看到有效反射，但局部波组特征不明显，不易连续追踪。三叠系底（Tt）、石炭系底（Tc）、泥盆系底（Td）地震反射层品质稍好，波组特征基本明显，基本可追踪，二叠系底（Tp）地震反射层相对较差。从以往所获资料分析，该地区深部地震地质条件复杂，地层倾角大，岩溶、断裂发育；构造平缓部位资料相对较好，断裂及构造复杂带品质较差；总体上东部比西部好，北部比南部好。

2. 勘探技术难点

桂中三维施工区域内是典型的喀斯特地貌，勘探程度相对较低，在该区域首次开展三维地震采集。根据地质任务要求，结合本区具体的地震地质条件，经过详细踏勘及分析以往勘探经验，主要面临以下三大技术难点。

1）喀斯特高陡地形

工区内喀斯特地貌发育，悬崖、绝壁分布较多，地形切割剧烈，尤其是工区的南部和北部（图2.86），海拔高差极大，绝大部分为石笋山，无表土或表土极薄，石缝多生荆棘，山体多呈"L"字形、"V"字形、"U"字形特征。工区构造上属于桂中拗陷宜州–河池区块，地表多为碳酸盐岩出露，地下裂缝、溶洞发育，地层垮塌严重。北部的龙江河两岸为悬崖绝壁，形成极大的地形落差。

(a) 北部 "L" 字形山体

(b) 北部 "V" 字形山体

(c) 北部悬崖

(d) 南部悬崖

(e) 南部石笋山区　　　　　　　　　　　　　　(f) 南部无人连片石笋山区

图 2.86　工区地形展示

2）灰岩裸露区

工区地表出露碳酸盐岩（灰岩），主要为二叠系（P）、石炭系（C），地震波能量衰减很快，表层地形、地质条件横向变化剧烈，特别是 P_1 和 C_2 灰岩区激发、接收条件变化大，资料品质分布不均匀，总体信噪比低，有效反射弱。

影响单炮资料品质最大的是激发岩性，泥灰岩和薄层状灰岩激发资料品质好于块状灰岩。其次是地形、不同地层的影响，再次是溶洞、煤矿区和地下构造等因素的影响，都会造成地震波能量衰减严重，影响资料信噪比。

3）礁滩体及陡倾角断层成像

地震采集攻关的地质任务是进一步查明区块西北部地腹泥盆系、石炭系沉积相带展布特征及构造变形特征；查明德胜台缘礁滩异常体的时空展布特征，为风险探井论证和储量预测提供依据；落实断裂发育及其分布特征。从三维工区的解释剖面上看，地层南北两倾有较大倾角，地表地形起伏大，中部河池向斜倾角接近水平，陡倾角断层成像是本区攻关的技术难点。

3. 针对性措施

针对桂中地区的喀斯特高陡地形及灰岩出露的采集难点，在前期宽线攻关采集认识的基础上，开展宽方位高覆盖三维观测采集攻关，进一步提高波场接收的完整性，达到提高地震资料的成像品质目的，具体参数如下。

1）针对喀斯特高陡地形的技术措施

目的层有效覆盖次数论证及加炮技术：通过分析发现偶数桩号炮点对局部面元覆盖次数的增加有贡献，可以通过使用偶数桩号炮点来增加面元覆盖次数的不足，从而保证观测系统属性达到设计要求。因此拟设计部分偶数桩号炮点（即在两个正常炮点中间加一个炮点），最大限度地保证局部覆盖次数达到设计要求，在最大限度上保证原设计观测系统的属性实施后达到要求，保障各目的层覆盖次数，炮检距分布情况相对均匀；最大限度地避开施工无法开展的区域，减少施工过程中安全事故发生的概率；对后续处理影响有限，保证三维数据体各个目的层资料的完整性。

精细表层结构调查：为三维资料处理提供可靠的静校正数据。因工区地形起伏剧烈、高差变化大以及岩性横向分布不均匀，造成该区低、降速层厚度和速度横向分布不均匀，通过对工区按地表类型分区，指导综合建模工作，并通过微测井成果建立初始模型，利用大炮初至进行层析成像反演，获取连续的近地表速度、深度模型，计算静校正量来解决山区静校正突出问题。

2）针对灰岩裸露区的技术措施

为查明德胜台缘礁滩异常体、提高资料信噪比，针对浅中深各目的层，注重观测系统的属性分布，针对灰岩区的具体措施如下。

优选灰岩区激发条件：基于表层调查的井位、精深、药量逐点设计，优选激发点，尽量避开高陡、边坡、破碎带，垮塌带或坡积物段激发。将高、陡、险段上灰岩区的炮点，根据野外实际情况合理变观加密到高、陡、险段两侧的低洼部位中激发，保证资料的品质，确保叠加次数。采用直径合适的钻头，保证炸药与岩层的几何耦合良好。尽量采用饱和药量激发，在保证激发能量的前提下，尽量减少次生干扰。加强现场闷井和炮班的二次闷井工作。减少面波和压制声波，在放炮前进行二次闷井工作，改善药柱与井壁的耦合，提高激发下传能量，以及激发效果。

改善灰岩区接收条件：针对地表一致性变化和不同岩性资料的频率差异，在岩石直接裸露地段采用垫土、打引锥、贴泥饼等方法插牢检波器，垮塌松散段挖坑夯实埋置，改善接收效果，确保资料品质。按设计要求埋置检波器，尽可能保证组合基距，压制高频干扰。灰岩裸露区悬崖绝壁较多，为了保证记录质量，过悬崖绝壁段采用大线和检波线加长线，减少空道数量，避免地震信息的损失。

针对礁滩体成像的技术解决措施：根据目的层产状特征变化，加长排列并采取两端不对称接收，北部区延伸排列及加炮。依据地质模型，进行观测系统论证。针对中、深层地层（二叠系—泥盆系），力求成像清楚，满足地层构造解释和储层地震预测的需要。通过在南北两端采用不对称激发、接收，能获得更多的反射信息。

4. 勘探效果分析

通过以上攻关技术手段，取得了较前期二维地震（宽线 560 次覆盖）更高信噪比和分辨率、品质更好的反射资料，三维资料组特征更加清晰，石岩系反射层（TC）界面较二维改善，连续性较好。上泥盆统反射层（TD3）较二维资料更强、更连续，较易追踪；中泥盆统上段反射层（TD23）较二维资料信噪比更高，内部反射特征更加明显，信息更加丰富。中泥盆统下段反射层（TD21）较二维资料信噪比更高，内部反射特征更加明显，信息更加丰富，礁滩异常特征更加明显，对空间展布特征、异常体、储层勘探更有利，可以更好地刻画礁滩体形态和内幕结构，为风险探井提供很好的依据（图 2.87）。

三、非常规油气区宽方位高覆盖三维地震采集

南方海相页岩气有利区主要集中在三叠系灰岩裸露区，勘探目的层埋深在 2000～4500m。无论是焦石坝、丁山、林滩场，还是武隆、桃子荡、镇巴南等，复杂的地震地质条件和特殊的勘探要求对灰岩区的地震资料的采集提出了更大的挑战。

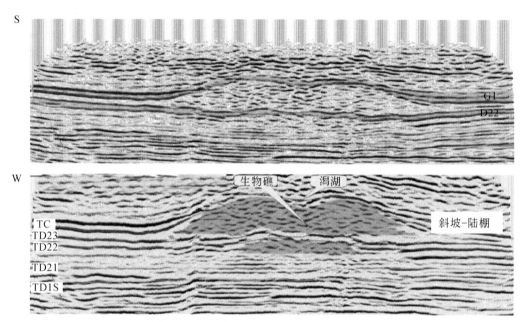

图 2.87　三维资料的生物礁滩储层盖层结构

GZ3D-T1230 线 TD1S 拉平剖面

涪陵焦石坝页岩气大气田的勘探发现是我国第一块取得突破的非常规油气勘探区，从此大大推进了我国页岩气勘探的进程。宽方位高覆盖三维地震采集的应用为焦石坝页岩气勘探奠定了良好的资料基础，为页岩气勘探突破及高效开发起到了较好地支撑和促进作用。

（一）焦石坝地区地震地质特征

2013 年为进一步精细评价焦石坝志留系龙马溪组（含五峰组）页岩气目的层，落实"甜点"发育区，为整体高效开发页岩气奠定扎实资料基础，中国石油化工股份有限公司勘探南方分公司以灰岩裸露区激发、接收机理研究为依托，在焦石坝地区实施了三维地震采集。

1. 区域地质背景

工区位于川东褶皱带的东南部、万县复向斜的南扬起端，珍溪场向斜的东侧。北部为万县复向斜的主体以及大池干气田区，东隔方斗山背斜带的南段（轿子山背斜），与石柱复向斜的南扬起端、齐岳山背斜带的南段（花椟堂背斜）相望。而上述四个构造带的南段在本区及邻区相互交织和干扰，造就了本区现今特殊而又复杂的构造面貌。区内地面构造特点主要表现为：

（1）地层的分布，具有北新南老的特点。工区出露地层主要为侏罗系—三叠系，其中侏罗系主要分布于工区的北部，出露的最新地层为中侏罗统沙溪庙组上段。工区的中、南部，分布的地层主要为三叠系，在背斜的核部出露有二叠系等地层，工区内最老地层为下志留统，仅见于工区的南部边缘。

（2）构造展布显示本区存在着一定的构造联合、复合作用。区内主要包括两组方向的构造形迹，即近南北向及北东向，且以后者为区内主体构造展布方向。二者相互叠加和复合，形成"S"弯曲的构造展布特点。

（3）区内构造变形具有复杂多样的特点。工区地面褶皱及断裂构造都较发育。据地面详查成果，地面共发现断裂10条，褶皱（背斜、向斜）构造18个。褶皱展布方向以北东向为主，少数呈近南北向。以轿子山背斜、焦石坝背斜及弹子台向斜等规模较大。其中轿子山背斜系方斗山背斜带的南段，背斜较紧闭，呈线性延伸。焦石坝背斜是一个被断裂复杂化的大型穹状构造，包括大耳山和焦石坝两个构造高点，该背斜不对称，北西翼缓而南东翼陡，为区内最有利的圈闭构造。区内断裂大多以北东走向、南东倾向为主，少数北西倾向，均为逆冲断裂。断裂多发育于背斜构造的翼部或近核部。地面断裂中的擂子湾断层规模最大，它是方斗山西之主干断裂，也是万县复向斜与方斗山背斜带间的边界断裂。

（4）区内地面断裂的分布特征亦显示了区内不同构造层次上构造变形存在上、下变异的特点。平面上，断裂构造集中分布于焦石坝的南区，而北区较少发育断裂。从断裂切割的层位上看，侏罗系和上三叠统分布区断裂较少，而二叠系及下三叠统分布区断裂较发育。这种特点反映到剖面上，则表现为浅层次断裂不发育，而中、深层次则是被断裂复杂化的地带。

2. 表层地震地质条件

工区属山区和大山区地形，工区出露地层主要为中三叠统雷口坡组（T_{2l}）、飞仙关组（T_{1f}）和下三叠统嘉陵江组（T_{1j}），约占60%，地层较为平缓。激发岩性主要为泥灰岩、纯灰岩。另外，工区内出露少量侏罗系砂泥岩和须家河组疏松砂岩，地层较为平缓。工区东南部地形变化较大，沟壑纵横，地表切割剧烈，部分地方岩石破碎，二叠系灰岩出露。沟谷和高部位植被较发育，易产生高频噪声。

3. 深层地震地质条件

从前期完成的二维勘探资料显示本区主要反射波组为二叠系、志留系、寒武系及震旦系；志留系及上覆地层的反射资料信噪比较高，同相轴连续性较好，但寒武系、震旦系的反射凌乱，同相轴连续性差（图2.88）。

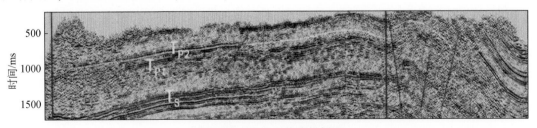

图2.88 94-JS-4线成果剖面

T_{P2}、T_{P1}分别表示中二叠统、下二叠统反射层，T_S为志留系反射层

（二）焦石坝地区地震勘探难点及技术对策

1. 勘探技术难点

（1）页岩气的勘探对地震数据提出了更高的要求。中国南方的页岩埋深较大，为2000~3500m，受多旋回多应力作用的影响，优质泥页岩厚度分布横向变化大，分布不均匀，要成功实践中国南方页岩气勘探工作，就必须强调泥页岩的生烃条件和保存条件，前者强调查明烃源岩的物性，后者强调查明页岩气层及上覆盖层的构造特征，评价页岩气的保存条件，而页岩气的商业开发要准确地查明优质泥页岩的厚度、有机质含量分布规律、脆性指数及其保存条件等因素，这都需要高精度地震数据的支撑。

（2）工区内约90%的区域为灰岩裸露区，表层地震地质条件复杂，对地震波吸收、衰减严重；基岩裸露，刚性岩体发育，激发、接收条件较差；资料品质受地形、断裂带、破碎垮塌区、溶洞及含水性等影响较大；地层倾角变化大，断裂发育，地震记录反射能量弱、信噪比低。

2. 关键技术对策

1）宽方位高覆盖观测技术

中国南方页岩气发育地区地表地质条件普遍复杂，地形起伏剧烈，岩性横向变化快，属于典型的复杂山地地形地貌特征，常规的二维地震勘探，通常只能用于查明"二度体"构造单元的几何形态特征及其各向同性介质的简单岩性特征，无法完成"三度体"构造单元的准确成像及各向异（同）性介质的岩性勘探工作。此外，宽线二维或较窄方位的三维地震勘探，相对单线二维地震勘探，可以一定程度上提高简单"三度体"构造单元的成像精度，但仍然难以支撑精细描述复杂构造区的构造样式和岩性特征。焦页1井志留系龙马溪组优质泥页岩厚度仅为38m。面对如此复杂的"三度体"构造单元，要完成地层构造的准确成像和地层岩（物）性的高精度提取，实施高精度的三维地震勘探技术是必要的。

为满足页岩气勘探的需要、提高灰岩区地震资料成像品质，同时兼顾构造解释、岩性解释及裂缝预测的需求，焦石坝三维地震采集采用了较宽方位、较高覆盖次数、较小搬动距离、较小道距和适中排列长度的高精度三维观测系统，具体参数见表2.9。表2.9中的采集参数保证了炮检距、方位角分布较为均匀，且目的层方位角较宽，符合岩性勘探的要求。此外，保证灰岩区地震资料的信噪比和成像精度是开展三维高精度地震勘探的基本要求。

表2.9　焦石坝地区三维观测系统

项目	数据	项目	数据
观测系统名	24L6S216T1R144F	纵向最大炮检距/m	4300
接收道数	5184（24线×216道/线）	最大炮检距/m	5164
接收线距/m	240	最大非纵距/m	2860
炮线距/m	360	线束宽度/m	5520

续表

项目	数据	项目	数据
束线距/m	240	横纵比	0.66
道距/m	40	覆盖次数纵横比	1
炮距/m	40	观测系统宽度系数	0.83
覆盖次数/次	12（纵）×12（横）=144	检波线方位角/(°)	90
面元尺寸/m	20×20	2000~3500m有效横纵比	0.92~0.96
纵向最小炮检距/m	20	主探页岩层系方位角	>0.9

2）精细设计的激发参数

工区激发岩性以灰岩为主，激发、接收条件差，获取资料困难，资料信噪比低，连续性较差，资料整体面貌差，如何改善灰岩裸露区激发、接收条件，提高资料品质是实施该项目的主要难点之一。针对灰岩区的激发接收条件差的特点，采取了如下措施来改善资料采集品质。

优选激发点位，逐点核实；以"五避五就"（避虚就实、避碎就整、避陡就缓、避危就安、避干就湿）的原则优选激发点位，避开在陡坡、高峰、破碎带、含水性差、山前冲积带和疏松垮塌堆积物上激发，提高单炮激发效果。重点避免在地形高陡地段和垮塌堆积区激发，尽量选择含泥多、产状平缓、含水性好、地层完整、地表高程低的部位激发（图2.89）。

(a) 地形高陡　　　　　　　　　　　　　　(b) 岩层倾陡

图2.89　优选激发点位

提前进行表层结构调查，指导野外井深设计；通过微测井资料解释成果得知本区低降速层基本在13m以下，且在东部高速层埋深极浅，因此本次采用20~22m井深可以保证在高速层激发。采用动态设计井深、药量，在相对海拔高区域设计井深22m；低降速层薄的地区按照最低标准井深20m，14kg药量。

3）改善接收效果

采用2串检波器、圆形面积组合接收，增强对环境噪声的压制能力。明确挖坑时的规范性，采用"先十字、后添加"的方法确保图形规范。在不能挖坑埋置检波器的水泥地采用"贴泥饼"的办法埋置，在灰岩区采用打眼插检波器的方式，改善接收效果。

（三）焦石坝页岩气勘探效果分析

1. 偏移成像效果

对比二维叠前时间偏移成果剖面（观测系统 2540-160-20-160-2540，覆盖次数 60 次）和三维叠后时间偏移（观测系统 24L6S216T1R144F）成果剖面（对应线），三维勘探效果优势明显，焦石坝构造成像信噪比明显提高，主要目的层（特别是 Ts 反射层）反射信息丰富，连续性和一致性均得到较大提高，页岩气主体区志留系波组特征明显，层间断裂刻画清楚、能量变化符合地质规律，信噪比和分辨率都能满足勘探开发需求（图 2.90）；纵向上以寒武系膏岩层为界可划分为上、下两套构造变形层，五峰组—龙马溪组一段泥页岩储层是上变形层的主要勘探目的层，焦石坝构造主体构造形变弱，断裂不发育，边缘断层较发育，主要为逆断层（图 2.91）。整体上来说，宽方位三维资料相比于二维资料，无论是信噪比还是下组合成像、志留系波组特征刻画及层间小断层方面均有较大程度的提高。

原二维

原三维

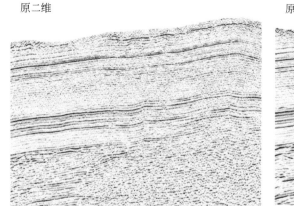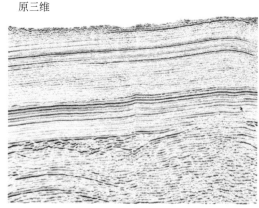

图 2.90　二维与三维地震成像效果对比

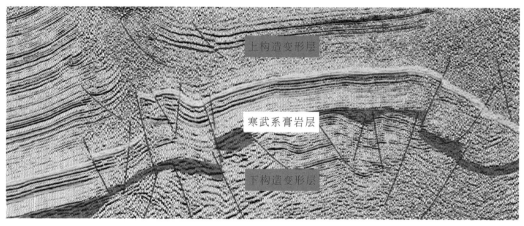

图 2.91　三维地震中深层解释成果

焦石坝构造主体部位地震资料品质较高，能够准确地指导水平井的设计与钻探，通过对焦页1井、焦页2井、焦页4井连井线资料分析对比，横向变化与地质认识能够较好地吻合。针对志留系五峰组—龙马溪组目的层进行了频谱分析，主频为25～35Hz，有效频带为8～80Hz（图2.92），这对于灰岩区的地震资料来说，具有较高的分辨率，有利于开展叠后高分辨率波阻抗反演等岩性勘探。

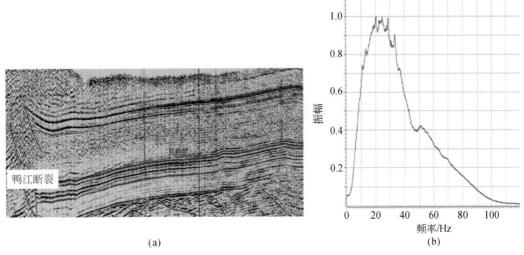

(a)   (b)

图2.92　连井解释剖面（a）及频谱分析（b）

2. 地震反演效果

从波阻抗反演结构来看（图2.93），焦石坝三维区整体显示为浅蓝-蓝色区域，表现为中低波阻抗特征，而浅蓝色主要分布于东南部、中西部的高陡及断裂发育区，焦石坝主体处于深蓝色低波阻抗区，富有机质页岩发育。从波阻抗反演剖面及平面分布来看，焦石坝三维区富有机质页岩分布范围广且稳定，厚度较大。

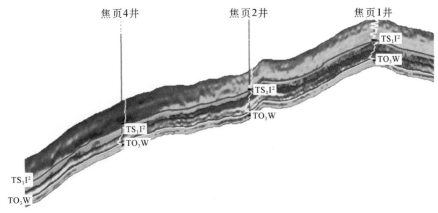

图2.93　过焦页1井、焦页2井、焦页4井波阻抗剖面

TO_3W 为奥陶系五峰组；TS_1I^2 为志留系龙马溪组

　　叠前密度反演结果显示,反演结果与测井密度值吻合程度较高(图2.94,表2.10),并且反演合成地震记录与井旁道相关系数达到0.96,反演结果较为可靠。图2.94为利用叠前纵横波同时反演得到的过焦页1井、焦页2井、焦页4井连井密度反演剖面,页岩密度相对较低,焦石坝构造主体部位由东北(焦页1井区)至西南(焦页4井区)页岩密度差异不大,分布较为稳定;优质泥页岩密度主要分布在2.63g/cm³以下的红黄色区,横向分布稳定,纵向分辨率较高。

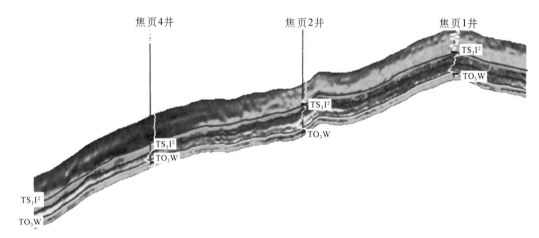

图2.94　过焦页1井、焦页2井、焦页4井叠前密度反演剖面

TO$_3$W 为奥陶系五峰组;TS$_1$I² 为志留系龙马溪组

表2.10　密度反演精度对比表

井名	测井密度 /(g/cm³)	叠后反演 /(g/cm³)	叠后反演绝对误差 /(g/cm³)	叠后反演相对误差 /%	叠前反演 /(g/cm³)	叠前反演绝对误差 /(g/cm³)	叠前反演相对误差 /%
焦页1井	2.57	2.61	0.04	1.52	2.59	0.02	0.89
焦页2井	2.55	2.61	0.06	2.27	2.57	0.02	0.94
焦页3井	2.58	2.64	0.05	2.13	2.61	0.03	1.05
焦页4井	2.56	2.62	0.06	2.42	2.60	0.04	1.56

　　叠前密度反演与叠后多属性密度反演精度对比如表2.10所示,从表中可以看出,叠前反演与井的吻合更好,最大相对误差为1.56%,最小相对误差为0.89%,反演精度高。因此采用叠前密度反演数据体开展优质泥页岩(总有机碳 TOC>1%)TOC 含量和优质泥页岩厚度定量预测。

3. 资料品质分析

　　焦石坝三维地震资料品质总体较高,Ⅰ类面积为464.93km²,占总面积的78.21%,Ⅱ类面积104.60km²,占总面积的17.59%,Ⅲ类面积为24.97km²,占总面积的4.20%。焦石坝区块主体焦页1井、焦页2井、焦页3井及焦页4井区均位于Ⅰ类品质区内,地震资料满足构造精细解释及高精度优质泥页岩预测的要求。

焦石坝地区三维地震资料勘探效果表明，在灰岩裸露区实施的激发和接收技术的改善措施，充分保证了宽方位、高覆盖、纵横向覆盖次数均匀的三维采集技术的应用效果，获得了具有三高品质的地震数据，为偏移成像、构造解释、叠前/叠后参数反演及裂缝预测等技术的实施效果提高了数据保证，为优质泥页岩的预测和综合评价奠定了较好的基础。

参 考 文 献

戴俊 . 2001. 柱状装药爆破的岩石压碎圈与裂隙圈计算 . 辽宁工程技术大学学报（自然科学版），20（2）：144-147.

敬朋贵 . 2014. 镇巴地区地震勘探效果分析与认识 . 石油物探，53（6）：744-751.

李林新 . 2005. 南方海相碳酸盐岩油气区地震采集面临的问题和对策 . 石油物探 . 44（5）：529-637.

梁尚勇，石生林，季红军 . 2003. 反射和折射波联合地震勘探在 JR 地区的应用 . 石油物探，42（2）：186-190.

陆基孟 . 2006. 地震勘探原理 . 山东：中国石油大学出版社 .

梅冥相 . 2001. 灰岩成因—结构分类的进展及其相关问题讨论 . 地质科技情报，20（4）：12-18.

钱绍瑚，李套山 . 1998. 炸药震源爆炸机制及激发条件的研究 . 石油物探，37（3）：1-14.

单刚义 . 2011. 复杂地质条件地震多波照明及地震采集方法研究 . 吉林：吉林大学 .

王本吉 . 2002. 检波器的地面耦合问题 . 国外石油地球物理勘探，2（1）：70-81.

杨贵祥 . 2005. 碳酸盐岩裸露区地震勘探采集方法 . 地球物理学进展，20（4）：1108-1128.

杨勤勇，常鉴，徐国庆 . 2009. 灰岩裸露区地震激发机理研究 . 石油地球物理勘探，44（4）：399-405.

第三章　碳酸盐岩地层地震成像技术

我国碳酸盐岩地层分布十分广泛，总面积超过 $455\times10^4 km^2$，海相碳酸盐岩层系油气资源量达 385 亿 t 油当量；其中陆上海相盆地 28 个，面积为 $330\times10^4 km^2$；海域海相盆地 22 个，面积 $125\times10^4 km^2$。大量的油气地质调查结果表明，海相地区蕴藏着丰富的油气资源，是未来油气勘探新发现的希望所在。

中国石油化工集团有限公司剩余油气资源主要分布在海相领域，中国海相剩余油气资源也主要分布在中国石化探区，占全国海相剩余资源的 68%。与此相对比，中国石油天然气集团有限公司剩余油气资源主要分布在陆相领域，占全国陆相剩余资源的 62%；中国海洋石油集团有限公司剩余油气资源主要分布在近海领域，占全国海域剩余资源的 88%。

我国西部和南方是海相碳酸盐岩层系油气资源的主要分布区域，随着近年来西部塔河、轮南及南方普光等一批油气藏的发现，海相碳酸盐岩油气勘探表现出了良好的前景，因此中国石化探区的海相复杂地区也已成为未来若干年内油气勘探工作的重点。有关专家预测，我国目前已经进入海相大油气田发现的高峰期，未来 15～20 年内碳酸盐岩裂缝、孔缝型油气藏产量将占中国石化油气总产量的四分之一以上。

我国西部和南方海相碳酸盐岩地区往往是恶劣的地表地形地貌、复杂的近地表岩性条件和复杂的地下地质构造同时并存。地表主要为沙漠、山地、灰岩裸露区、草地沼泽、平原水网等多种类型，地形高差变化剧烈、低降速层厚度急剧变化、高陡岩层出露地表。地下发育复杂的逆掩推覆构造，储层时代老、埋藏深、类型多、非均质性强，这些条件对现有地震勘探技术提出了严峻的挑战，目前成为严重制约勘探进程、地质认知程度和油气新发现的主要因素之一。

目前，我们在油气勘探生产中普遍使用的是西方国家的地震数据采集和处理技术以及相应的装备与软件，它们主要是针对海洋勘探的，对于复杂的山地地质条件并不完全适用，具有很大的局限性和不适应性。这就要求我们必须通过自力更生来解决我们面临的问题，实现海相油气勘探开发事业的大发展。

中国海相碳酸盐岩地区油气地球物理勘探中面临的地质特点可以概括为"三个复杂"，即"复杂地表""复杂构造""复杂储层"。"复杂构造""复杂储层"代表着复杂的勘探对象，而"复杂地表"则代表着恶劣的勘探条件。恶劣条件下对复杂对象的勘探，必定对地球物理勘探方法技术及其装备提出了更高的要求。

"三个复杂"给地球物理勘探技术带来的主要问题包括：难以获得有效的地震资料或地震资料信噪比低甚至极低；常规地震数据处理技术难以获得有效的地震成像结果，成像不清晰、不准确，无法应用于地质构造解释；地震资料的信噪比、分辨率、保真度、成像精度不高，难以用于储层预测精细描述、流体识别等。解决以上问题需要大力发展地球物理勘探新技术，需要开展一系列的基础理论与机理性研究，努力争取勘探技术的进步与突破。

第一节　影响碳酸盐岩地层地震成像因素分析

一、波场能量与信噪比

（一）有效波场能量

地震资料高保真处理，简单说来就是消除表层条件变化对振幅和子波的影响，使得地震处理成果能够比较真实、客观地反映地下地质现象的变化。

针对南方海相碳酸盐岩油气区的地震地质特点，地震采集面临很大的难题，造成地震资料信噪比低，有效波能量弱，究其原因为：①山地表层地质结构复杂；②地震激发接收因素不一致；③近地表干扰波发育、能量强，深层有效波能量弱。这需要我们不断改进相应的技术对策。

在地震资料处理过程中，要重点做好地震振幅一致性处理，消除地表变化对反射波振幅、相位、频率和波形的影响，突出资料的地震响应特征，以保证反射波的振幅特征能真实地反映地下岩性和构造的变化。在努力获得高品质成果的同时，做好保真处理和突出资料的含油气地震响应特征应是重点。在预处理中，一般应用球面扩散补偿、弱能量道补偿和地表一致性振幅补偿等技术相结合，消除地表的变化以及采集因素不同引起的振幅变化，努力实现振幅一致性处理。

在我国南方山地等复杂地表条件下地震勘探记录的信噪比低、消除表层影响困难是最突出的两个问题，而它们均与地形起伏、表层地质结构复杂有直接的关系。复杂的地形和地质条件给地震数据采集、资料处理和解释提出了严峻挑战，剧烈起伏地表引起的地震波的地表散射和面波交织在一起，形成了非常强而复杂的地表干扰波，地下反射波被严重扭曲，给地下成像造成极大困难。要从根本上解决这些问题，必须首先从三维角度认识地形起伏、地表岩性变化情况下地震波传播的有关规律。

我国南方油气勘探面对的是碳酸盐岩地区，地质历史时期经过多期构造运动和长期的风化及水化学作用，裂缝、溶洞比较发育。由于碳酸盐岩中的裂缝、溶洞储集体具有强烈的非均质性，目前碳酸盐岩孔、缝、洞储层地震勘探遇到的困难，归根结底是对这类复杂介质产生的地震波传播特征还没有本质性的认识。而介质的复杂性决定了该类介质中的地震波传播没有解析解。

由于复杂地表条件，地震波在激发、接收中，受球面扩散、吸收和传输损失，地震记录道的能量随时间迅速衰减，在应用球面扩散补偿技术补偿地震波向下传播过程中，球面扩散造成的能量衰减，使浅、中、深层能量均衡。如图 3.1 为球面扩散振幅补偿前后的单炮记录对比。

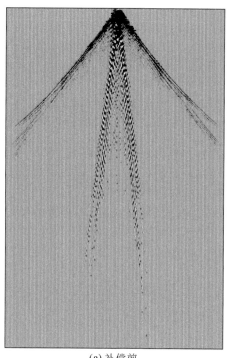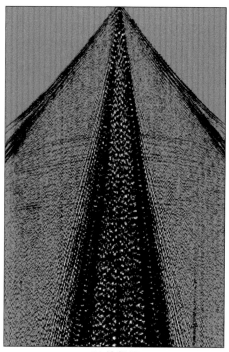

(a) 补偿前　　　　　　　　　　　　　(b) 补偿后

图 3.1　球面扩散振幅补偿前后的单炮记录对比

（二）信噪比分析

低信噪比地震数据给各处理环节和成像带来极大的问题。因此，有人把低信噪比列为地震勘探的头号问题是有道理的。当前，对复杂地区地震资料的低信噪比数据产生的机制不十分清楚，我们认为主要由地表的剧烈起伏变化引起。因此，应该用非水平地表情况下的基于模型的弹性波波场外推方法来消除。前人已经使用过波场深度外推去除噪声的方法。但是，地表速度模型未知，同时非水平地表弹性波成像的数值模拟问题也没有从理论上根本解决。

针对不同类型的干扰波，在认真做好噪声分析的基础上，重点要进行叠前、叠后去噪研究，采用多域、多去噪方法联合的技术方法有效地压制噪声，不断提高地震资料的信噪比。

众所周知，压制噪声的最好方法是同相叠加，因此我们认为应该充分利用来自一个菲涅尔带的反射的同相叠加性压制噪声。共反射面元（CRS）叠加是很流行的做法，但是CRS叠加的优化数值计算非常费时，对于数据是否来自一个菲涅尔带内也没有很好的判断方法，剖面上不同倾角的同相轴交叉会引起倾角选择效应。CRS叠加的思路是正确的，但实现方法需要改进。正确思路是在成像空间中利用来自一个菲涅尔带的反射的同相叠加性质，利用投影的方法进行叠前时间偏移，把来自一个菲涅尔带的反射叠加在一起，同时要考虑地下反射界面的形态。

二、近地表因素与预处理

（一）近地表散射影响

针对地形复杂情况下地震记录信噪比低的问题，需要通过数值模拟研究地表起伏产生的散射干扰波的传播规律和特点，在传播规律研究基础上寻找有效的、具有针对性的压制噪声的方法，以便提高地震记录的信噪比，并为各种去噪方法的研究提供理论基础和试验数据。

在地形起伏变化大、地表地震地质条件横向变化大、地下介质横向变速剧烈等条件下，当前的野外地震数据采集方法不再如此有效。野外采集的原始地震记录质量不稳定，在不少地区的信噪比过低，使得很多地震数据处理和成像方法不能有效地进行。利用这样的地震资料达不到进行地质分析与解决地质问题的目的。另外，低信噪比问题引起的成像不准使得地震地质成果图不能很好地用于储层分析和油气预测。

针对海相碳酸盐岩勘探地区，复杂地表条件可能引起各种严重的相干噪声情形，应在分类的基础上研究针对性的处理技术和方法分别进行压制和衰减，重点要研究去除面波和多次波、相干噪声等新技术新方法。随机噪声在资料中的存在也严重影响数据的准确成像，它的特点为无规律，其振幅、频率、相位、能量都无规律可循，对处理过程及最终成果影响极大。采用分频的方法，考虑噪声之间在振幅、频率、相位、能量非相干性差的特点，将随机噪声进行分离，达到既将随机噪声分离出去，又将有效的频率成分保留下来的目的。

对于散射波研究，国内外近期取得不少成果。任何由地球三维非均匀性引起的地震波的变化都可称为地震波散射，但传统上，用射线理论描述的、由大尺度非均匀性引起的地震波走时和振幅变化不包含在散射领域之内。狭义的地震波散射是指由小尺度的非均匀性引起的、不能或不便用射线理论描述的地震波场的变化。在地震散射波的理论研究方面，20 世纪 80 年代末～90 年代初，吴如山和安艺敬一（1993）系统总结了当时地震波散射的最新研究成果，并将地震波散射分为四类：准均匀、瑞利散射、广角散射及小角散射。90年代散射波的研究开始逐渐应用到实际资源勘探中。早期将散射波视为噪声消除，以提高资料的信噪比，后来逐步将散射波作为有效信号利用，以获得地下的地质信息。Ernst 等（1999）年提出消除近地表散射影响的新方法：先计算近地表散射波，然后将其从地震资料中消除。郭向宇等（2002）等提出基于波动理论压制近地表散射噪声的新方法：利用散射波的波动特性，在叠后通过波场延拓使其聚焦成像，然后通过压制强噪声的手段将其衰减。在散射波成像方面，马婷和周学明（2012）提出了等效炮检距叠前偏移方法；勾丽敏等（2012）等提出了基于共散射点道集的偏移方法等。

（二）表层校正

从地震勘探基本原理已知，地震勘探是基于地表水平、地下水平层状介质假设的一种反射波勘探法。在我国中西部碳酸盐地层勘探区，地震资料普遍存在地表起伏大，近地表速度和厚度变化剧烈等特点，这种近地表的不均一性，引起地震反射波的畸变，使得到的地震信息畸变，从而使地震勘探精度降低，这种畸变主要表现在以下三方面：①地震反射波双曲线形态的畸变；②地震反射速度信息的畸变；③构造形态的畸变。

地表的起伏使得我们必须选择一个基准面来进行静校正和其他处理，地表到基准面之间需要一个填充速度。基准面形态不同、填充速度不同会得到地下构造的不同时间域形态，基准面和填充速度的不准确会引起反射波速度信息的畸变，用这种速度模型进行地震成像和构造成图，又会引起构造形态的严重畸变，影响地震勘探精度。

我国中西部复杂地表地区主要包括沙漠、山地和黄土塬等地区，静校正问题和低信噪比问题是制约这些地区地震资料品质的主要因素。尤其是静校正问题，在很多情况下由于它的存在而很难实现叠加成像。有些地区，不但地表起伏剧烈，而且表层覆盖的介质变化也很大，有砾石、戈壁、沼泽、山地、沙漠等，由于近地表横向非均质性变化非常剧烈，给求解静校正量带来极大的困难。复杂地表引起的波场散射也严重影响着基准面校正处理。要搞好山地高陡构造区的油气勘探，在山地地震资料成像处理技术上必须要搞清近地表静校正问题。

在我国中西部地区，静校正研究工作一方面已成为衡量地震资料处理技术水平的重要标准，另一方面又成为提高资料处理质量的瓶颈。静校正可以分为长波长分量静校正和短波长分量静校正。长、短波长分量静校正是相对于野外观测排列长度而言的，大于一个排列长度范围的低降速层变化引起的静校正量称为长波长分量（低频分量），一般来说它对 CMP 叠加的效果影响不大，影响地质构造的形态和大小；小于一个排列长度范围内低降速层变化引起的静校正量称为短波长分量（高频分量），它影响 CMP 叠加的效果，影响地震剖面的信噪比。

近几年，陆续出现并应用的一些新静校正主要包括初至折射静校正、层析静校正方法，以及各种反射波剩余静校正等，这些静校正的应用效果是：单一方法有改进，各种方法有自己的局限性，并不能全面解决所有的静校正问题。目前解决这类问题采用的对策就是多种静校正方法相互结合，通过方法间灵活组合，改进静校正精度，最终使地震资料成像效果达到最佳，构造真实合理。

静校正从所采用的信息源头大致可以分为三类：第一类是通过野外进行专门的观测，如小折射、微测井、地形测量等，获得近地表模型中的控制点上的数据，并把这些数据外推或内插到各个点上；确定一个基准面或者是一个参考面，再根据地形线高程数据，计算出每一个炮点和检波点上的校正量，这一类校正通常称为野外静校正量。第二类是信息源来自正常生产炮的初至信息，利用初至信息估算静校正量的方法为数众多，在生产中应用十分广泛，是十分重要的一类静校正量估算方法，如初至折射静校正、初至层析静校正。第三类是根据正常生产记录中的反射波信息估算静校正量，这类算法是在应用前面第一、第二类算法估算出的静校正量基础上进行，其目的是解决剩余静校正量问题，即高频静校正量问题。

（三）预处理质量

地震资料处理以高信噪比、高保真度、高分辨率和提高速度场精度为研究目标。处理项目组人员要参与地震资料采集阶段工作，对三维地震原始资料认真做分析，及时了解三维地震原始资料情况，为后期地震资料的预处理奠定基础。

地震预处理包括地震处理技术流程建立与关键技术参数测试，其中研究内容包括表层静校正技术，叠前、叠后去噪技术，振幅补偿技术，提高分辨率技术等。处理中要求叠前预处理流程、参数合理，努力为后期地震成像处理提供高信噪比的叠前道集和偏移所需的速度资料，以及初步的偏移成果资料等。

地震处理过程中要加强质量监控，保证处理中的每一步流程必须采用合理的技术方法进行质量检测，以确保结果的可靠性和准确性，选择和确定符合地质目的要求的处理参数流程方案。每一步作业完成后，要抽取适当数量的中间成果显示，分析处理效果，同时根据具体资料分析存在的问题，提出和确定下一步解决问题的处理技术方案。

对于我国南方碳酸盐地区，因地表复杂，噪声干扰严重，在进行叠前偏移前，如何得到高信噪比的地震叠前资料一直是我们预处理中主要追求的目标之一。图 3.2 是地震单炮记录去除噪声前后的效果比较。

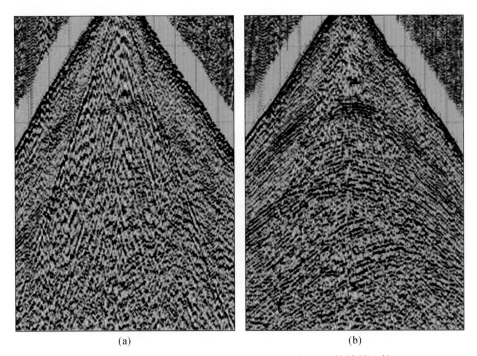

　　　　　　(a)　　　　　　　　　　　　　　　(b)

图 3.2　地震单炮记录去除噪声前（a）后（b）的效果比较

三、速度建模精度的影响

（一）近地表速度模型

目前反演表层速度结构的方法有很多，如初至走时层析法和折射层析法、面波法等，其中层析法在一定条件下取得了一些成功应用而受到了广泛的关注。目前工业界采用的层析法包括折射层析法与初至走时层析法。折射层析法以层状模型假设为基础，尽管折射层析法有时可以得到比较好的静校正效果，但层状假设的前提条件并不总能得到满足。初至走时层析法没有层状模型假设，反演结果能够比较好地反映表层速度的低频趋势，但并非适应于任意表层速度结构的反演，当存在速度倒转时反演结果并不正确。

通过研究当前初至波射线层析精度的影响因素，提出近地表速度反演策略，发展高精度的近地表速度反演方法，为深部构造成像和储层预测提供高精度的近地表速度模型。为此，需要开展以下几方面的研究：①研究初至波信息与反演深度、精度之间的关系，发展多尺度以及分步反演策略，研究地震数据的协方差构造方法，在层析反演中引入协方差矩阵，以提高反演的分辨率和精度；②突破常规射线初至波走时层析的高频假设，在近地表速度层析反演中引入菲涅尔体的概念，研究菲涅尔体走时层析与菲涅尔体振幅层析的反演理论、方法，并发展相应的技术和方法，以提高层析反演的分辨率和表层速度建模的精度，同时提高近地表速度反演的稳定性；③利用正反演迭代，通过将观测的初至波形与理论计算的初至波形的最佳拟合来反演近地表速度结构，以提高表层速度建模的精度。

上述波形层析可以充分利用观测数据的走时、振幅、频率、衰减等信息，将观测波场与理论计算的波场残差反投影到波真正传播的路径上去。但由于计算量大、多解性强、实际资料信噪比低等原因，波形层析无法予以实际应用。为了反演近地表速度结构，李录明等（2013）提出了高精度初至波形层析静校正方法，即只使用观测数据的初至一个周期左右的波场取代全局波场，仍然在最小二乘法的意义下，寻找最优速度模型，使理论计算波场与观测波场的初至波形达到最佳匹配。这样做可以大大减少解空间的范围，而且由于只考虑初至波形，降低了对信噪比的要求，计算量也大大减少，使波形反演应用于实际资料处理成为可能。需要注意的是，若将其用于实际资料处理，需要考虑地震波吸收衰减问题。

（二）地层构造模型

地震波传播速度是地震勘探中的最重要的参数之一。速度贯穿于地震数据采集、处理和解释的整个过程。从基于模型照明分析的观测系统优化与照明补偿，到常规叠加处理、叠后（前）时间（深度）偏移，再到时深转换、地层压力预测及岩性与储层刻画等，速度分析的结果不仅影响着成像效果，而且更重要的是影响着成像与解释结果的可靠性。特别是今天油气勘探地质条件十分复杂，普遍认为叠前偏移，尤其是叠前深度偏移，是提高复杂地区地震成像质量的一种非常有效的手段，而叠前偏移对宏观速度模型十分敏感，成像质量的好坏和可信度与偏移速度模型的精度密切相关，所以速度模型构建与偏移成像方法同等重要，目前它是地震成像方面一个重要的研究内容。

针对复杂地区，利用三维叠前深度偏移成像技术解决复杂构造成像问题是一条有效途径，其中的核心研究内容是速度模型建立。目前，速度模型建立有如下几个关键步骤：①通过处理与解释相结合，利用叠前时间偏移成果进行三维层位构造解释，建立好层位构造模型；②利用叠前时间偏移的速度场，建立深度域初始深度-层速度模型；③利用初始速度模型，在试验好深度偏移关键参数的基础上，选用基尔霍夫积分法叠前深度偏移技术开展目标线偏移，得到初始的共反射点成像道集；④基于生成的共反射点成像道集，利用垂向、沿层剩余延迟分析和层析成像法速度优化技术等对速度模型进行改进与优化；⑤用优化好的最终模型做全数据体三维叠前深度偏移。

如上所述，构造速度模型的精度主要受下面几种因素的影响。例如，构造层位解释是否精确，因为深度偏移严重依赖层位速度模型；初始速度模型是否合理准确，它将直接决定后续速度模型优化的工作量大小，如误差量小将缩短速度优化周期，提高生产工作效率；速度优化方法的适应性和工作人员对地质构造的认识与熟悉程度如何，因为这是速度优化的关键，在选择好优化方法后，对更新后的速度模型进行叠前深度偏移，对最后的地质构造成像精度进行合理性判断很重要。

图 3.3 为速度模型误差对深度偏移成像精度影响分析。

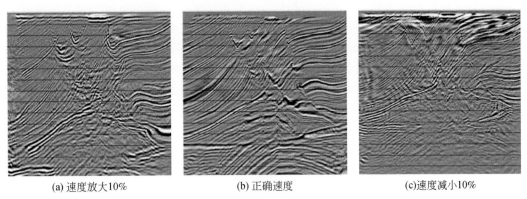

(a) 速度放大10%　　　　　　　(b) 正确速度　　　　　　　(c)速度减小10%

图 3.3　速度模型误差对深度偏移成像精度影响分析

（三）局部异常体模型

在我国中西部碳酸盐地层勘探区，地层异常体分布范围及构造类型都不尽相同。在南方海相地区，目的层上部分布有巨厚的膏盐岩地层，其上下与宽度方向形状分布都不稳定，横向形态更是变化剧烈，给下方的目的层构造成像研究带来许多困难。而在西部塔里木盆地顺 8 井地区，浅层分布有一层火成岩，其横向岩层的岩性不均匀，主要特征为在横向大块的高速地层中，间断性分布有许多低速特征的烟囱状地层。由于这些地层横向上的严重不均一性，给下覆奥陶系目的层构造研究带来许多构造假象。为此，需要我们对这些地质异常体进行详细的顶底界刻画与综合的精细速度建模，为其下覆地层研究提供高质量的速度模型资料，尽可能消除由上覆地层速度异常引起的下覆地层构造假象。

异常体的速度与形态的异常对地震波传播造成特殊的影响，使得膏盐层下方地震反射杂乱，成像非常困难。因此，南方海相盐下地震技术关键是地震成像问题。对于盐下构造成像来说，由于盐丘速度与围岩地层差异大、边界不规则、厚度横向变化大、盐下存在盐丘屏蔽、干扰波发育等特点，增加了盐下油气藏地球物理勘探的技术难度，给盐下构造的精确成像带来的很多难题：精确建立速度模型比较困难；目标区往往存在严重的各向异性特征，由于盐丘屏蔽，干扰波发育，有效反射波能量弱且具有复杂高陡构造，精确成像比较困难等，异常体下覆构造成像模糊，不利于目的层段构造的精确落实。

四、成像方法的适应性

地震偏移的本质：使倾斜反射归位到它们真正的地下界面位置，并使绕射波收敛，以此提高空间分辨率，得到地下界面的真实地震图像。

随着勘探与开发要求的不断提高，地震勘探越来越关注复杂碳酸盐地区的精确成像。复杂碳酸盐地区准确成像的难题主要表现为：地表复杂（山地、沙漠等），地层倾角大，剧烈的纵横向速度变化，断层发育，目的层埋藏深等。地震偏移技术正是为了满足解决这些难题而不断发展和完善的。通过对比与分析各种偏移技术的优缺点，使我们能正确地选择偏移方法，以便提高地震数据成像的精确度。目前，三维叠前时间偏移技术比较成熟，而叠前深度偏移技术也在发展中逐步趋于完善。可以预期，深度偏移技术在未来将会有更大的发展，这对于提高复杂构造的成像精度和勘探效益，必将发挥更加重要的作用。

常规时间偏移假设地下地层比较平坦，射线路径弯曲有限，那么它对简单地质构造成像效果较好。对于复杂构造精确成像，需要使用深度域成像，因为深度偏移允许射线在传播中发生弯曲，允许介质存在横向速度变化。只要能求准地下速度场分布规律，了解射线路径的弯曲方式，即可求准地下反射体的准确位置。

如图3.4所示，对图3.4（a）中的零偏移距叠加剖面用同样的速度进行叠后时间偏移［图3.4（b）］与叠后深度偏移［图3.4（c）］，经偏移效果比较，在复杂构造区，需要做深度偏移使构造精确成像。

 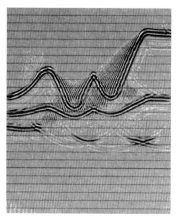 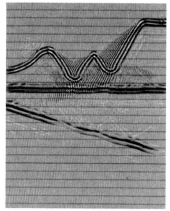

(a) 零偏移距叠加剖面　　　　　　(b) 叠后时间偏移剖面　　　　　　(c) 叠后深度偏移剖面

图3.4　对零偏移距叠加剖面用同样的速度进行叠后时间偏移与叠后深度偏移

（一）叠加剖面现象分析

1. 叠加速度与水平叠加

地震波的叠加速度指由地震资料抽取共反射点道集并通过一系列参考速度作地震速度扫描或由地震波速度谱叠加速度分析获得的速度。不论是用速度扫描或是地震波速度谱叠加速度分析均以共反射点道集经动校正叠加后的能量达到最大为选取叠加速度的准则。叠加速度也叫动校正速度。

叠加速度分析是指在水平层状介质假设条件下利用经过动校正后的反射波共中心点（CMP）道集的叠加能量标识识别叠加速度的过程。如果共中心点道集的时距曲线经动校正后被拉平，则其叠加能量最大，说明所用的叠加速度最合适；相反，说明叠加速度不合适。

对于多次覆盖地震记录，已知 CMP 道集反射波时距方程为

$$t_i = \sqrt{t_0^2 + \frac{x_i^2}{V^2}} \quad (i = 1, 2, \cdots, N) \tag{3.1}$$

式中，t_i 为反射波到达时间；t_0 为界面垂直反射时间；x_i 为炮检距；V 为地震波速度。可见反射波时间 t_i 中包含速度。叠加速度分析的基本思想是，给定一系列速度值，分别对 CMP 道集动校叠加，叠加道能量为速度的函数，当试验速度与时距曲线中含有的速度相同时，动校正后剩余时差为零，叠加能量最强，检测叠加能量最强时对应的动校正速度称为最佳叠加速度，即该速度分析为叠加速度分析。

叠加速度分析是建立在双曲线时距方程的基础之上的，因此有以下结论：对单层模型反射波，求取的叠加速度为层速度；对水平多层介质模型，求取的叠加速度为均方根速度；对倾斜多层介质模型，求取的叠加速度为等效速度。

叠加速度分析的常用方法包括速度谱法和速度扫描法两种。速度谱的概念是仿照频谱的概念而来的，而将地震波的叠加能量相对速度的变化规律称为速度谱。速度谱是速度分析中最常用的一种表示速度分析结果的形式。速度谱法叠加速度分析就是指利用速度谱进行叠加速度求取的方法，因此，速度谱法的关键是谱的计算方法，即速度谱的判别准则，常用的速度谱判别准则包括相干性准则、相似性准则和相关性准则。其中相干性准则强调较弱反射波，相似性准则强调较强反射波，相关性准则强调道与道之间的波形一致性。

速度扫描法是指采用一系列速度函数对地震数据进行动校正并叠加得到的对应叠加剖面，依据动校正后 CMP 道集是否拉平或叠加剖面的质量作为标志识别叠加速度的处理过程。

2. 倾角时差校正与 DMO 叠加

叠加速度具有倾角依赖性，当存在一个水平同相轴与一个倾斜同相轴交叉时，我们只能选择一个叠加速度，使相应的一个同相轴最好叠加成像。因此，常规的水平叠加方法并不能同时使不同倾角具有不同叠加速度的同相轴最佳叠加成像。这对于零偏移距剖面是不适应的，因为零偏移距剖面应该包含各种倾角的所有同相轴，所以当存在不同倾角同相轴时，常规的动校正水平叠加剖面并不等效于零偏移距剖面。

由于水平叠加剖面并不严格等效于零偏移距剖面，当具有不同倾角的同相轴存在时，叠后偏移处理不会得到较好的偏移剖面。因此，需要在叠前先应用 Levin 方程校正倾角对动校正的影响。具体做法是，对叠前道集先用水平地层的动校正速度进行动校正，然后紧跟着做倾角时差校正（DMO）来消除倾角影响，这样经过二次校正后的叠加剖面更接近于零偏移距剖面。这里的 DMO 校正就是对正常时差校正（NMO）后的共偏移距数据进行部分偏移处理，它是根据小偏移距理论设计的，对层状介质速度模型有效。

从上述可知，经过 DMO 校正与叠加后，倾角对倾斜同相轴的影响已消除，因此，无论小角度还是陡倾角反射都能得到同相叠加，这样的叠加更接近零偏移距剖面，说明对于陡倾角或绕射波发育地区，DMO 叠加效果明显好于 NMO 叠加。因此，在零偏移距剖面上进行叠后偏移，其偏移精度更高。

在 DMO 叠加中，其主要关键参数为倾角、DMO 叠加孔径。实际处理中，首先进行倾角测试，然后再测试 DMO 叠加孔径，通过叠加效果对比来确定参数。

（二）叠后成像的利用

地震数据的叠后偏移是指对常规水平叠加之后进行偏移处理的过程，它是一个和叠前偏移相对应的概念。由于叠后偏移的输入要求是零炮检距剖面，故叠后偏移又称为零炮检距偏移。叠前地震数据经过水平叠加之后得到的叠加剖面可近似认为是零炮检距剖面，这种近似在构造复杂时误差较大。

与地震数据的叠前偏移相比，叠后偏移的主要优点是数据量大大减少，降低了对计算机的要求，方法实现较简单、成熟，应用也较广泛，它是实际地震资料处理中的常规手段之一，也是地震偏移技术发展的基础。

在常速介质中，对于叠后偏移，如果输入的时间剖面上只有一个脉冲值，则输出的偏移剖面上就会得到一个以激发或接收点为圆心、以速度和时间的乘积之半为半径的半圆，这个半圆叫叠后偏移的脉冲响应。偏移都要涉及成像条件问题，叠后偏移应用的都是零时刻成像条件，而零时刻成像条件是基于爆炸反射界面模型：零炮检距自激自收的观测过程和观测结果等效于把地下反射界面看成一系列零时刻爆炸的震源以二分之一介质速度传播到地面接收点的结果。依据这一原理，把自激自收的波场反向外推，在外推过程中，来自界面的反射波的时间不断减小，当时间减小为零时刻的波场，就是地下的反射界面，也就是震源的位置。

按照一般的分类，叠后偏移包括基尔霍夫积分法偏移、有限差分偏移和频率–波数域波动方程偏移等方法。

1. 基尔霍夫积分法偏移

基尔霍夫积分偏移是一种沿绕射曲线轨迹对地震数据进行加权求和的偏移方法。对于二维偏移，它首先在偏移剖面的输出点上定义绕射曲线轨迹，然后计算每一个旅行时对应的加权因子，之后对绕射曲线上的能量加权求和，同时进行地震数据的去假频滤波，最后将求和结果放在偏移剖面的输出点上。对每一个输出点重复上述过程即可完成整个剖面的偏移。

基尔霍夫积分偏移本质上是一个沿记录面进行波场积分的过程，也就是离散求和的过程，因此很容易解决三维不规则观测系统地震资料的成像问题，而其他偏移方法往往要求规则采样。此外，基尔霍夫积分偏移在处理各向异性和转换波资料方面也比较方便。

2. 有限差分偏移

地震数据的有限差分偏移是指在每一个深度步长上都通过有限差分算法来实现波场延

拓的一种波动方程偏移方法。有限差分法波动方程偏移是最早提出的一种波动方程偏移方法，也是目前实际生产中应用较为广泛的一种偏移方法。其基本原理是对波动方程进行坐标变换，并略去波场对深度（或时间）的二阶导数，得到变换或简化的波动方程，然后再用有限差分法求解波动方程，从而使反射层归位到反射界面的真实空间位置。

波场向下延拓方法有显式差分和隐式差分两种，显式格式计算速度快，但容易产生不稳定，隐式差分格式需要求解方程组，计算速度比较慢，但无条件稳定，不会出现发散情形，但无条件稳定并不意味着精度就高。

除 15°方程外，还有 45°和 60°方程，这个度数指有限差分波动方程所能偏移的地下反射界面的倾角，由于偏移倾角还和速度、道间距、采样率、延拓步长有关，所以这个度数只是一个近似的概念。例如，15°有限差分法理论上可以偏移的最大倾角是 15°，但在实际偏移中可以达到 30°倾角。若实际倾角过大，15°有限差分偏移法会导致欠偏移现象，也就是通常所说的偏移不足。

3. 频率–波数域波动方程偏移

地震数据的频率–波数域波动方程偏移是指将地震数据变换到 f-k 域来实现反射波归位并成像的一种偏移方法，它是目前最常用的叠后偏移方法之一。常速介质 f-k 域波动方程偏移方法是 1978 年由 Stolt 首先提出的，具有精度高、稳定性好、运算效率高、大倾角成像等优点，但是它不适应地震波速度的任意变化。J. Gazdag 在 1978 年提出了 f-k 域相移法波动方程偏移，该方法允许速度垂直变化，但不允许速度横向变化。为适应速度横向变化的要求，Gazdag 在 1984 年又提出了相移加插值 f-k 域波动方程偏移，该方法在一定程度上解决了速度横向变化的问题。

4. 三种叠后偏移方法的比较

有限差分波动方程偏移是求解近似波动方程的一种数值解法，近似解能否收敛于真解，与差分网格的划分和延拓步长的选择有很大关系，特别当地层倾角较大、构造复杂时，网格剖分直接影响着近似解的精度。一般而言，网格剖分越细，精度越高，相应的计算量越大。另外，所采用的近似波动方程的级数越高，求解的精度越高，但是，用有限差分法求解高阶偏微分方程存在着不少实际困难。

与其他两种偏移方法相比，有限差分法在理论和实际应用上都比较成熟，输出偏移剖面噪声小，由于采用递推算法，在形式上能处理速度的纵横向变化。缺点是受反射界面倾角的限制，当倾角较大时，产生频散现象，使波形畸变，另外，它要求等间隔剖分网格。

基尔霍夫积分法偏移建立在物理地震学的基础上，它利用基尔霍夫绕射积分公式把分散在地表各地震道上来自同一绕射点的能量收敛到一起，置于地下相应的物理绕射点上。该方法能适应于任意倾角的反射界面，对剖分网格要求灵活。缺点是难以处理横向速度变化，偏移噪声大，"划弧"现象严重，确定偏移参数较困难，有效孔径的选择对偏移剖面的质量影响很大。与有限差分法和基尔霍夫积分法相比，频率–波数域偏移不在时间–空间域，而是在与之对应的频率–波数域进行。它兼有有限差分法和基尔霍夫积分法的优点，计算效率高，无倾角限制，无频散现象，精度高，计算稳定性好。其缺点是不能很好地适应横向速度剧烈变化的情况，对速度误差较敏感。

（三）叠前成像条件分析

1. 叠前偏移算法分析

单程（深度域）标量波动方程是常规偏移算法的基础，但这些算法不能区分多次波、转换波、面波或干扰波，输入数据的任何能量都被看作是反射波。偏移算法按数学计算分类有如下三种：①基于标量波动方程的积分解算法（积分求和法）；②基于标量波动方程的有限差分解算法；③基于 $f\text{-}K$ 变换来实现偏移的算法。

无论什么偏移算法，都希望它有如下的特点：①能够充分处理陡倾角地层；②有效处理地层的纵横向速度变化；③运算高效率，占用计算机资源较少。

基尔霍夫积分偏移由 W. J. Schneider 在 1978 年提出，随后经过不断完善与发展成为主要的偏移方法之一。它发展为结合了倾斜因子、球面扩散因子、子波整形因子的绕射求和偏移算法。其实际做法是对输入资料乘以倾斜因子、球面扩散因子，然后利用整形因子规定的条件进行滤波，再沿双曲线轨迹进行求和，把求和结果放到偏移剖面上双曲线顶部的旅行时为 t 的地方。实际上，应该注意到双曲线应用介质的速度是均方根速度，它在横向上速度变化不能太大，否则影响绕射双曲线形态。其中的孔径参数是积分求和法的关键参数，需要测试与优选。

有限差分偏移方法则基于 1972 年由 Claerbout 和 Doherty 提出的爆炸反射面原理引出，即叠加剖面可以用爆炸反射面所得到的零偏移距波场来模拟的原理。那么，利用爆炸反射面模型，偏移原则上可以看作是波场外推（向下连续延拓）来成像。观测 $t=0$ 时刻爆炸反射面的形态，可以帮助我们理解成像过程。由于 $t=0$ 时刻波开始传播，没有扩散，此时波前面形态和反射界面形态一致，把这种对应情况称作成像原理。为了从地面记录的波场确定地下反射界面形态，只需要把波场依次用深度向下外推，计算 $t=0$ 的能量，任何时刻波前面的形态，即该外推深度处反射界面形态。向下波场延拓可以用标量波动方程的有限差分解来实现。有许多不同的差分方法应用在时间–空间域和频率–空间域的微分算子。Claerbout 在 1985 年给出了一套完整的理论与实现方法。该方法中的深度延拓步长是关键参数，依赖于时空采样、倾角、速度和频率，以及差分网格大小都非常关键。

Stolt 于 1978 年提出了用 $f\text{-}k$ 傅里叶变换实现偏移。它涉及坐标变换，保持水平波数一定，频率轴（结合输入时间轴转换变量）变换为垂直波数轴（结合输出深度轴的转换变量）。Stolt 的方法基于速度是常数假设，但后来得到改进，可以适应一定速度变化，发展出较成熟的频率–波数域偏移方法。

1978 年 J. Gazdag 提出了具有精确解析解的频率波数域相移偏移。它是在 $f\text{-}k$ 域用相移量来计算向下延拓的。它的成像原理是在每个深度步长需要对外推波场的所有频率分量求和，取 $t=0$ 时刻得到偏移图像，它要求横向速度不变。Gazdag 和 Syuazzero 于 1984 年提出了相移插值法（PSPI），它可较好地适应横向变速，但很费机时。P. L. Stoffa 于 1990 年首先提出了分裂分步傅氏变换偏移（SSF），它是在频率波数域与频率空间域之间来回转换以解决速度横向变速问题，但它仍只适应弱横向变速。D. Ristow 于 1994 年提出了傅氏变换有限差分法，它是将频率波数域实现的相移偏移与频率空间域实现的有限差分相结合，在速度变化剧烈区使用有限差分法，较 SSF 法精度高。在 f-k 偏移方法中，拉伸因子是其关键参数，常数介质拉伸因子是 1。一般来说，垂直速度梯度越大，拉伸因子就越小。

从上述偏移方法描述可知：①积分求和法偏移可以处理 $0° \sim 90°$ 所有倾角，但在处理横向变速时却不适应。②有限差分法可以处理横向速度变化，但却有不同度数倾角限制的近似方程，选择差分方式很重要。③f-k 偏移方法，在处理横向变速问题时能力有限，优势在于计算效率高。

近年来，为了适应复杂构造研究的需要，人们从多方面来研究简便、实用的叠前偏移成像方法。其中，双域偏移方法可以自适应于介质的复杂性。在均匀介质区域，这一方法会自动在波数域中进行计算，其传播角度可达 90°；而在具有非均匀性的区域，将根据非均匀性的强度加上空间域的修正进行计算。这种自适应的相位空间–物理空间（双域）运算，最佳地利用了每个域中波场的特点，从而构造出非常高效和精确的传播算子。它们在提高偏移精度的同时，计算量与原相移偏移比增加不多，与 SSF 方法比极大地提高了成像精度，与 PSPI 相比极大地提高了运算速度。其他一些波动方程地震偏移成像方法的研究进展，主要是避开了对传统波场描述下的波场延拓算子分析，利用数学和物理领域新兴的理论工具为波动方程偏移提出新思路和方法，如高斯束积分法、相空间小波分析等。

从目前实际发展状况来看，三维叠前深度偏移方法主要采用基尔霍夫积分法，它的优点是计算效率高，对野外观测无任何限制，也就是对野外适应能力强，且能较好地适应大倾角偏移，具有抗假频能力。当然，该方法也存在诸多的缺点，如偏移结果降频严重，实现保幅偏移较难，使用宏观地质模型决定了它不适合研究地质构造细节。尽管基尔霍夫积分法的这些局限性使它很难成为一种高分辨、高保真的成像方法，但由于它能对目标线进行有选择性地成像以及具有直接目标成像的处理方式，在今后一段时间里基尔霍夫积分法仍不失为是一种十分有效和方便快捷的方法。

最新发展的地震波叠前逆时偏移是基于波动理论的深度域偏移方法，是现行各种偏移算法中最精确的一种成像方法。该算法采用全波场波动方程（双程波动方程），通过对波动方程中微分项进行差分离散实现数值计算，对波动方程的近似较少，因此不受构造倾角和偏移孔径的限制，可以有效地处理纵横向存在剧烈变化的地球介质物性特征。其主要过程包括炮点波场向下正传、检波点波场向下反传，以及正传波场与反传波场在地下成像点利用互相关成像条件的过程。

与常规波动方程成像方法不同，常规方法波场传播是单程的，炮点波场只保留下传播场，检波点波场只保留上传波场，这样波场成像是由浅而深沿单方向层层加深的，而对于逆时偏移，波场传播是允许双程的，对于炮点既保留正传向下的波场，也保留反传向上的波场，对于检波点波场来说，只是作简单的逆时反传，保留全部波场，不做任何处理，这样就可以对那些入射波场向上传播的特殊波（如回转波、棱柱波、多次波）成像，克服常规波动方程成像所存在的地下地层倾角限制，十分有利于复杂构造，甚至反转构造的成像。

逆时偏移成像关键参数是孔径与成像差分网格大小的选择。具体实现过程是：首先通过对地震资料叠前炮集做逆时偏移计算，求和计算得到初步成像结果及震源照明体；其次应用照明体对成像结果进行能量补偿；最后对逆时偏移过程产生的浅层低频噪声，用

LAPLACE 变换进行压制，得到最终深度偏移成像结果。

逆时偏移成像方法实现流程见如图 3.5 所示。

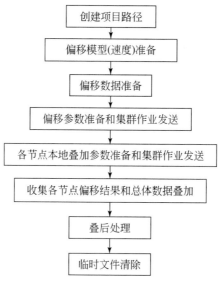

图 3.5　逆时偏移成像方法实现流程

2. 叠前偏移速度精度影响

偏移中水平位移是与偏移速度的平方成比例的。因为速度是随深度而增加的，在偏移中，深部地层通常比浅层地层误差大。同样，倾角越陡，偏移速度就越需要精确，因为位移与倾角也成比例。

尽管使用一种好的叠前偏移方法是提高成像精度的一项必要措施，但真正影响成像精度的关键是速度模型的建立，因目前所用的三维叠前深度偏移方法大多是基于层速度模型来求取偏移结果的。为此，正确反演层速度就成为叠前深度偏移处理的一项关键工作。目前，层速度反演的基本思路是给定初始速度模型，利用射线追踪进行正演模拟得到一个理论走时，将理论走时与实际记录进行比较，相干值最大的初始速度即为地下介质的实际速度。叠前深度偏移速度分析方法有很多，但大体上可分成三类：深度聚焦分析法，剩余曲率分析法，共成像道集分析法。这三种方法均是在速度不准时，利用某种原则或深度域同相轴拉平原则修改原始速度模型，重新进行目标线叠前深度偏移，对速度模型的准确性进行重新判定，直到偏移结果满足判定准则为止。以上这些速度分析方法是基于某个特定层对速度进行调整，由浅到深或多或少存在误差。国外学者为解决这些问题，把层析成像法的思路引入速度模型修改，这种方法是由层析成像的原理派生出来的，它与沿给定射线在慢度和层速度的扰动引起的旅行时变化有关。层析成像法原理用来把偏移 CRP 道集的深度误差转换成沿 CRP 射线对的时间误差，因此使用常规旅行时层析成像方法将影响叠前偏移和层析成像矩阵的建立。它在速度–深度求取方法上使用了所有可利用的地震资料，并同时为所有层的参数做了转换。为避免在 CRP 深度道集上拾取误差，它直接在偏移道集上运行层析成像矩阵。该方法一次使用所有的偏移道集而不是在单个点上做分析，所有层的参数变化均没采用剥层法而是同时联立解出的，故它是一种全局优化方法。

针对我国中西部碳酸盐勘探复杂地区地震资料的现状，在低信噪比、逆掩推覆带和中深层目标区等条件下，如何高效、快捷地建立速度模型成为摆在叠前深度偏移面前的首要难关。通过不断摸索和探索，我们将总结出一套实用、高效的模型建立方法。从上述不难看出，在一个小的三维区块内，其运算工作量还不是实际深度偏移的主要矛盾；当三维工区超过 $80 \sim 100 km^2$ 之后，速度建模和目标线偏移成像将消耗巨大的计算机资源，所以做三维叠前深度偏移速度建模必须要考虑计算机的并行计算效率。近年来，随着逆时偏移成像方法的发展与需求，大容量磁盘阵列、成千个 CPU 计算节点、数百个 GPU 超算节点成为计算机硬件的发展方向。

3. 叠前偏移对输入地震数据的要求

首先要关注测线长度和区域范围，要保证测线长度足够长，能有一个陡倾角同相轴偏移到地下真实位置上去；其次是要保证地震资料有足够的信噪比，方便速度建模，从而提高成像精度；最后还要关注空间假频。为避免高频时陡倾角地层的空间假频出现，道间距必须足够小。尽管不准确的偏移距对现代叠前偏移来说不是问题，但它会严重降低叠前偏移的保真度。

第二节　碳酸盐岩地层地震波速度建模方法

一、近地表速度建模

（一）表层调查法

1. 表层调查法概述

在地震勘探中利用必需的观测设备和相应的观测方式获得近地表地球物理信息研究表层结构的过程，又称为表层结构调查，或简称表层调查。

1）方法分类

近地表调查分地震法及非地震法两类。在地震法中，根据地震波类型又分为纵波勘探、横波勘探和面波勘探，在纵波勘探和横波勘探中常用的近地表调查方法有浅层折射法和微地震测井法；在非地震勘探中常用的方法有电法勘探，又细分为自然电流场法和人工电流场法（包括高密度电法、可控源声频大地电磁法、瞬变电磁测深法等）。一般认为，地面地质露头信息调查属于非地震类的方法，有人也把它作为独立一类。

2）基本内容

主要包括四个反面：①控制点布设，即近地表调查点密度和位置的设计以控制表层结构的变化规律为原则；②采集方法设计，首先应根据控制点位置的表层结构特点和地形起伏等情况的差异，确定每个控制点拟采用的调查方法，然后对每个控制点选择的调查方法进行具体采集参数设计；③采集方法实施，严格按设计方法和参数施工，在采集过程中要对原始记录进行现场评价，合格后方能进行下一个点的采集；④资料处理与解释，在地震法类近地表调查方法中一般通过波的传播时间与炮检距的关系求解表层结构，在电法勘探中一般通过电磁波传播特性求取的电阻率值研究表层结构。

3）主要应用

在地震勘探中，近地表调查是一项重要的基础工作，其主要作用有：①求取表层介质的厚度和地震波的传播速度，为表层建模或地震记录初至走时反演提供基础资料；②为地震勘探中确定合理地激发、接收条件提供依据；③为科学、高效、环保地组织野外生产提供基本信息；④为分析工区表层结构特点、选择合理的静校正方法和计算参数提供依据。

2. 微地震测井法

通过井中激发、地面接收（或地面激发、井中接收，或井中激发、井中接收）方式采集地震波信息，求取近地表地球物理参数的方法，简称微测井，也包括微 VSP 测井。微地震测井法主要包括三种：①采集时震源沉放在井中，检波器排列分布设在井口附近地表，偏移距（井间距）一般为 0.5～6m，排列布设可根据地表起伏情况布设为一字形、直角形、扇形和十字形；②采集时检波器沉放在井中，震源布在地表，偏移距（激发点与井口之间的距离）可通过试验确定，在保证初至时间可靠的前提下偏移距尽量小；③采集时震源和检波器分别沉放在相距不远的两口井中，此法类似井间地震，又称双井微测井。上述三种微地震测井法均要求井中控制点（激发点和接收点）遵循浅层密、深层疏，点距随着深度的增加而逐渐增大的原则布设，一般在 0.5～5m 之间。

微测井资料解释时，首先将偏移距处的初至时间转换为零偏移距的垂直时间，同时消除井口与检波器或激发点之间高差及其埋深的影响；然后通过深度与时间的关系，拟合出各层的时深曲线（垂直时距曲线），并根据时深曲线的斜率和相邻层时深曲线的交点求取各层速度的厚度。

微地震测井法常用于地形起伏剧烈、地层速度反转或存在薄互层等表层结构复杂的地区。相对浅层折射法，微地震测井法的调查精度高，但操作工艺复杂、施工效率低、成本高。

3. 小反射法

利用地震反射波获取近地表信息的方法，也应用于浅层地震反射波法勘探。此法通常用于工程、环境、水文和石油勘探等领域。在石油勘探领域一般利用小反射法计算基准面静校正量。此法的大部分采集参数都是把常规反射法地震勘探所使用的采集参数按比例缩小而来，包括小道距、小排列长度和高的频率。此法与常规地震勘探相比有如下特点：①由于受地震直达波、地震折射波及地震面波等干扰的影响，在小反射法时间剖面上无噪声区域非常窄，因此应选择合适的炮检距范围，才能接受更多的反射波；采用高频检波器（大多为100Hz）、高低截滤波（200Hz 以上）来减小面波的干扰，增强高频的反射信号。②小反射法激发方式可采用炸药震源、重锤、震源枪等方式。采用炸药震源时，通常使用小药量，某些情况可直接使用雷管激发；采用重锤激发时，重锤上装有触发开关，重锤落到地面或钢板时即可触发记录系统；采用震源枪激发时，常用一个或多个车装枪械，垂直向地下射出子弹。

③由小反射法得到的单炮地震资料经过处理叠加得到浅层旅行时剖面，再由其他的表层调查方法得到低速带底界面以上的平均速度，据此即可将旅行时剖面转换为深度剖面。④在进行静校正量时，一般先定义水平面或平滑的浮动面作为基准面，并从地表以低速层速度"剥"到低速带底界，再从低速带底界以高速层速度"填"到基准面，完成静校正量计算。

（二）折 射 波 法

折射波法即利用地震直达波和地震折射波初至测定风化层（低降速带）速度和厚度及高速层速度的方法。由于此法调查深度浅，排列长度短，又被称为小折射法。

浅层折射法的观测方式有单边放炮、中间放炮和双边放炮（相遇观测），最常用的是双边放炮，当风化层较厚时，可采用追逐放炮方式。浅层折射法的偏移距不宜太大，一般不大于2m。接收道距常采用不等间隔，即靠近炮点的接收道距较小（0.5～2m），随着炮检距的增大，接收道距逐渐增加。激发震源有浅坑炸药和地面锤击两种。在保证初至波清晰、起跳干脆的基础上，激发药量或锤击力应尽量小，避免由此带来的负面影响。

常用的浅层折射资料解释方法有截距时间法、对比折射（CRM）法和扩展广义互换法（EGRM）等，其各层速度通过拟合时距曲线求得。

折射波法是常用的近地表调查方法，它适合于地形较平坦、速度从浅到深增加的层状介质地区。该方法具有简单易行、成本低等优点，但解释结果可能存在多解性。

假设地质模型由"层状"介质构成。CRM法是该静校正技术中延迟时分析技术的核心，指延迟时的求解是基于经典的对比折射法分析追踪技术来实现的。

我们知道，折射旅行时基本方程

$$T_{ij} = T_{sj} + T_{rj} + X_{ij}/V_{rv} \tag{3.2}$$

即

$$旅行时 = 炮点延迟时 + 检波点延迟时 + 炮检距/折射速度$$

由上述方程可知，在同一接收点上，当折射速度不变，或者在同一折射层情况下，炮点变化时，两组折射旅行时方程仅有一个系统差，那就是炮点延迟时的差。也就是说，两组时距曲线具有平行性、相关性，是可对比追踪的。基于折射波的这些特征，利用CRM技术即可构建共接收点方程组。同理，可构建与共接收点相互锁定的共炮点方程组，两个方程组形成时间包络即总延迟时。然后，基于共炮、共检、共偏移距、空间和时间域，利用最小二乘法实现炮检绝对延迟时的一次性分解。

CRM法是一项确定性方法、非线性技术，首先精确求解低速带绝对延迟时，来实现最终基准面静校正；然后由延迟时和近地表速度模式（等效、时深、空变）反演表层模型；最终一次完成基准面静校正计算（包含低速带校正和高程校正）。

CRM法适用范围：该方法既能解决长波长静校正问题，又能较好地解决中/短波长静校正问题。要求近地表速度横向变化不能太剧烈，有一个平稳光滑的低降速带底界，且能连续追踪同一折射界面。同时，准确地拾取折射初至是折射静校正取得良好效果的前提。无论采用几层模型，在计算分层时，要求拾取的初至时间必须来自同一层的初至折射波。当野外小折射、微测井资料不可靠或密度不够，不能提供准确的野外静校正，同时满足初至折射静校正方法的适用范围时，该方法可以取得很好的效果。使用CRM静校正时，必须用野外小折射、微测井资料加以约束和控制。通过野外小折射、微测井资料控制风化层速度 v_0，同时检验反演出的近地表模型的速度和厚度是否与实际情况相符。

　　图 3.6 是应用 CRM 静校正的一个例子。图 3.6（a）为应用野外静校正后的剖面，图 3.6（b）为应用 CRM 静校正后的剖面。经 CRM 静校正后，剖面信噪比和连续性有了较大提高。

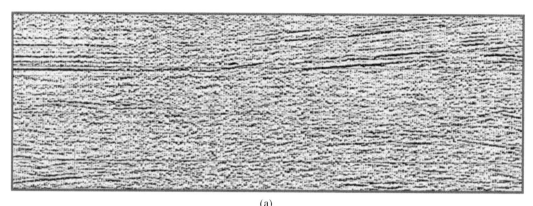

(a)

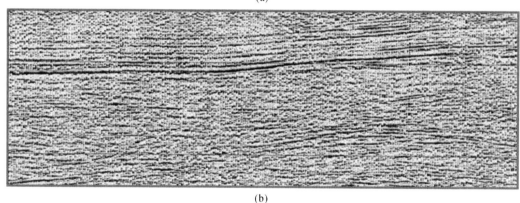

(b)

图 3.6　应用野外静校正后（a）和应用 CRM 静校正后（b）的剖面对比

（三）层析反演法

　　层析反演法是指在地震数据处理时，依据图像重建原理由地震数据重现地球内部二维或三维地质结构图像的过程。

　　按照成像原理划分，地震层析成像可以分为走时层析成像、振幅层析成像和波场层析成像三类，其中，振幅层析成像和走时层析成像属于求解积分方程问题，可以化为相似的代数方程组而求解；波场层析成像属于偏微分方程反问题，主要有衍射层析成像和逆散射层析成像两大类。按照采集方式划分，地震层析成像可以分为井中激发、井中接收的井间方式，井中激发、地面接收的井地方式，以及地面激发、地面接收的地地方式。按照地震波类型划分，地震层析成像可以分为透射层析成像和绕射层析成像。井间方式、井地方式和地地方式层析成像都属于透射层析成像，地面地震勘探中的反射波层析成像要求依据费马原理计算最小走时射线路径，初至回折波层析成像属于这类层析成像。按照模型剖分方式划分，地震层析成像又可以分为网络模型层析成像、块状模型层析成像和层状模型层析成像等。层状模型层析成像将模型划分成许多层，通常允许层内速度横向变化，反射波层析成像常常使用这类模型。

在石油勘探中走时层析成像应用得比较广泛。此算法在实现上，一般先将空间模型划分成网格，并将速度或其他属性当作网格参数，对模型进行射线追踪并沿着射线路径进行积分求和得到旅行时，再将计算结果与观测结果进行比较并扰动模型。上述过程需要多次迭代才能使误差达到最小，最终可获得理想的反演结果。实现走时层析成像的算法有许多，主要包括反投影技术、代数重建技术、联合迭代重建技术、共轭梯度最小平方法、最小平方正交分解法，以及最大熵法等。

假设地质模型由"块状"介质构成。层析反演技术是一种非线性的反演技术，它利用了地震初至波射线的走时和传播路径反演介质的速度结构，因此不受地表及近地表结构纵、横向变化的约束。

初至波包括直达波、回折波、折射波以及几种波组合后首先到达地表的波。初至波包括了以下三个方面的特性：直达波主要表现为均匀介质模型特性；回折波主要表现为连续介质模型特性；折射波主要表现为层状介质模型特性。因此，通过三者的组合以及层析反演法对介质各向异性的适应性，经反复迭代，根据正演初至时间的误差，修正速度模型，最终达到要求的误差精度。求取静校正时采用射线追踪法计算炮点和检波点的旅行时，从而得到基准面校正量。显然，初至波层析反演静校正是正、反演结合的过程。

1）方法原理

近地表层析速度反演是用地震走时方程

$$T = \int_l \frac{\mathrm{d}l}{v(x,z)} = \int_l S(x,z)\,\mathrm{d}l \tag{3.3}$$

根据实际地震记录的初至时间反演出近地表速度模型结构。式中，$S(x,z)$ 为地下介质的慢度（速度）模型；T 为地震波初至的走时；$\mathrm{d}l$ 为射线路径的微分。

式（3.3）离散后，可写成如下代数方程组的矩阵形式：

$$T = AS \tag{3.4}$$

式中，T 为地震波初至的走时矩阵；A 为射线路径矩阵；S 为地下介质的慢度（速度）模型。显然，射线路径矩阵 A 未知，直接由式（3.4）求解出慢度（速度）模型 S 是不可能的。

我们知道，在慢度（速度）模型 $S(x,z)$ 已知的条件下，可以利用最短路径射线追踪求出射线路径矩阵 A 和地震波初至的走时矩阵 T。反演则是在已知地震波初至走时矩阵 T 的情况下求出慢度（速度）模型 $S(x,z)$。所以，必须先对 S 做出假设，利用正演求得射线路径矩阵 A 和理论走时 T_m，将实际地震波初至的走时矩阵 T 和理论走时 T_m 相减，得到残差矩阵 ΔT，从而得到反演方程：

$$\Delta T = A\Delta S \tag{3.5}$$

式中，ΔS 为给定的初始慢度（速度）模型 S 的修正量；ΔS 可以选用联立迭代重构法（SIRT）求出。

用 ΔS 对初始慢度（速度）模型 S 进行修正得到新的慢度（速度）模型，再利用正演求得新的射线路径矩阵 A 和残差 ΔT，从而求得对 S 的新的修正量 ΔS。如此反复，直到

$\pmb{\Delta T}$ 达到一定的精度要求为止，便得到了最终的慢度（速度）模型。

有了慢度（速度）模型，结合高程等信息就可以计算出基准面静校正量。

2）实现过程

a. 初至拾取

拾取地震记录的初至时间，包含直达波、回折波、折射波以及几种波组合后首先到达地表的波。直达波主要表现为均匀介质模型特性；回折波主要表现为连续介质模型特性；折射波主要表现为层状介质模型特性。

b. 初始速度模型建立与模型单元化

初始速度模型可以根据已知的区域地质与地球物理信息（如小折射或微测井及地表露头资料）建立，或利用拾取的初至建立初始速度模型，或利用其他静校正（如初至折射静校正）方法提供的模型作为初始速度模型。较为准确的初始速度模型能够缩短迭代过程，使误差尽快收敛，有效地约束反演结果。

速度模型单元化，就是利用一系列网格将模型划分成一系列的长方形单元，单元的大小根据工区表层地质情况的复杂程度确定，既要考虑尽可能分辨出最小速度异常体，又要考虑到网格能获得足够的射线，增强数据的统计规律。速度模型单元化后，要给每个单元赋予速度（假设单元内的速度为常数），为后续射线追踪所用。

c. 射线路径追踪与理论走时计算

采用最短路径法进行射线追踪。该方法根据费马原理，以"速度梯度大，旅行时间少"为原则进行炮点检波点的射线追踪，它不严格遵循斯奈尔定律，这也是与现有的延迟时法的本质区别。该方法的优点是计算效率高，可以避免内插，不要求有岩性边界或水平连续层，增强了算法的适应性。图 3.7 中 S 为单元内慢度（速度），D 为单元内射线路径长度。有了 S 和 D，可以计算出单元内的旅行时。射线路径通过的每个单元的旅行时间求和即为理论走时。

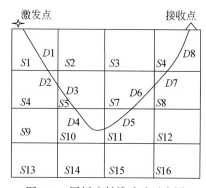

图 3.7　层析法射线追踪示意图

d. 联立迭代重构法（SIRT）反演

通常式（3.5）是一个病态的大型稀疏线性代数方程组，以联立迭代重构法（SIRT）反演为例。通过上述方法即可应用迭代方法求出所有单元的慢度值，将最终慢度模型转换为速度模型。SIRT 取得好的反演结果的前提条件是经过某个单元的射线总数要足够大。

另外，还有带阻尼的最小二乘分解迭代算法（LSQR）和共轭梯度优化算法等。

e. 计算静校正量

有了近地表速度–深度模型、地表高程、最终基准面和替换速度，便可计算出静校正量。

适用范围：在地形复杂、老地层出露地区，地表速度横向变化剧烈，折射界面不能连续识别，存在严重的长波长静校正问题时，传统的野外高程静校正、初至折射静校正很难解决好静校正问题。层析静校正技术在这些地区有明显优势。初至波层析反演静校正对初至时间拾取的质量有较高的要求，初始的速度模型一般不影响最终结果，但好的初始速度模型可以减少迭代次数而且可以提高反演精度。为了提高反演精度和减少迭代次数，可以将 GMG（或 CRM）初至折射静校正方法求得的最好的速度模型作为层析反演静校正的初始速度模型。受缺少近道、有限观测角度和信息量不足的影响，反演的精度会受到影响。

图 3.8 是在西部某山地的应用实例。由于老地层出露，地表速度横向变化剧烈，折射界面不能连续识别，所以采用初至折射静校正方法没有取得好的效果，而初至波层析反演静校正的叠加效果却好于初至折射静校正的效果，其信噪比大幅提高，连续性明显改善。

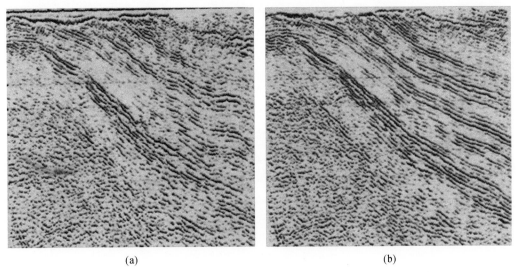

(a)　　　　　　　　　　　　　　　　　　(b)

图 3.8　初至折射静校正（a）与层析反演静校正（b）效果对比图

二、迭代速度建模

（一）速度分析

1. 叠加速度分析

叠加速度是地震资料处理中极其重要的参数之一，速度精度直接影响到动静校正、叠加、偏移成像的效果。通常采用叠加速度分析和地表一致性剩余静校正多次循环迭代，来提高速度分析的精度和改善剖面的信噪比和连续性。在叠加速度的获取上，通过加密速度线和速度点拾取准确速度，在处理过程中常规处理完成了 3 轮次速度分析，速度分析网格分别为 800m×400m、400m×400m 和 200m×200m。前两轮为常规 NMO 速度分析，后一轮为 DMO 速度分析，其中速度谱的超道集面元为 3 道×3 道。经过每一轮迭代后，速度谱超道集和能量谱得到了逐步改善，所获得的速度精度也越来越高，为叠加、偏移成像提供了精确的速度场。图 3.9 为叠加速度谱。图 3.10 为叠加速度剖面和 DMO 速度剖面对比，DMO 速度剖面所反映的构造细节更丰富。一般地，对叠加速度分析和剩余静校正叠加进行多次迭代处理。

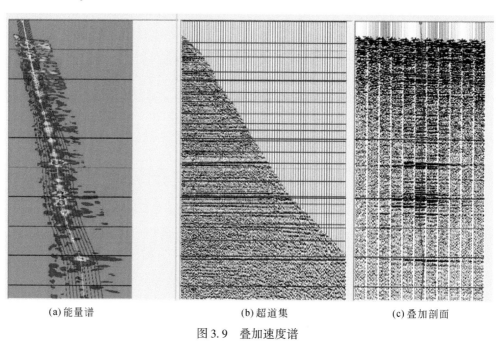

(a) 能量谱　　　　　　　　　(b) 超道集　　　　　　　　　(c) 叠加剖面

图 3.9　叠加速度谱

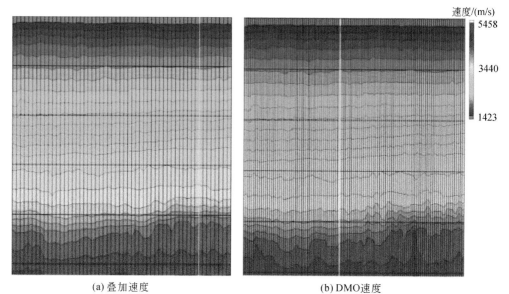

速度/(m/s)
5458

3440

1423

(a) 叠加速度　　　　　　　　　　　　　(b) DMO 速度

图 3.10　叠加速度剖面与 DMO 速度剖面对比

2. 剩余静校正与叠加速度迭代分析

若工区为沙漠地表，近地表沙丘分布不规则，低降速层速度和厚度横向变化大，静校正问题比较突出。静校正问题的有效解决，是改善信噪比、增强资料连续性的基础。为此，采用了初至波层析反演静校正和剩余静校正相结合的方法技术，通过初至波层析静校正，解决了地震资料的长波长静校正问题。通过剩余静校正和叠加速度分析的多轮循环迭代，逐步解决中短波长静校正问题，使有效信号实现同相叠加，达到提高信噪比和改善同相轴连续性的目的。

在剩余静校正处理方面，重点做好以下工作。

（1）静校正时窗：选择静校正时窗的原则是剖面信噪比高、同相轴能连续追踪、尽可能避开切除带。

（2）时窗长度：一般来说，宽时窗有利于提高静校正时差的拾取精度。

（3）最大时移量：最大时移要根据实际情况决定，特别是在第一次静校正时，最大时移量要选择得足够大，以能包容实际最大静校正量。

（4）模型道：该区信噪比较高，处理时采用内部模型道。

叠加速度分析和剩余静校正循环迭代是由叠加速度谱和水平叠加效果的改善来监控的。图 3.11 为剩余静校正前后叠加剖面对比。

(a) 剩余静校正前　　　　　　　　　　　　　(b) 剩余静校正后

图 3.11　剩余静校正前后叠加剖面对比

（二）叠后偏移速度建模

1. 叠加及叠后噪声衰减

在处理中，叠加采用 NMO 叠加和 DMO 叠加方式，DMO 叠加后绕射波能量更加突出，

为此利用它做叠后偏移。图3.12为两种叠加剖面对比。为了提高叠后剖面的信噪比，需要消除随机噪声，应用叠后 F-X 域随机噪声衰减技术，提高和改善剖面的信噪比和连续性。

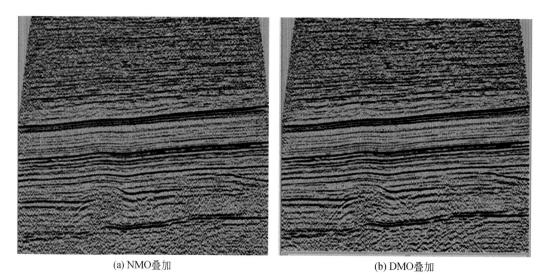

(a) NMO叠加　　　　　　　　　　　　　　(b) DMO叠加

图 3.12　NMO 和 DMO 叠加剖面对比

2. 叠后时间偏移速度建模

叠后偏移速度建模一般利用叠加速度平滑，经过不同速度百分比进行叠后偏移，对比分析结果后确定出偏移速度场百分比。图 3.13 为主测线方向叠加和叠后偏移剖面对比。偏移前一般要通过偏移方法、参数测试，处理时选用了 Kirchhoff 积分法：采用时变倾角方式，最大倾角 $60°$；偏移孔径 6000m；去假频因子 0.75。

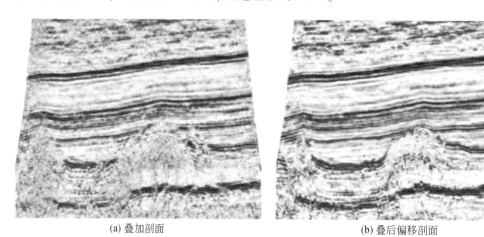

(a) 叠加剖面　　　　　　　　　　　　　　(b) 叠后偏移剖面

图 3.13　主测线方向叠加和叠后偏移剖面对比

（三）叠前时间偏移速度建模

三维叠前时间偏移技术是解决复杂构造成像问题的一种有效手段。叠前时间偏移技术包括 Kirchhoff 积分法和基于波动方程的叠前时间偏移，科研生产中普遍采用 Kirchhoff 积分法。Kirchhoff 积分法的优势在于其对野外数据采集方式的适应性较好，计算速度快，实现方法简单。Kirchhoff 积分法基本原理是以点反射的非零炮检距方程为基础，沿非零炮检距的绕射曲线旅行时轨迹对振幅求和，即先对每个共炮检距剖面单独成像，再将所有结果叠加，从而形成偏移剖面。其最关键步骤之一是偏移速度建模，主要包括以下几步：叠前道集的质量监控和预处理；叠前时间偏移关键参数的测试和优选；偏移速度模型的建立。另外，对于复杂地表区，地震成像处理中应采用浮动基准面偏移，其成像精度高。

1. 偏移速度模型建立和优化

建立正确合理的偏移速度场是三维叠前时间偏移处理的关键。为了得到较可靠的偏移速度场，在处理中采用均方根速度场迭代分析方法来建立偏移速度模型。

1）偏移速度模型建立

以最终叠加速度为基础，经适当的平滑处理，作为叠前时间偏移初始速度模型。

2）偏移速度模型优化

速度模型的迭代优化是整个叠前时间偏移的核心部分，基本思路是：由初始速度模型进行目标线叠前时间偏移，得到偏移后的共反射点道集；对共反射点道集反动校，进行均方根速度谱分析；用新的速度对目标线进行叠前时间偏移，如此迭代，直到共反射点道集同相轴拉平，目标线偏移效果最好；完成最终叠前时间偏移速度模型建立。

2. 偏移速度模型的质量控制

叠前时间偏移质控关键是对速度模型的质控。判断速度模型精度的标准是检查 CIP（共成像点）道集是否拉平。如果道集不平，则再进行叠前时间偏移、速度分析循环迭代。当 CIP 道集基本拉平，以及偏移剖面归位合理，可以进行数据体偏移。

图 3.14 为主测线方向叠后时间偏移剖面和叠前时间偏移剖面对比。从剖面上看到，叠前时间剖面的浅、中、深层信噪比较高，成像效果较好。

（四）叠前深度偏移速度建模

叠前深度偏移处理技术是目前解决复杂构造精确成像的最佳手段。其中建立精确的层速度模型是高精度成像的关键。

实际中应根据工区地质任务和成像处理技术要求，结合地震资料的特点，开展针对性的三维叠前深度偏移成像处理及速度建模技术研究，其研究内容包括：①时间域利用约束反演求取初始层速度模型，再利用目标线叠前时间偏移取得的成像道集做剩余速度分析与速度优化；②把时间域层速度转换到深度域，通过构造建模，基于沿层的速度模型优化方式，利用层析技术开展高精度叠前深度偏移速度模型优化，求取精确的层速度模型；在此基础上，利用最终速度模型开展全方位叠前深度偏移，以及高精度的逆时偏移。

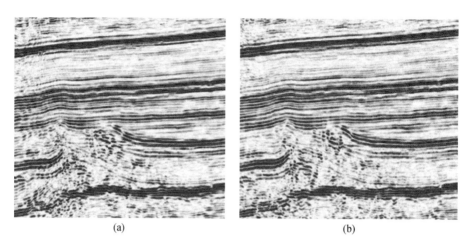

(a)　　　　　　　　　　　　(b)

图3.14　主测线方向叠后时间偏移剖面（a）和叠前时间偏移剖面（b）对比

1. 时间域层速度建模

把叠前时间偏移作为一种偏移速度分析工具，利用其偏移成果可以得到较为准确的深度域初始层速度模型。

为此提出如下的时间域偏移速度建模思路：①剔除对偏移速度进行常规垂向速度分析的观点，借助于层速度与构造约束的理念开展时间偏移速度建模研究；②初始速度来源于约束反演的时间域层速度，速度模型与复杂构造形态具有一定的吻合性；利用剩余速度分析和层位约束进行速度优化；③利用弯曲射线叠前时间偏移方法开展叠前时间偏移，并对偏移剖面通过井标定来进行构造合理性检查。

1）时间域初始层速度模型建立

一般通过对叠加速度进行百分比衰减直接得到均方根速度。这种方法方便快捷，但得到的速度模型与构造形态没有多少相关性，不太适合复杂地区地震资料成像。为此，我们利用叠加速度中的低频相干分量作为约束（因它挟带一定的地质构造信息），基于 DIX 公式从叠加速度转换得到时间域层速度，把它作为偏移初始速度模型（图3.15）。它与地质构造形态具有一定相似性，提高了弯曲射线叠前时间偏移旅行时计算精度，从而提高复杂地区叠前时间偏移成像精度。

2）时间域层速度模型优化

时间域层速度模型优化方法采用的思路：基于拾取垂向剩余延迟量对速度进行优化修改。基于垂向延迟的速度修改方法和基于层速度修改原理上基本一致，主要消除大的速度误差。

a. 目标线叠前时间偏移

三维叠前时间偏移采用 Kirchhoff 积分法，基于弯曲射线旅行时计算的成像方法，该方法具有拉伸滤波和去假频功能，在目标线方向每10条线进行成像道集输出。

b. 层速度模型优化与修改

利用初始速度模型进行目标线的叠前时间偏移之后，产生了两个数据体：偏移叠加数

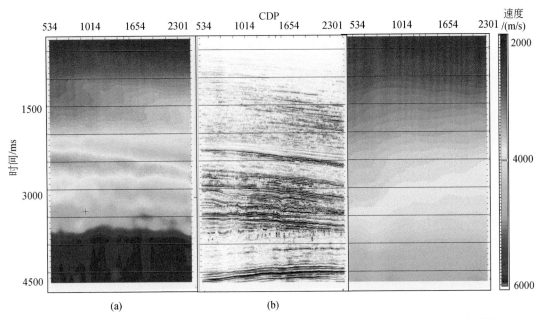

图 3.15 时间域偏移初始层速度模型（a）与偏移剖面（b）、均方根速度（右）对比图

据体和时间偏移的 CRP 道集数据。速度模型修改就是根据偏移的 CRP 道集数据，通过垂向的剩余速度分析，利用拾取的剩余分析量来更新速度体，直到延迟量在零值附近为止。处理中使用了基于垂向的速度修改（图 3.16）。经过三次更新得到最终的时间域层速度。

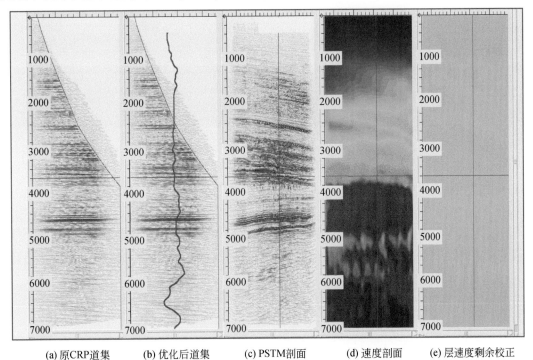

(a) 原CRP道集   (b) 优化后道集   (c) PSTM剖面   (d) 速度剖面   (e) 层速度剩余校正

图 3.16 垂向剩余速度分析

纵轴数据为时间，单位 ms

2. 深度域速度建模

三维叠前深度偏移是解决复杂构造成像的最有效方法之一，同时，它也对速度建模提出了很高的要求，其成像结果完全受速度模型影响与控制。深度域速度建模技术具体方法如下：①通过处理解释相结合，利用叠前时间偏移数据体建立构造模型；②以地震资料精细处理道集成果为基础，利用叠前时间偏移建立的速度场进行转换得到深度域初始速度模型，做初始速度的目标线叠前深度偏移；③基于构造模型，利用目标线叠前深度偏移得到的共反射点成像道集做沿层的层析法速度模型优化；④在此基础上，利用最终速度模型开展全方位叠前深度偏移及高精度逆时偏移。

1）建立构造模型

叠前深度偏移速度建模需要建立一个准确的构造层位模型对层速度-深度模型建立进行约束。为此，首先要在时间偏移数据上进行构造层位解释，时间域构造层位是否正确将直接影响层速度求取的精度和成像效果。在时间偏移剖面上，基于地震地质井震分层资料尽量选取强能量的地层界面进行构造层位解释，要保证建立的构造模型是一个具有地质含义的层位构造模型。本资料共解释 11 个地层，三维层位构造模型见图 3.17。

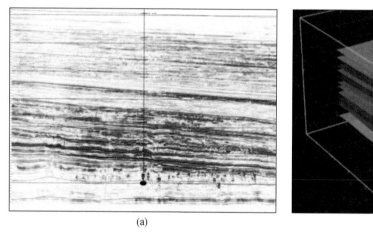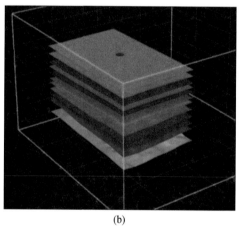

(a)   (b)

图 3.17 时间偏移剖面构造层位解释（a）和三维构造模型（b）

2）深度域初始速度模型建立

在本次实际处理中，首先利用构造层位在叠前时间偏移层速度体中通过抽取和转换，得到时间域初始速度模型；再利用时深转换技术将时间域构造层位变换到深度域，把深度层位与速度层位结合，从而建立三维深度域初始速度模型。

3）目标线叠前深度偏移

有了初始速度模型，可以进行目标线叠前深度偏移。目标线的选择一般要求能够控制速度的纵横向的变化，其目的是产生用于模型修正速度的 CRP 道集。根据实际的资料及地质情况我们一般选取 Inline 线的间隔是 10。

叠前深度偏移采用 Kirchhoff 积分法偏移，最大深度 13000m，深度采样 10m，最大频率 125Hz。它提供了三种旅行时计算方法，能够满足复杂构造的成像要求，叠前深度偏移成像的主要参数如下。

（1）旅行时计算方法：提供费马（Fermat）法、球面 Eikonal 方法和波前重建等算法，其中 Fermat 法使用了直角坐标网格；而球面坐标系网格接近于真正的波前传播，可提供更好的成像效果。球面 Eikonal 方法给出了 Eikonal 方程解。波前重建方法对地震波场进行重新建造，原理上它支持多路径或多到达时，但运算量巨大，目前它仅支持最短路径。偏移方法同时包括最短路径与最短时间选项，后者是缺省值。经过测试，使用最短路径和使用球面 Eikonal 选项，这两选项共同使用成像效果较好。

（2）偏移孔径：分别沿 Inline 和 Crossline 两个方向定义偏移孔径 7000m 和 6000m，在这里偏移孔径指的是半径。

（3）拉伸滤波：拉伸滤波采用无、弱、中等、强四种方式进行拉伸切除滤波；如果倾角较陡，拉伸切除不要太大，如果倾角较小，拉伸切除可以稍强，我们根据资料情况测试选择了 43%（中等）。

（4）去假频：有两种去假频方法，精确三角插值滤波和频率域滤波。每种方法提供了无、弱、中等、强四种方式。其中精确三角插值滤波具有较好的去假频效果，我们选择中等去假频效果。

4）基于层位的模型层析法速度优化

叠前深度偏移是以模型为出发点，目的是得到更清晰的地下模型，其成像过程实际上是一个不断迭代与优化的过程。利用初始的速度模型作为输入，按 20 条线间隔对每一条目标线进行叠前深度偏移，得到深度域成像道集与目标线深度偏移剖面。如果速度模型正确，则 CRP 道集被拉平。反之，则 CRP 道集存在一定的时差，深度延迟谱中存在一定的延迟量。延迟量是用于对速度模型修正的依据，因此延迟量的拾取与计算非常重要。延迟量计算时应慎重选取切除线及时窗大小。拾取剩余延迟谱时，应尽量平滑，沿趋势拾取。我们选择沿层速度优化思路。

有两种主要的层速度模型修正方法，它们都是用深度延迟量来对层速度模型进行修正，根据实际情况我们把二者配合使用。

a. 双曲线延迟法速度模型优化

双曲线延迟法修改模型是基于 RMS 速度概念和双曲线的速度进行修改。这种方法首先把深度的层位按比例投到时间域，用 RMS 理论计算出速度误差，从而得到修改后的 RMS 速度，再应用 DIX 公式把 RMS 速度转换成层速度。因此，这种方法可以理解为是直接用深度延迟平面图对层速度平面图做修正，产生新的层速度平面图。必须要注意的是，修改当前层时，把该层以上层的深度延迟平面图设为零。此方法主要用于建模初期延迟量比较大的情况。

b. 模型层析成像法速度优化

模型层析成像法是优化深度速度模型的一种全局方法，它利用每一层的剩余误差作为输入，寻找一个最优的速度模型，从而使误差最小（图 3.18）。当层速度模型与实际情况比较接近时，剩余延迟量趋于零值。该方法耗费大量机时，需要做并行运算。实际处理中我们共进行了二次速度优化与迭代。其中，网格层析的网格参数是：线方向 20 条线间隔，线方向 10 条线间隔，深度 10m 间隔。

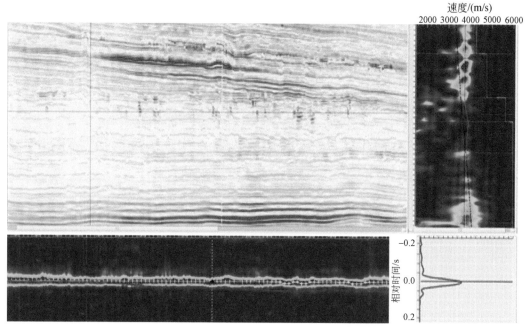

图 3.18　速度模型优化剩余延迟谱分析

　　图 3.19 显示了经过模型迭代优化得到的最终速度模型。它使偏移成像结果精度更高，更符合地下地质情况。

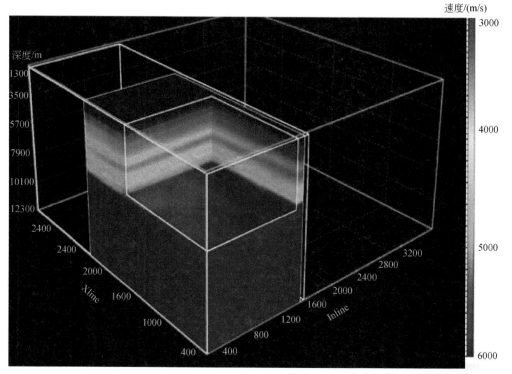

图 3.19　最终速度模型

三、全波形反演速度建模

（一）全波形反演方法

全波形反演（FWI）是一种直接基于波动方程、以地震波形为反演依据、自动化高精度速度反演技术。相比传统速度反演方法，全波形反演的依据充分（地震波形不仅含有走时信息还有振幅信息），反演结果精度高（不仅有速度场的长波长分量还有短波长分量），能更好地满足现代油气勘探开发的需要。

1. 地震资料预处理

在实际地震数据的处理过程中，根据需要对地震数据进行预处理，保留声波能够模拟的波场。可以做切除直达波，或顶部切除与底部切除、地震振幅归一化、频率带通滤波等处理。同时，对不规则道、异常道置零。在实际资料处理中，观测系统的不规则、地震资料前期处理的不一致，可能导致并不应该连续的波形而变得连续。例如，由于检波点无法规则摆放，同时有高程跃变，波形应该有跳跃，但在资料经过前期处理后，已经看不到波形的跃变，这在后期是无法模拟的，所以需要将不能模拟的部分置零，如近道可能因为存在异常值干扰，需将异常道置零。

图 3.20 为地震资料的预处理结果。

图 3.20　地震资料的预处理结果

2. 子波提取

全波形反演之前首先要提取出波场模拟需要的地震子波。子波提取主要包含两个方面：一是子波波形的提取；二是震源激发延迟时间的确定。首先对原始数据做振幅一致性校正，然后通过叠加所有近偏数据的初至，近似得到震源子波波形。在反演之前，采用提取的子波模拟地震波场，将模拟记录的初至和实际数据初至比对，以此确定子波激发的延迟时间。具体实施时，对比分析了近地表层析静校正对子波提取的影响，即对原始数据和做了近地表层析静校后的数据分别提起子波，对比发现二者差别极小，分析其原因应该是本条测线的地表起伏不大，地表也没有高速层出露等复杂地质因素，整体来说静校正量比较小，所以对波形的改变不大。图 3.21 为提取的子波结果。

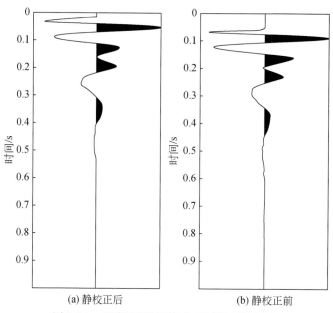

(a) 静校正后　　　　　　　　　(b) 静校正前

图 3.21　近偏移距初至叠加得到的子波对比

3. 全波形反演

地震工区在完成叠前时间偏移和速度建模后，首先将得到的深度域速度模型作为初始模型，开展全波形反演。

全波形反演是一种非线性局部最优化反演，通过寻求预测数据与真实数据的最优波形匹配来反演模型参数。经典全波形反演的目标函数是预测数据与真实数据之间残差的 L2 范数，当目标函数值达到最小时则实现最优匹配，此时得到的模型参数即为反演结果。

在全波形反演过程中，将震源正传波场和残差反传波场做相关分析，以梯度为基础对模型更新方向进行优化，沿着优化后的模型更新方向做步长搜索来更新模型参数，这样就完成了一次迭代，整个全波形反演就是通过这样的一系列迭代过程来反演出地质模型参数的（图 3.22）。

图 3.23 是全波形反演初始速度模型，图 3.24～图 3.26 分别是全波形反演第一次、第二次和第四次迭代结果，随着迭代次数的增多，反演出的速度的细节也越来越多。

图 3.27 是在深度 6600m 处的全波形反演前后速度模型切片，对比初始速度和迭代三次后得到的两次结果可知，经过全波形反演后的速度对古河道、溶洞等特殊构造体的刻画更加准确。

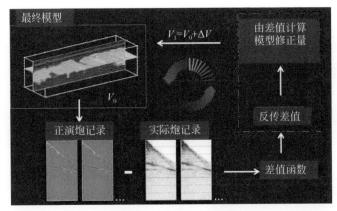

图 3.22 全波形反演流程

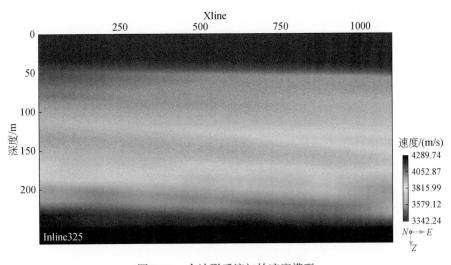

图 3.23 全波形反演初始速度模型

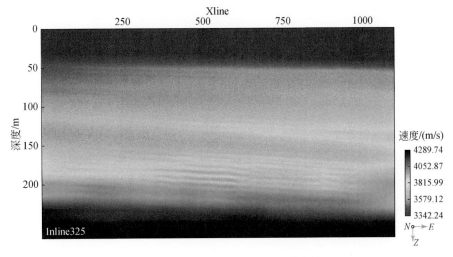

图 3.24 全波形反演第一次迭代结果

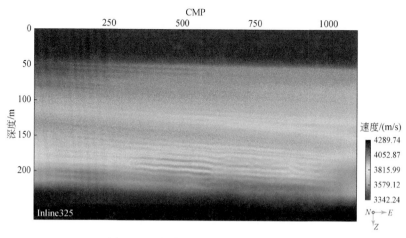

图 3.25　全波形反演第二次迭代结果

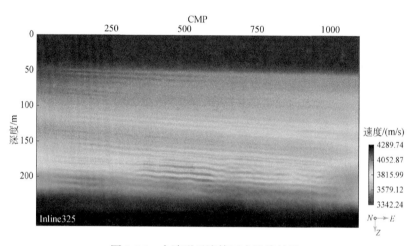

图 3.26　全波形反演第四次迭代结果

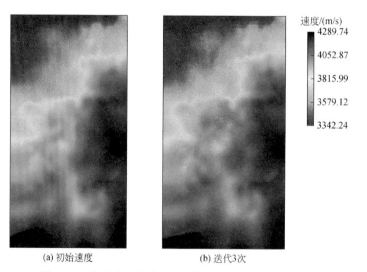

(a) 初始速度　　　　　　　　　　(b) 迭代3次

图 3.27　全波形反演前后速度模型切片（深度 6600m）

（二）　全波形反演应用

全波形反演结果精度高（不仅有速度场的长波长分量还有短波长分量），能更好地满足现代油气勘探开发的需要。

图 3.28 是常规层析反演速度模型与全波形反演得到的速度模型对比，可以看到全波形反演的速度模型更为精细，细节更清楚，对火成岩及其下部地层的刻画也更为准确。图 3.29 是利用常规层析速度模型和全波形反演速度模型的 PSDM 成像结果，全波形反演的结果对火成岩的速度进行了精确的恢复，从而消除了对下部地层的影响。全波形反演技术的计算量巨大，目前仍处在科研生产应用的前期测试阶段。

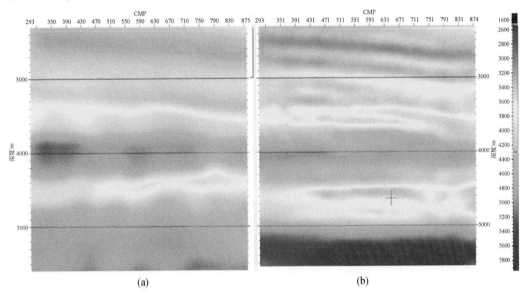

图 3.28　常规层析速度模型（a）与全波形反演速度模型（b）对比

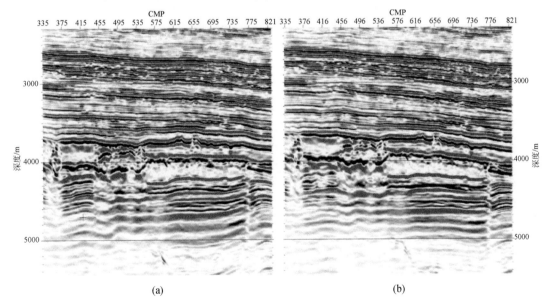

图 3.29　常规层析速度深度偏移（a）与全波形反演速度模型深度偏移（b）结果对比

第三节　地震成像方法及应用实例

一、地震成像方法

（一）叠后成像方法

地震数据的叠后偏移是指对常规水平叠加之后进行偏移处理的过程。由于叠后偏移的输入要求是零炮检距剖面，故叠后偏移又称为零炮检距偏移。与地震数据的叠前偏移相比，叠后偏移的主要优点是：数据量大大减少，降低了对计算机的要求；方法实现较简单、成熟，应用也较广泛，它是实际地震资料处理中的常规手段之一，也是地震偏移技术发展的基础。

1. 基尔霍夫积分法

基尔霍夫积分法是一种沿绕射曲线轨迹对地震数据进行加权求和的偏移方法。

基尔霍夫积分法的基本原理可概括如下。

假设地下介质是均匀各向同性且完全弹性的，则其波动方程为

$$\frac{\partial^2 P}{\partial x^2} + \frac{\partial^2 P}{\partial y^2} + \frac{\partial^2 P}{\partial z^2} - \frac{1}{c}\frac{\partial^2 P}{\partial t^2} = 0 \tag{3.6}$$

式中，c 为地震波的传播速度；P 为波场函数，是关于观测点的空间位置和波的传播时间 t 的函数。

通过对上述方程进行变换、推导和求解，得到其基尔霍夫积分解：

$$P(x,y,z,t) = \frac{1}{2\pi}\frac{\partial}{\partial z}\int\frac{P(x_0,y_0,z_0,t-r/c)}{r}\mathrm{d}A_0 \tag{3.7}$$

式中，A_0 为地面观测平面；$r = \sqrt{(x-x_0)^2 + (y-y_0)^2 + (z-z_0)^2}$。

具体实现过程为：

（1）对野外地震资料进行共中心点叠加，得到相当于零炮检距的自激自收资料 $P(x, y, 0, t)$；

（2）将共中心点叠加资料 $P(x, y, 0, t)$ 中的地震波实际传播速度以 $c/2$ 代替，得到从反射界面到地面观测点的单程时间资料 $P(x, y, 0, t)$，这个资料相当于以反射界面上的反射点为震源，并且所有反射界面上的反射点都同时激发；

（3）将在地面上得到的单程时间资料 $P(x, y, 0, t)$ 向地下深度 z 的面上延拓，得到深度 z 的面上的波场函数：

$$P(x,y,z,t) = \frac{1}{2\pi}\frac{\partial}{\partial z}\int\mathrm{d}A_0\frac{P(x_0,y_0,0,t+r/c)}{r} \tag{3.8}$$

（4）根据成像原理，对所有的地下点 $z(z>0)$ 取 $t=0$ 时的波场函数，即实现偏移归位，此时有

$$P(x,y,z,t) = \frac{1}{2\pi}\frac{\partial}{\partial z}\int \mathrm{d}x_0 y_0 \frac{P(x_0,y_0,0,t+r/c)}{r} \tag{3.9}$$

对式（3.9）离散求和，即可实现基尔霍夫积分法波动方程偏移。

2. 有限差分偏移

地震数据的有限差分偏移是指在每一个深度步长上都通过有限差分算法来实现波场延拓的一种波动方程偏移方法。

在双程波动方程中以 $\frac{v}{2}$ 取代原方程中的 v 并进行如下坐标变换：

$$\begin{cases} x' = x \\ \tau = \dfrac{\partial z}{v} \\ t' = t + \dfrac{\partial z}{v} \end{cases} \tag{3.10}$$

可得以下方程：

$$u_{x'x'} + \frac{4}{v^2}u_{\tau\tau} + \frac{8}{v^2}u_{\tau\tau} = 0 \tag{3.11}$$

其中，$u_{\tau\tau}$ 代表 $\frac{\partial^2 u}{\partial \tau^2}$，其他同理。应用爆炸反射界面模型，上行平面波倾角较小时有 $u_{\tau\tau}\approx 0$，因此可略去与 z 有关的高次项 $u_{\tau\tau}$。为记录方便略去一撇（'），可得到15°近似波动方程：

$$u_{xx} + \frac{8}{v^2}u_{\tau t} = 0 \tag{3.12}$$

利用有限差分法求解式（3.12）就称为15°方程有限差分偏移。

根据爆炸反射界面模型，当波场从地面延拓到反射界面时，这时刚刚起爆，应为 $t=0$，在新坐标系中，应当 $t'=\tau$，即所谓叠后偏移零时刻成像条件。其延拓过程为

$$u(x,\tau=0,t)\rightarrow u(x,\tau=\Delta\tau,t)\rightarrow u(x,\tau=2\Delta\tau,t)\rightarrow\cdots \tag{3.13}$$

式中，$\Delta\tau$ 为延拓步长。在每一步延拓过程中，总是沿时间方向计算，从时间大的波场值向时间小的波场值递推。求解过程中，边界条件的设置为：①剖面两端外侧的波场为零；②地震数据最大记录时间以外的波场为零；③接收点（叠加剖面）已知。

当 $t=\tau$ 时的波场函数 $u(x,\tau,\tau)$ 所组成的剖面就是偏移后的输出剖面。

式（3.12）的延拓方法有显式差分和隐式差分两种，显式差分计算速度快，但容易产生不稳定，隐式差分需要求解方程组，计算速度比较慢，而无条件稳定，不会出现发散情形，而无条件稳定并不意味着精度就高。

3. 频率-波数域波动方程偏移

地震数据的频率-波数域偏移是指将地震数据变换到 $f\text{-}k$ 域来实现反射波归位并成像的一种偏移方法，它是目前最常用的叠后偏移方法之一。

场速介质中的声波方程为

$$\frac{\partial^2 u}{\partial x^2} + \frac{\partial^2 u}{\partial z^2} = \frac{1}{v^2}\frac{\partial^2 u}{\partial t^2} \tag{3.14}$$

对式（3.14）中的 x，t 做二维傅里叶变换，并考虑到 $\partial^2/\partial x^2$ 和 $\partial^2/\partial t^2$ 与 $(\mathrm{i}k_x)^2$ 和 $(\mathrm{i}w)^2$ 的对应关系，式（3.14）变为

$$\frac{\partial^2 \tilde{u}}{\partial z^2} = -\left(\frac{w^2}{v^2} - k_x^2\right)\tilde{u} = -k_x^2 \tilde{u} \tag{3.15}$$

其中，$\tilde{u}$ 为波场 $u(x, z, t)$ 关于 x 和 t 的二维傅里叶变换，且有

$$\tilde{u}(k, z, w) = \int_{-\infty}^{+\infty}\int_{-\infty}^{+\infty} u(x, z, t)\mathrm{e}^{-\mathrm{i}(wt-k_x x)}\mathrm{d}x\mathrm{d}t \tag{3.16}$$

$$u(x, z, t) = \frac{1}{4\pi^2}\int_{-\infty}^{+\infty}\int_{-\infty}^{+\infty} \tilde{u}(k_x, z, w)\mathrm{e}^{-\mathrm{i}(wt-k_x x)}\mathrm{d}k_x\mathrm{d}w \tag{3.17}$$

式（3.15）的解为

$$\tilde{u}(k, z, w) = C_1\mathrm{e}^{\mathrm{i}kLxz} + C_2\mathrm{e}^{-\mathrm{i}k_x x} \tag{3.18}$$

式中，C_1，C_2 为待定常数。

叠后偏移采用爆炸反射界面成像原理，此时只考虑上行波，于是式（3.18）简化为

$$\tilde{u}(k, z, w) = C_2\mathrm{e}^{-\mathrm{i}k_x x} \tag{3.19}$$

利用 $z=0$ 的边界条件，得到：

$$C_2 = \tilde{u}(k_x, 0, w) \tag{3.20}$$

式中，$\tilde{u}(k_x, 0, w)$ 为地面叠后地震记录 $u(x, 0, t)$ 的二维傅里叶变换，于是有

$$\tilde{u}(k_x, z, w) = \tilde{u}(k, 0, w)\mathrm{e}^{-\mathrm{i}k_x x} \tag{3.21}$$

将式（3.21）代入式（3.17）：

$$u(x, z, t) = \frac{1}{4\pi^2}\int_{-\infty}^{+\infty}\int_{-\infty}^{+\infty} \tilde{u}(k_x, 0, w)\mathrm{e}^{-\mathrm{i}(wt-k_x x)}\mathrm{d}k_x\mathrm{d}w \tag{3.22}$$

根据爆炸反射界面成像原理，反射点存在于 $t=0$ 的位置，令 $t=0$，得到偏移剖面：

$$u(x, z, 0) = \frac{1}{4\pi^2}\int_{-\infty}^{+\infty}\int_{-\infty}^{+\infty} \tilde{u}(k_x, 0, w)\mathrm{e}^{-\mathrm{i}(wt-k_x x)}\mathrm{d}k_x\mathrm{d}w \tag{3.23}$$

为简单起见，将 $u(x, z, 0)$ 和 $\tilde{u}(k_x, 0, w)$ 分别记为 $u(x, z)$ 和 $\tilde{u}(k_x, w)$ 得到：

$$u(x, z) = \frac{1}{4\pi^2}\int_{-\infty}^{+\infty}\int_{-\infty}^{+\infty} \tilde{u}(k_x, w)\mathrm{e}^{-\mathrm{i}(wt-k_x x)}\mathrm{d}k_x\mathrm{d}w \tag{3.24}$$

为实现式（3.24）的快速计算，必须将之变为二维傅里叶变换形式，即将 $\mathrm{d}w$ 变为 $\mathrm{d}k_z$，并将 $\tilde{u}(k_x, w)$ 变为 $\tilde{u}(k_x, k_z)$。w 和 k_z 满足以下关系：

$$k_z^2 = \frac{w^2}{v^2} - k_x^2 \tag{3.25}$$

利用式（3.25）可将 $\tilde{u}(k_x, w)$ 映射为 $\tilde{B}(k_x, k_z)$：

$$\tilde{B}(k_x, k_z) = \tilde{u}(k_x, v\sqrt{k_x^2+k_z^2}) \tag{3.26}$$

于是有

$$u(x, z) = \frac{1}{4\pi^2}\int_{-\infty}^{+\infty}\int_{-\infty}^{+\infty} \tilde{B}(k_x, k_z)\frac{vk_z}{\sqrt{k_x^2+k_z^2}}\mathrm{e}^{-\mathrm{i}(k_x x+k_z z)}\mathrm{d}k_x\mathrm{d}k_z \tag{3.27}$$

式（3.27）就是 f-k 域 Stolt 偏移的基本公式，实现步骤可归纳为：

（1）将叠加剖面 $u(x, z)$ 做二维傅里叶变换得到 $\tilde{u}(k_x, w)$；

（2）将 $\tilde{u}(k_x,\ w)$ 映射为 $\tilde{B}(k_x,\ k_z)$；

（3）用 $\dfrac{vk_z}{\sqrt{k_x^2+k_z^2}}$ 乘 $\tilde{B}(k_x,\ k_z)$；

对步骤（3）的结果做二维傅里叶变换得到偏移结果 $u(x,\ z)$。

式（3.27）假定地震波速度为常数，这与实际情况不符。为适应速度场变化的实际情况，一个替代的方法是对变速情况下的零炮检距地震记录进行改造（拉伸或压缩），使其与常速记录等价，然后对改造后的记录进行常速 Stolt 偏移，偏移之后对记录进行二次改造（压缩或拉伸），使其恢复为变速记录，这就是变速 Stolt 偏移的基本思路。具体实现方法为：先把输入叠加剖面的时间轴进行拉伸变换成另一个伪深度轴，使变换后的叠加剖面看上去具有一个常数速度，然后利用式（3.27）对变换后的数据进行偏移，最后将偏移剖面的伪深度轴变换为时间轴。

（二）叠前时间偏移成像方法

叠后偏移假设叠加剖面是地下介质的自激自收响应，因此当叠加剖面与地下介质的自激自收响应之间存在偏差时，即使所用的偏移方法再好，叠后偏移结果也不可避免地会产生误差。叠前时间偏移就是为了克服上述提出的，它是一种对未经叠加的多次覆盖地震数据按时间域的要求进行偏移处理的方法，这类方法直接对共炮点道集或共中心点道集进行偏移处理，然后叠加，因此称为叠前时间偏移，即先偏移后叠加。

1. 射线理论叠前时间偏移

射线理论叠前时间偏移可在共炮检距道集、共中心点道集或共炮点道集上进行，现在以共炮点道集为例说明叠前射线偏移的实现过程。任取某记录道的一个采样值 a，它是记录时间 t 和炮检距 h 的函数，记为 $a(h_i,\ t_j)$ 或 a_{ij}，它的叠前偏移脉冲响应为一个椭圆，在输出剖面上以炮点和接收点位置为焦点，以 $vt_j/2$ 为定长计算轨迹，将振幅值 a_{ij} 沿椭圆轨迹摆放，即完成了一个样点的偏移处理。对记录上的所有样点重复上面的步骤，并将落在同一网格点的振幅值叠加即完成了地震记录的叠前时间偏移。

2. f-k 域波动方程叠前时间偏移

设地表记录的二维地震波场为 $u(y,\ h,\ 0,\ t)$，其中 y 是炮检距中点坐标，h 为半炮检距，则波场的三维傅里叶变换表示为

$$\tilde{u}(k_y,k_h,0,\omega)=\iiint u(y,h,0,t)\mathrm{e}^{-\mathrm{i}(\omega t-k_y y-k_h h)}\mathrm{d}y\mathrm{d}h\mathrm{d}t \tag{3.28}$$

式中，$k_y k_h$ 分别为中点 y 和炮检距 h 所对应的圆波数；ω 为时间 t 所对应的圆频率。

假设速度场无横向变化，利用地表波场的延拓，可以得到深度 z 的波场：

$$\tilde{u}(k_y,k_h,z,\omega)=\tilde{u}(k_y,k_h,0,\omega)\mathrm{e}^{-\mathrm{i}k_z z} \tag{3.29}$$

式中，k_z 为垂向圆波数。

对式（3.29）做傅里叶反变换可得

$$u(y,h,z,t) = \frac{1}{(2\pi)^3} \iiint \tilde{u}(k_y,k_h,0,\omega) \mathrm{e}^{-\mathrm{i}k_z z} \mathrm{e}^{\mathrm{i}(\omega t - k_y y - k_h h)} \mathrm{d}k_y \mathrm{d}k_h \mathrm{d}\omega \qquad (3.30)$$

令 $t=0$，则不同炮检距的成像结果表示为

$$u(y,h,z,t=0) = \frac{1}{(2\pi)^3} \iiint \tilde{u}(k_y,k_h,0,\omega) \mathrm{e}^{-\mathrm{i}(k_z z + k_y y + k_h h)} \mathrm{d}k_y \mathrm{d}k_h \mathrm{d}\omega \qquad (3.31)$$

这就是 $f\text{-}k$ 域相移法叠前偏移的基本公式。

对式（3.31）进一步推导并化简整理后可得

$$u(y,h=0,z,t=0) = \frac{1}{(2\pi)^3} \iiint \left[\frac{v}{2} \frac{k_z^2 - k_y^2 k_h^2}{\sqrt{(k_z^2 + k_y^2)(k_z^2 + k_h^2)}} \right]$$
$$\times \tilde{u}\left[k_y,k_h,0,\frac{v}{2k_z}\sqrt{(k_z^2 + k_y^2)(k_z^2 + k_h^2)} \right] \mathrm{e}^{-\mathrm{i}(k_z z + k_y y)} \mathrm{d}k_y \mathrm{d}k_h \mathrm{d}k_z$$
$$(3.32)$$

这就是常速叠前 Stolt 偏移的基本公式。

可以看出，Stolt 偏移首先将 ω 映射为 k，然后再乘上一个因子 S：

$$S = \frac{v}{2} \frac{k_z^2 - k_y^2 k_h^2}{\sqrt{(k_z^2 + k_y^2)(k_z^2 + k_h^2)}} \qquad (3.33)$$

这样就可由地表波场 $\tilde{u}[k_y,k_h,0,\omega]$ 得到：

$$\tilde{p}[k_y,k_h,k_z,t=0] = \left[\frac{v}{2} \frac{k_z^2 - k_y^2 k_h^2}{\sqrt{(k_z^2 + k_y^2)(k_z^2 + k_h^2)}} \right]$$
$$\times \tilde{u}\left[k_y,k_h,0,\omega = \frac{v}{2k_z}\sqrt{(k_z^2 + k_y^2)(k_z^2 + k_h^2)} \right] \qquad (3.34)$$

再利用式（3.35）完成叠前成像

$$u(y,h=0,z,t=0) = \frac{1}{(2\pi)^3} \iiint \tilde{p}(k_y,k_h,k_z,t=0) \mathrm{e}^{-\mathrm{i}(k_z z + k_y y)} \mathrm{d}k_y \mathrm{d}k_h \mathrm{d}k_z \qquad (3.35)$$

其具体实现步骤概括为：

（1）已知地表波场 $u(y,h,z,t=0)$，完成地表波场的三维傅里叶变换，得到 $\tilde{u}[k_y,k_h,z=0,\omega]$；

（2）利用式（3.34）完成 $\tilde{u}[k_y,k_h,z=0,\omega]$ 到 $\tilde{p}[k_y,k_h,k_z,t=0]$ 的映射和转换；

（3）对炮检距波数 k_h 求和，得到 (k_y,k_z) 域的成像结果 $\tilde{p}[k_y,h=0,k_z]$；

（4）对 $\tilde{p}[k_y,h=0,k_z]$ 做二维傅里叶反变换，得到最终的成像结果 $u(y,z)$。

3. 共炮点记录的叠前时间偏移

共炮点记录是最常见的叠前地震记录，由于炮点至各个检波点的炮检距各不相同，波由炮点传播到反射界面的下行波路径和由反射界面到地面各个接收点的上行波路径互不相同，因此共炮点地震记录的偏移属于典型的叠前偏移。基于时间一致性准则的共炮点记录叠前成像步骤如下。

（1）用下行波的单平方根方程，将震源函数 $S(x,z=0,t)$ 延拓到地下任意深度 z：

$$\frac{\partial S}{\partial z} = \frac{\mathrm{i}\omega}{v} \sqrt{1-\left(\frac{vk_x}{\omega}\right)^2} S \tag{3.36}$$

（2）用上行波的单平方根方程，将地表共炮点记录 $G(x, z=0, t)$ 向下延拓到相同的深度 z：

$$\frac{\partial G}{\partial z} = \frac{\mathrm{i}\omega}{v} \sqrt{1-\left(\frac{vk_x}{\omega}\right)^2} G \tag{3.37}$$

（3）定义反射系数 $D(x, z)$ 为 $S(x, z, t)$ 与 $G(x, z, t)$ 的零延迟互相关函数，即：

$$D(x,z) = \int S(x,z,\tau) G(x,z,\tau)\mathrm{d}\tau \tag{3.38}$$

$D(x, z)$ 即为一个共炮点道集的叠前偏移结果。

一条测线有许多共炮点记录，对各个共炮点记录进行偏移处理之后，再把它们叠加起来，就完成了整体测线的叠前偏移。

（三）叠前深度偏移成像方法

地震数据的叠前深度偏移指对水平叠加之前的地震数据按深度域要求进行偏移成像的过程。深度域偏移允许速度纵、横向变化，输出偏移剖面一般以深度表示（有时也以双程时间表示）。

深度偏移可以从如下角度理解：①深度域偏移假设已经知道一个宏观深度域的层速度模型，偏移时会依据速度模型来计算绕射曲线，这个绕射曲线一般不是简单的双曲线，而是复杂曲线轨迹；②即使横向速度变化很大的复杂构造也可以正确归位；③对于基尔霍夫积分法深度偏移而言，绕射曲线是根据层速度模型进行射线追踪或波前正演得到的；④对于延拓类深度偏移方法而言，随着延拓一步步的进行，时间剖面上的绕射曲线慢慢向整个时间剖面的顶端聚焦，每延拓一步到某一个深度后，满足成像条件的波场被放在对应的空间位置上进行成像；⑤深度偏移通常需要以迭代的方式来定义宏观速度模型；⑥由于涉及深度域层速度模型的定义问题，超出了单纯资料处理的范畴，通常需要解释人员和处理人员密切配合才能更好地完成深度偏移。

深度偏移的优点体现在：①输出剖面是深度剖面，解释人员可以直接应用，不需要再做时深转换；②对于复杂构造，如果速度模型是准确的，则偏移数据可以很好地聚焦且归位准确；③深度偏移是地震数据处理解释的一体化作业。其缺点体现在：①需要多次迭代才能收敛到一个合适的速度模型；②浅层构造对深层构造有直接和显著的影响；③计算量一般比时间偏移要大；④由于反演问题的多解性，有可能收敛于一个不正确的速度模型；⑤对速度模型的依赖性比时间偏移大。

常用的叠前深度偏移成像方法包括射线法和波动方程法。射线法主要是指基于绕射旅行时计算的 Kirchhoff 积分法，在绕射旅行时计算方法上可以采用基于程函方程的变速射线追踪法、基于费马原理的二维有限差分法和稳健高效的三维迎风有限差分法；而波动方程法包括有限差分法和 Fourier 变换法，具体又分为在单域实现的频率-空间域有限差分法和在双域实现的分步傅里叶法、傅里叶有限差分法和广义屏法等。

1. 射线法三维叠前深度偏移

射线法（即 Kirchhoff 积分法）叠前深度偏移已在实际生产中应用了多年，并解决了不少复杂构造的成像问题。Kirchhoff 积分法的关键是绕射旅行时的计算，目前常用的计算方法是射线追踪法和有限差分法。射线追踪法计算绕射旅行时可分为常速法和变速法。有限差分绕射旅行时计算基于费马定理，可在直角坐标系或球坐标系中实现。

1）Kirchhoff 积分法叠前深度偏移成像公式

为适应复杂地质构造和岩性成像实现保幅处理，采用如下考虑传播效应的 Kirchhoff 积分法叠前深度偏移成像公式：

$$R(x,x_{\rm s}) = \int_\Sigma \boldsymbol{n} \cdot \nabla\tau_{\rm r}(x_{\rm r},x)A(x_{\rm r},x,x_{\rm s}) \frac{\partial u[x_{\rm r};\tau_{\rm s}(x,x_{\rm s})+\tau_{\rm r}(x_{\rm r},x);x_{\rm s}]}{\partial t}{\rm d}x_{\rm r} \quad (3.39)$$

式中，x，$x_{\rm s}$，$x_{\rm r}$ 分别为成像点、震源点和接收点；$\tau_{\rm s}$，$\tau_{\rm r}$ 分别为震源点到成像点和成像点到接收点的旅行时；A 为几何扩散因子（振幅加权因子）；$\boldsymbol{n}$ 为记录面的单位法向量；u 为记录波场；R 为反射系数。

2）旅行时计算方法

a. 变速射线追踪法

可以采用变速射线追踪法计算绕射旅行时，当界面两侧的速度反差较小时，采用模糊界面的射线法；当界面两侧的速度反差较大时，采用考虑界面的射线法。最终把激发点到绕射点的射线旅行时与绕射点到接收点的射线旅行时求和就得到了该炮检对的绕射波旅行时。

b. 二维有限差分法

二维程函方程为

$$\left(\frac{\partial t}{\partial x}\right)^2+\left(\frac{\partial t}{\partial y}\right)^2+\left(\frac{\partial t}{\partial z}\right)^2 = s(x,y,z)^2 \quad (3.40)$$

式中，(x,y,z) 为空间坐标；s 为慢度。

利用有限差分技术对式（3.41）进行差分离散即可求出整个计算空间各点的地震走时，计算时可采用迎风有限差分法来避免陷入局部极小的情况。

2. 波动方程法叠前深度偏移

实现叠前深度偏移即可采用基于射线追踪或有限差分计算绕射旅行时的 Kirchhoff 积分法，也可使用基于波动方程的有限差分法或傅里叶变换法。波动方程法既可在时间域进行，也可在频率域进行。频率域算法的波场延拓既可在波数域实现，也可在波空域交替实现。本节首先对常用的几种叠前深度偏移成像方法进行了简述，然后简介弹性波波动方程叠前深度偏移及适于各向异性介质的叠前深度偏移方法。它们分别在不同程度上解决了稳定性和对复杂速度场的适应性问题，可以对横向变速复杂地质体进行高精度的成像。

1）基于共炮点道集的波动方程叠前深度偏移

基于共炮点道集的波动方程叠前深度偏移的思路是，首先对每一炮进行单炮偏移成像，然后再把各炮成像结果在对应地下位置上叠加，从而得到整个成像剖面。对于每一炮，标准的波动方程叠前深度偏移可以分为三步：震源波场的正向延拓、共炮点道集记录波场的反向延拓和应用成像条件求取成像值。

引入基于单程波方程的波场传播算子，以频率域二维波场为例，假设震源波场为$u_s(x, z, \omega)$，炮集记录波场为$v_s(x, z, \omega)$，则有

$$u_s(x,z,\omega) = W(0{\rightarrow}z)u_s(x,0,\omega) \tag{3.41}$$

$$v_{s,r}(x,z,\omega) = [W(z{\rightarrow}0)]^{-1}v_{s,r}(x,0,\omega) \tag{3.42}$$

式中，s 表示炮点；r 表示检波点；$W(0{\rightarrow}z)$ 和 $[W(z{\rightarrow}0)]^{-1}$ 分别为下行波和上行波的深度外推算子。

实际计算过程中，往往逐层实现上、下行波的波场延拓和求取成像值。可见波场外推算子的实现是地震波偏移成像的核心内容。目前基于波动方程的波场延拓算子有两种：波动方程有限差分波场延拓算子和傅里叶波场延拓算子。前一类算子既可以在时间−空间域又可以在频率−空间域用有限差分方法实现波场延拓计算，但在频率−空间域更简单且易于成像。后一类算子的典型代表为相移算子，它在频率−波数域计算实现。然而，当速度横向变化时，关于空间坐标的傅里叶变换不再成立，这迫使我们在处理横向变速介质中波的传播和成像问题时退回到空间域。因此，在解决这些问题时，一般基于速度场分裂，对背景场和扰乱场分开处理，在频率−波数域和频率−空间域交替进行波场延拓计算。

2）频率−空间域有限差分法叠前深度偏移

三维声波方程为

$$\frac{\partial^2 u}{\partial x^2} + \frac{\partial^2 u}{\partial y^2} + \frac{\partial^2 u}{\partial z^2} = \frac{I}{v^2}\frac{\partial^2 u}{\partial t^2} \tag{3.43}$$

式中，$v = v(x, y, z)$ 为介质速度。

为处理横向变速问题，对正向传播的下行波进行浮动坐标变换，并变换到频率−波数域得到方程：

$$\frac{\partial \bar{u}}{\partial z'} = -\frac{\mathrm{i}\omega}{v}\bar{u} + \frac{\mathrm{i}\omega}{c}\bar{u} + \mathrm{i}\left(\frac{\omega^2}{v^2} - k_x^2 - k_y^2\right)^{\frac{1}{2}}\bar{u} + \frac{\mathrm{i}\omega}{v}\bar{u} \tag{3.44}$$

式（3.44）分解为

$$\frac{\partial \bar{u}}{\partial z'} = \mathrm{i}\left(\frac{\omega^2}{v^2} - k_x^2 - k_y^2\right)^{\frac{1}{2}}\bar{u} + \frac{\mathrm{i}\omega}{v}\bar{u} \tag{3.45}$$

$$\frac{\partial \bar{u}}{\partial z'} = -\mathrm{i}\omega\left(\frac{I}{v} - \frac{I}{c}\right)\bar{u} \tag{3.46}$$

式中，c 为参考速度。

我们称式（3.45）为绕射项方程，它可使绕射波收敛；式（3.46）为折射项方程，它的作用是校正由于横向变速引起的时差。联立式（3.45）和式（3.46），就得到了频率−空间域任意变速情况下的下行波的波场深度外推方程。同理可得上行波的波场反向外推方程。采用有限差分法可以得到上、下行波波场外推方程的差分公式，从而实现波场延拓。

波场延拓后需要采用合理的成像条件进行成像，设均匀介质中仅在深度 z_m 处有一反射界面。设震源波场在深度 z_m 处某一频率 ω 的波场分量为 $S^+(z_m, \omega)$，相应频率的记录波场为 $P^-(z_m, \omega)$，则共炮点道集叠前偏移的成像条件，即"相关成像条件"为

$$\hat{R}(z_{\mathrm{m}}) = \frac{1}{N}\sum_{\omega}\frac{P^{-}(z_{\mathrm{m}},\omega)}{S^{+}(z_{\mathrm{m}},\omega)} \tag{3.47}$$

3）分步傅里叶法波动方程叠前深度偏移

分步傅里叶法波动方程叠前深度偏移是在 Gazdag 相移偏移方法的基础上，把速度场分解为常速背景和变速扰动两部分，对常速背景在频率-波数域采用相移处理，对层内的变速扰动，在频率-空间域采用时移校正（第二次相移）。该偏移算法是一种稳定快速的叠前深度偏移算法，比较适合于前期的叠前深度偏移和偏移速度建模。

将频率慢度场分解为两部分：

$$s(x,y,z) = s_0(z) + \Delta s(x,y,z) \tag{3.48}$$

式中，$s_0(z)$ 为背景（参考）慢度场分量，它在层内是一个常数；$\Delta s(x,y,z)$ 为层内扰动慢度分量。两者相应的波场如下表示：

$$\bar{u}(x,y,z,\omega) = \bar{u}_0(x,y,z,\omega) + \bar{u}_s(x,y,z,\omega) \tag{3.49}$$

其中，$\bar{u}_0$ 为背景慢度引起的波场，它为整个波场的主值部分；$\bar{u}_s$ 为波场的扰动项。其中的背景场可用相移法获取，见式（3.50）；而扰动场由 Kirchhoff 积分表达，在忽略慢度扰动二阶项的基础上，通过频率-空间域通过时移（也叫作第二次相移）获取，体现在式（3.51）中。

$$\bar{u}_0(x,y,z+\Delta z,\omega) = \bar{u}(x,y,z,\omega)\,\mathrm{e}^{\mathrm{i}k_{z_0}\Delta z} \tag{3.50}$$

$$\bar{u}(x,y,z+\Delta z,\omega) = \mathrm{e}^{\mathrm{i}\omega\Delta s(x,y,z)\Delta z}\bar{u}_0(x,y,z+\Delta z,\omega) \tag{3.51}$$

式（3.50）和式（3.51）即为下行波深度外推公式。前者为对应背景慢度的相移处理，它在频率-波数域实现，后者为针对慢度扰动的时移处理，它在频率-空间域实现。同理可得到上行波深度反向外推公式。

4）傅里叶有限差分法波动方程叠前深度偏移

Ristow 和 Ruhl 提出的傅里叶有限差分法波动方程叠前深度偏移是在分步傅里叶方法的基础上，加上一个有限差分项对二阶以上速度扰动引入的时差进行校正。该算法兼具有限差分算法和相移算法的优点。

上、下行波外推的计算公式如下。

对下行波，傅里叶有限差分偏移的整个外推过程由如下三步组成。

（1）相移处理：

$$\bar{u}(k_x,z_n,\Delta z,\omega) = \bar{u}(k_x,z_n,\omega)\,\mathrm{e}^{\mathrm{i}k_{z_0}\Delta z} \tag{3.52}$$

（2）频率-空间域时移处理：

$$\bar{u}(x,z_n,\Delta z,\omega) = \bar{u}(x,z_n,\Delta z,\omega)\,\mathrm{e}^{\mathrm{i}\omega\Delta v(x,z)\Delta z} \tag{3.53}$$

式中，$\Delta v = \dfrac{1}{v(x,z)} - \dfrac{1}{c}$。

（3）频率-空间域有限差分处理：

取式（3.53）中微分项

$$\frac{\partial\bar{u}}{\partial z} = \mathrm{i}\,\frac{\omega}{v}\left(1-\frac{c}{v}\right)\left(\frac{\dfrac{v^2}{\omega^2}\dfrac{\partial^2}{\partial x^2}}{a+b\dfrac{v^2}{\omega^2}\dfrac{\partial^2}{\partial x^2}}\right)\bar{u} \tag{3.54}$$

设 $U_i^m = \bar{u}(i\Delta x, m\Delta z, \omega)$，则整理得到差分递推格式为

$$[I-(\alpha+\beta_{1x}-i\beta_{2x})T_x]U_i^{m+1} = [I-(\alpha+\beta_{1x}+i\beta_{2x})T_x]U_i^m \tag{3.55}$$

其中，i、m 为 x、z 方向离散位置点；$I=(0, 1, 0)$，$T_x=(-1, 2, -1)$，$\alpha=\dfrac{1}{6}$，

$\beta_{1x}=\dfrac{bv^2}{a\omega^2\Delta x^2}$，$\beta_{2x}=\dfrac{\left(1-\dfrac{c}{v}\right)v\Delta z}{2a\omega\Delta x^2}$。

式（3.55）即为傅里叶有限差分算子中微分补偿项的隐式差分计算公式。

上行波的外推公式，仅需将式（3.55）中 i 前的符号变为相反即可。

5）广义屏偏移算法波动方程叠前深度偏移

广义屏偏移算子是基于波的散射理论，从波动方程 Green 函数解出发，借助 Born 近似等一系列数学手段而导出的。在小角度近似条件下，得到相屏偏移算子。另外基于不同的近似条件又得到了几种屏偏移算子。这些屏偏移算法既可用于研究波的传播问题，又可用于地震波场成像。这些方法认为速度场可分解为层内常速背景和层内变速扰动。对背景场相当于解常速的声波方程，可通过相移法实现；对变速扰动，可认为这种非均匀性相当于散射源（二次源）。入射波场作用于这些散射源上，产生散射波场。下面对几种屏偏移算子做简单的介绍。

a. 广义屏偏移算子

声波方程的 Helmholtz 形式为

$$\nabla^2\bar{u}+k^2\bar{u}=0 \tag{3.56}$$

式中，$\bar{u}=\bar{u}(X, z, \omega)$ 为频率–空间域波场，X 为水平坐标分量；$k=\dfrac{\omega}{v}$，ω 为圆频率，$v=v(X, z)$ 为介质速度场。

假定 $c=c(z)$ 为背景速度，它在层内是个常数，则有

$$\left[\nabla^2+\frac{\omega^2}{c^2}\right]\bar{u}=-\omega^2\left(\frac{1}{v^2}-\frac{1}{c^2}\right)\bar{u} \tag{3.57}$$

定义 $F(X, z)=\dfrac{c^2}{v^2}-1$，则有

$$\nabla^2\bar{u}+k_0^2\bar{u}=-k_0^2F(X,z)\bar{u} \tag{3.58}$$

式（3.58）中，等号右边为速度扰动引起的散射场。按照地震波场的叠加原理，如果把总波场看成入射波场（u_{inc}）和散射波场（u_s）的和，则有

$$u=u_{inc}+u_s \tag{3.59}$$

由于层内背景速度为常数，故可由相移法求解：

$$\bar{u}_{inc}(X,z_{i+1},\omega)=\bar{u}_{inc}(X,z_i,\omega)\mathrm{e}^{i\gamma\Delta z} \tag{3.60}$$

式中，$\gamma=\sqrt{k_0^2-K_T^2}$。

散射场满足如下方程：

$$\nabla^2\bar{u}_s+k_0^2\bar{u}_s=-k_0^2F(X,z)\bar{u} \tag{3.61}$$

式（3.61）等号右端项表示由介质的非均匀性引起的散射场。式（3.62）可以用格林函数法求解。所用的格林函数采用 deWolf 近似形式，同时借助屏近似及局部 Born 近似

可得到：

$$\bar{u}_s(K_T, z_{i+1}) = \frac{\mathrm{i}}{2\gamma} k_0^2 \Delta z \mathrm{e}^{\mathrm{i}\gamma\Delta z} \iint \mathrm{d}^2 x_T \mathrm{e}^{-K_T X_T} \left[F(z_{is}, X_T) \bar{u}^f(z_{is}, X_T) \right] \tag{3.62}$$

式（3.62）中的二维积分实际为二维傅里叶变换。因此可以得到正向传播的总波场表达式为

$$\bar{u}(K_T, z_{i+1}) = \bar{u}_i(K_T, z_{i+1}) = \bar{u}_s(K_T, z_{i+1})$$

$$= \mathrm{e}^{\mathrm{i}\gamma\Delta z} FT_{X_T} \left[u(X_T, z_i) \right] + \frac{k_0}{\gamma} \mathrm{e}^{\mathrm{i}\gamma\Delta z} FT_{X_T} \left[(\mathrm{i}\omega S(X_T, z_i)\Delta z) \cdot u(X_T, z_i) \right]$$

$$\tag{3.63}$$

式中，FT_{X_T} 为关于 X_T 的二维傅里叶变换。

对于反向传播的波场，仅需将式（3.63）中 i 前的符号反向即可。于是就得到了可用来进行波场反向延拓的广义屏算子。

b. 广义屏算子的小角度近似及相屏算子

当波的传播角度与波的主要传播方向接近时，对上述广义屏算子做如下小角度近似

$$\frac{k_0}{\gamma} \approx 1 \tag{3.64}$$

则有

$$\bar{u}(K_T, z_{i+1}) \approx \mathrm{e}^{\mathrm{i}\gamma\Delta z} FT_{X_T} \left[u(X_T, z_i) \mathrm{e}^{\mathrm{i}\omega S(X_T, z_i, \Delta z)} \right] \tag{3.65}$$

因为式（3.65）中 FT_{X_T} 的核包含一步相移，所以称该算子为相屏算子。

c. 扩展的局部 Born 近似的广义屏算子

如果不做小角度近似，将 γ^{-1} 用 Taylor 展开，则有

$$\bar{u}(K_T, z_{i+1}) = \mathrm{e}^{\mathrm{i}\gamma\Delta z} FT_{X_T} \left[u(X_T, z_i) \mathrm{e}^{\mathrm{i}\omega S(X_T, z_i)\Delta z} \right]$$

$$+ A\mathrm{e}^{\mathrm{i}\gamma\Delta z} FT_{X_T} \left[(\mathrm{i}\omega S(X_T, z_i)\Delta z) \cdot u(X_T, z_i) \right] \tag{3.66}$$

其中

$$A = 0.5 \left(\frac{k_T}{k_0}\right)^2 + 0.375 \left(\frac{k_T}{k_0}\right)^4 + 0.3125 \left(\frac{k_T}{k_0}\right)^6 + 0.2734375 \left(\frac{k_T}{k_0}\right)^8 \tag{3.67}$$

式（3.67）即为扩展的局部 Born 近似的广义屏算子。如果将补偿项中的 $u(X_T, z_i)$ 换成 $u(X_T, z_i + \Delta z/2)$，就得到最优近似的广义屏算子。

另外还有基于多参考慢度的扩展局部 Born 近似的广义屏算子、扩展局部 Rytov 近似的广义屏算子、基于 Born/Rytov 近似的联合广义屏算子。它们都是在广义屏算子的基础上改进得到的，对横向变速问题有较强的适应性。

6）波动方程法三维叠前深度偏移

虽然前面的数值试验仅基于二维模型，但是上述基于共炮集的各种叠前深度偏移方法的推导都是按三维情况进行的。也就是说它们都可以推广到三维的叠前深度偏移中。上面所有偏移算子可直接应用于基于共炮集的三维叠前深度偏移。为了适应野外三维数据采集的特点，可在共方位角道集（较适合海上观测方式）中或共炮间距道集进行三维叠前深度偏移计算，这时需要对以上偏移算子做相应的调整。

7) 弹性波波动方程叠前深度偏移

以弹性波波动方程为基础的偏移方法，Robert Sun 等人已做了大量的研究，并提出了一种适于各向异性介质的弹性波波动方程逆时叠前深度偏移方法。该偏移方法从全弹性波波动方程出发合成数据的垂直分量和水平分量，然后从这些分量中提取纯 P 波和纯 SV 波，最后分别用所提取的纯 P 波和纯 SV 波进行波动方程逆时偏移，由此得到两个深度偏移剖面。这两个深度偏移剖面，从理论上讲应该相等，因此可以相互比较来检验所用偏移方法的正确性和有效性。另外，其他类型的弹性波波动方程叠前深度偏移方法也在研究和部分应用中。

3. 考虑各向异性效应的叠前深度偏移

当今石油工业界的地球物理勘探领域使用的大部分偏移算子，都是在假设地球为均匀各向同性介质的前提下，经过一定的近似得到的，其应用有一定的局限性。因为经过大量的研究已经证实地壳和上地幔都是各向异性介质，不考虑介质各向异性效应的偏移算子带来一些在反射点归位和反射振幅保真等方面的不可估计的错误，并且这种各向异性介质大部分可以近似地描述成具有垂直对称轴的横向各向同性（VTI）介质或近似具有水平对称轴的横向各向同性（HTI）介质，因此可通过考虑各向异性效应来进行更加准确的保幅叠前深度偏移成像。如今对各向异性的研究已经进入正交各向异性和双向各向异性的领域，因此考虑各向异性效应的保幅叠前深度偏移成像将会有很好的发展前景。

（四） 绕射波成像方法

1. 绕射波成像

常规的动校正—叠加—叠后偏移处理流程仅适应地下不太复杂的层状介质情况，因为层状介质地震反射动校正—叠加基本上能实现共中心点同相叠加，对叠加数据再进行偏移就能实现绕射波收敛和反射波空间归位。但对碳酸盐岩储层反射，由于储层非均质产生的绕射波是非常重要的信息，而绕射波是不能通过常规的校正—叠加处理实现共中心点同相叠加的，采用叠前偏移才是可能实现绕射波成像的有效途径。考虑到以改善绕射波成像为目的，且研究区域目的层上覆地层不很复杂，没有必要采用计算量巨大、对速度模型精度敏感的叠前深度偏移，采用叠前时间偏移应是改善成像效果的一种途径。采用叠前时间偏移处理除在方法上能保证改善绕射波的成像效果外，在叠前时间偏移处理中速度分析可在偏移后进行，因此还可以消除绕射波对速度分析的干扰，提高速度分析的精度，只有在取得更精确的速度分析结果的基础上才能使成像精度得到保障。

叠前偏移方法主要有两类，一类是以准确实现构造成像和改善速度分析效果为目标的叠前偏移方法，如基尔霍夫积分法和等效偏移距叠前时间偏移等；另一类是强调相对振幅保持的叠前时间偏移方法，如频率波数域叠前时间偏移、平面波分解叠前时间偏移等。相对而言，地震叠前成像技术的发展已日趋完善，各种方法都有相应的商业化软件可供使用，进一步改善碳酸盐岩储层成像效果的关键是应用问题，即如何根据实际资料特点选择合适的技术方法，同时，成像速度场的建立也是研究的重点。

2. 绕射波等效偏移距叠前时间偏移成像方法

根据散射理论，反射波可视为绕射波叠加的结果，因此，基于绕射理论的成像方法更具有普遍适应性。叠前时间偏移方法的出发点是表达地震波传播旅行时的双平方根方程，对双平方根方程方程做不同的变形，结合波动理论可以导出不同的叠前时间偏移方法。Banacroft 给出的等效偏移距方法是叠前时间偏移方法中的一种，在偏移过程中，该方法直接应用双平方根方程，将共中心点（CMP）道集映射到共散射点（CSP）道集，继而在CSP 道集上采用基尔霍夫积分实现成像。从运动学角度看等效偏移距方法没有受层状介质模型（反射界面）假设限制，因此更适合绕射波成像。

缝洞储集体时间域精确成像指的是使来自缝洞储集体的绕射波收敛到正确的横向空间位置，空间位置的准确性和成像结果的横向分辨率是判断成像质量的主要标准。当储集体上覆构造不是十分复杂时，叠前时间偏移一般都能够保证偏移结果的空间位置准确性满足要求。偏移结果的横向分辨率本质上受菲涅耳带控制，与地震频宽、目标埋深、空间采样率、偏移孔径、偏移速度、信噪比及偏移算法精度等相关，在资料处理中最大限度地改善成像结果的横向分辨率要通过偏移算法的改进来实现。对于缝洞储集体描述而言，地震横向分辨率尤为重要，其决定了对缝洞体尺度与几何形态进行刻画的精度。研究表明，当采用等效偏移距叠前时间偏移对缝洞储集体进行偏移成像时，可以对 CSP 道集进行处理，加强有效绕射信息，压制或消除损害横向分辨率的信息成分，从而达到提高成像结果横向分辨率的目的。正是因为在 CSP 道集上能够相对方便地对绕射波做进一步提高信噪比处理，所以将等效偏移距叠前时间偏移作为改善绕射波成像效果的基本方法，以此为基础，通过算法改进达到提高成像结果横向分辨率的目的。

等效偏移距叠前时间偏移分以上两步实现。

第一步是等效偏移距变换。由双平方根方程

$$t = \sqrt{\frac{\tau^2}{4} + \frac{(x-y+h)^2}{v^2}} + \sqrt{\frac{\tau^2}{4} + \frac{(y-x+h)^2}{v^2}}$$

可导出

$$\tau^2 = t^2 - \frac{4h^2}{v^2} - \frac{4(y-x)^2}{v^2} + \frac{16h^2(y-x)^2}{v^4 t^2} \tag{3.68}$$

式中，t 为总旅行时；τ 为偏移后反射点的垂直双程旅行时；h 为偏移距；x 为反射点的地面位置；y 为共中心点的地面位置；v 为散射点位置处的均方根速度，如图 3.30 所示。式（3.68）是等效偏移距叠前时间偏移的基本公式。根据式（3.68），做如下等效偏移距变换：

$$\begin{cases} h_E^2 = (y-x)^2 + h^2 - \dfrac{4h^2(y-x)^2}{v^2 t^2} \\ t_E^2 = t^2 \\ \tau^2 = t_E^2 - \dfrac{4h_E^2}{v^2} \end{cases} \tag{3.69}$$

式中，h_E 为等效偏移距；t_E 为等效总旅行时。

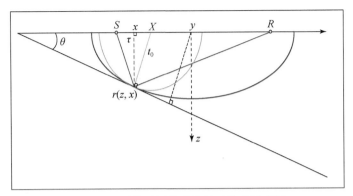

图 3.30　叠前时间偏移旅行时关系示意图

将 (h, t) 域的 CMP 道集数据映射为 (h_E, t) 域的 CSP 道集数据。通过上述等效偏移距变换，双平方根方程转化为以等效偏移距为变量的双曲线形式。图 3.31 给出的是等效偏移距变换的映射关系示意图。

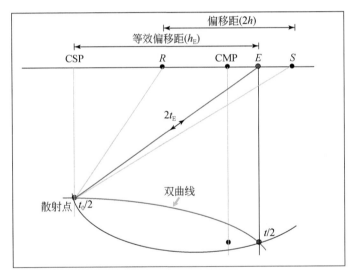

图 3.31　CMP 到 CSP 的映射关系示意图

SP 为散射点对应的地面位置

上述 CMP 道集映射到 CSP 道集过程中，旅行时没有变换，这一点非常关键，因为这样就可以认为数据映射时不需要对反射振幅做补偿处理，所形成的 CSP 道集是相对振幅保真的。图 3.32 给出的是由一个理论模型正演得到的三个位置上的 CMP 道集变换成 CSP 道集的结果。从图中可看到，共散射点正下方绕射点的绕射波旅行时轨迹在 CSP 道集上为双曲线，如果不考虑成像结果的振幅保真，则对 CSP 道集实施动校正叠加就实现了绕射波成像。

第二步是基尔霍夫积分成像。根据基尔霍夫叠前时间偏移表达式得到 CSP 道集成像公式如下：

$$P_{o}(x,\tau,t=0) = \frac{\Delta h_{E}}{2\pi} \sum_{h_{E}} \left[\frac{\cos\theta}{\sqrt{v_{RMS}r}} \rho(t) * P_{i}\left(x,h_{E},t-\frac{r}{v_{RMS}}\right) \right] \quad (3.70)$$

式中，x 为空间位置；$P_{i}(x,h_{E},t)$ 为 CSP 道集输入波场；$\rho_{t}(t)$ 为对时间求导的算子；* 为褶积运算算子；Δh_{E} 为等效偏移距采样间距；$P_{o}(x,\tau,t=0)$ 为叠前时间成像结果；v_{RMS} 为均方根速度。用式（3.70）对 CSP 道集进行积分求和就得到等效偏移距叠前时间偏移成像结果。

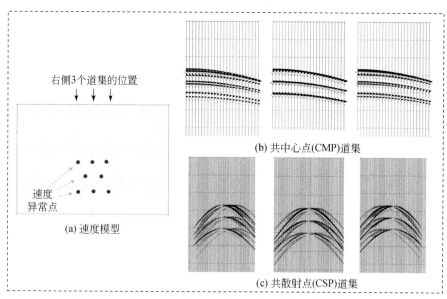

图 3.32　在 CMP 道集和 CSP 道集上的异常体散射表现形式

3. CSP 域提高信噪比处理

在 CSP 道集中，共散射点正下方绕射点的绕射波能量被映射到顶点在零偏移距的双曲线轨迹上，同时其他空间位置绕射点的绕射波能量也被映射到共散射点道集中，如图 3.32 所示。这些非正下方的绕射点绕射波映射过来的能量将在成像过程中成为干扰，使成像结果绕射体的边界变得模糊，降低成像结果的分辨率。而在等效偏移距偏移中所表现的这一现象本质上是地震分辨率问题，在其他偏移方法中同样存在，只是表现形式不同而已。在对 CSP 道集进行积分成像之前，若能对偏离共散射点正下方的绕射点绕射波映射过来的能量进行压制，则无疑能够提高成像结果的横向分辨率。

设共散射点道集位置为 x，在距离该共散射点道集位置为 d 的正下方有一散射点 A，可以证明对于小偏移距输入道，散射点 A 的绕射波将映射到该共散射点道集的近似双曲线轨迹上，双曲线的顶点在等效偏移距为 d 的道上。据此，可采用高分辨率广义 Radon 变换方法将有效散射能量和映射噪声进行分离，对干扰成分进行压制，从而实现在 CSP 道集上增强有效信息，提高信噪比的目的。

总之，因复杂介质绕射波的成像精度直接影响识别绕射体尺度与形态的能力，在碳酸盐岩缝洞型储层勘探中提高绕射波成像分辨率更为重要。利用等效偏移距叠前时间偏移成像方法，在 CSP 道集上通过压制等效偏移距变换的映射噪声，衰减映射到共散射点道集中的非正下方绕射点的绕射波能量可以提高成像结果的横向分辨率。在 CSP 道集中分离有效绕射信息与映射噪声是有效衰减映射噪声的技术关键。在传统的 Radon 变换方法中引入振幅拟合算法，可以更好地估计振幅空变情况下的不同倾角的信号成分，提高映射噪声提取的可靠性，从而达到对噪声进行有效压制的目的。

（五）特征波地震成像方法

1. 特征波分解

本次研究提出了特征波分解（CWD）的概念，并介绍了在反演框架下进行 CWD 的方法。CWD 方法能将原始地震数据表达在特征空间中，与传统局部 Tau-P 域不同，该特征空间能对数据做更为稀疏的特征表达。

一般地，地震数据可以利用地表或地下炮检波点坐标加上地震波走时来描述其时空位置，即 $d = \mathbf{d}(x_s, x_{r,t})$。时间域的位置信息加上接收到的子波波形就是一个完整的地震记录，多道地震记录可以构造各种原始地震数据道集。该叠前地震道集可以抽象为时距关系规定的、由地震子波描述其特征的同相轴的线性叠加结果。对此叠前地震数据进行表达的方式可以有很多，以上方式仅仅是其中一种。实际上，检波器接收到的地震记录可以看作局部平面波波前在空间离散的检波器处的采样。因此，地震记录可以表示为不同出射角度（或出射慢度矢量）以及不同到达时的局部平面波在检波器位置的线性叠加。立体层析成像（Billette and Lambaré，1998）中，地震记录被简化为炮点、检波点坐标，炮点、检波点处的射线参数以及射线的双程走时。上述参数构成了立体层析中的数据空间。通常，从地震记录中可以获得局部平面波的在炮点处的入射射线参数 $\boldsymbol{p}_s$（慢度矢量的水平分量）以及在检波点处的出射射线参数 $\boldsymbol{p}_r$。引入了局部平面波的方向信息后，叠前地震记录可以表达为立体地震数据，即 $d = \mathbf{d}(x_s, \boldsymbol{p}_s, x_r, \boldsymbol{p}_{r,t})$。该立体地震数据是对源地震数据的一种稀疏表达，即引入方向特征可以将地震数据表达得更为稀疏，进而有利于地震信号处理、波场分析和反演成像。若忽略地震数据在时间上的局部时频特征，立体地震数据可以看作是在局部平面波域中表达的立体地震数据，我们也称该数据体为特征波场。

在三维时，坐标与射线参数均为矢量，表示为 $\boldsymbol{x}_s = (s_x, s_y)$，$\boldsymbol{x}_r = (g_x, g_y)$，$\boldsymbol{p}_s = (p_{sx}, p_{sy})$，$\boldsymbol{p}_r = (p_{rx}, p_{ry})$。经过特征波场合成，五维地震数据 $d = \mathbf{d}(t; \boldsymbol{x}_s, \boldsymbol{x}_r)$ 被投影到九维的特征域 $D = D(t; \boldsymbol{x}_s, \boldsymbol{p}_s, \boldsymbol{x}_r, \boldsymbol{p}_r)$ 中。在特征域中，地震信号被分解为单独波型，而且 D 中数据时间延续度只有一个子波长度，在高维空间中地震数据做到了非常稀疏的表达。

特征波分解是本书提出的一个抽象的理论框架，上述局部倾斜叠加的方式只是线性 Radon 变换的一种。在具体实现 CWD 过程中可以采用各种办法。例如，地震数据的 Gabor 分解，可以将地震记录在时频域用 Gabor 框架函数表达，从而进行 CWD。特征分解效果图见图 3.33、图 3.34。

2. 特征波成像

基于特征波数据及正算子，本书给出了对应的特征波成像（CWI）及角度道集输出框架。CWI 的成像效率相对于传统 Kirchhoff 积分能有 1～2 个数量级的提高，同时数据输入输出（IO）量也可以有 1～2 个数量级的减少。由于在该流程中数据域可以灵活地控制局部平面波合成，成像域实现的是一个菲涅尔带的数据叠加，该方法可以最大限度地适应低信噪比数据的成像，是山前带速度建模的有效手段。

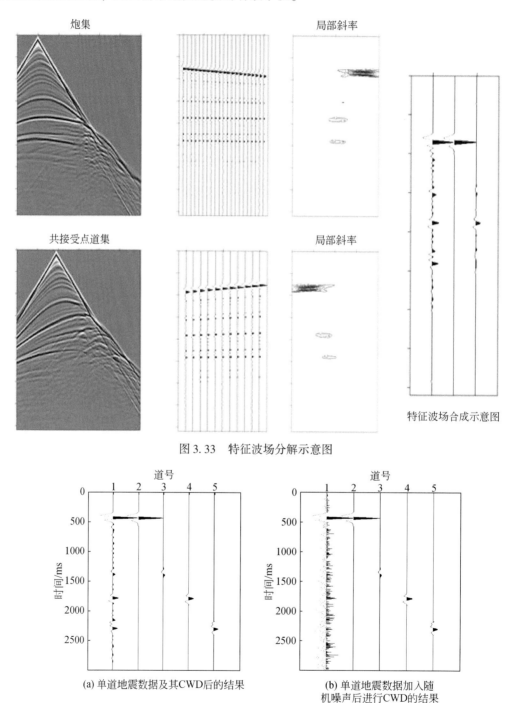

图 3.33　特征波场分解示意图

(a) 单道地震数据及其CWD后的结果　　　(b) 单道地震数据加入随机噪声后进行CWD的结果

图 3.34　单道地震记录 CWD 结果

　　激励时间成像条件可以描述为在成像点处入射波的到达时间等于反射波的出发时间。更一般地，可以描述为炮检点到成像点的旅行时之和等于该炮检对的地震记录时间。已知，在频率域表达的经典 Kirchhoff 成像公式和射线束成像公式，其二者的成像条件分别为

$$\tau = \tau_s(x_s, x) + \tau_r(x, x_r),　　　　　　　　(3.71a)$$

$$\tau = \tau_s(x_{sg}, x) + \tau_r(x, x_{rg})　　　　　　　　(3.71b)$$

式中，τ 为总旅行时；s、sg 分别为 Kirchhoff 成像和射线束成像公式的炮点；r、rg 分别为 Kirchhoff 成像和射线束成像公式的检波点；x 为成像点；x_s、x_{sg} 为炮点位置；x_r、x_{rg} 为接收点位置；τ_s、τ_r 分别为炮点到成像点的时间和接收点到成像点时间。

　　比较二者的成像条件可以看出经典射线束利用激励时间成像条件进行画弧成像的本质并没有改变。

　　对于不同的数据，射线束成像公式的形式略有不同。基于共炮数据，传统的射线束成像公式可以改写；由于局部平面波数据并没有给出检波器方向反传的射线方向，而且在炮端由于不进行局部平面波分解，也没有炮端正传的射线方向。在实现过程中，需要循环所有的炮检射线参数对 (p_s, p_r)。

　　而特征波场是地震波数据在高维空间中的稀疏表达，即经过特征波分解的局部平面波的入射与出射慢度矢量是已知的。利用这个性质，射线束类的偏移方法可以实现从"画弧"向"搬家"的转变。

　　特征波成像公式中一样都利用了等时成像条件，但射线束偏移在此基础上还满足地表特征射线对关于成像点互为镜像射线的条件，即：

$$P_m = P_s + P_s'　　　　　　　　(3.72)$$

式中，P_m 为成像点处的射线矢量；P_s、P_s' 为炮点和镜像炮点至成像点的射线矢量。

　　传统成像条件和特征波成像条件的几何解释可由图 3.35 表示。图中红色反射层为地层真实位置，传统射线束成像方法是将局部平面波投影到整个椭圆（三维就是椭球）上。特征波场在地表的入射与出射慢度已知，因而特征波成像只对特征波场进行"能量搬家"。红色小椭圆的位置代表一对特征波射线束在成像域的菲涅尔带范围。从图中可以看出，基于特征波场表达，实现了成像方式从"画弧"到"搬家"的转变。

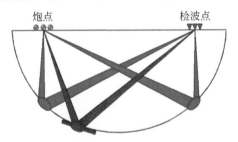

图 3.35　特征波场偏移成像示意图

　　特征波成像是从数据域的特征波场到成像域的方位角度道集的一个投影。由于在特征波传播算子采用射线束的形式，可以方便地利用旅行时信息计算出成像域地下反射点的方位角及张角。从理论上讲，特征波成像效率相比传统的 Kirchhoff 积分法偏移和射线束偏移有 1~2 个数量级的提高。

炮检点出发的局部平面波矢量与地下角度关系如图3.36所示。其中，S、R为炮点和检波点，地下散射点D处波的传播方向可以用入射慢度矢量$\boldsymbol{P}_S$和散射慢度矢量$\boldsymbol{P}_R$来描述，反射张角为θ，散射方位角为φ。

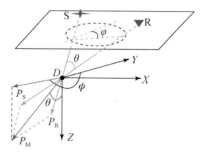

图3.36　散射点处地震波传播角度示意图

本书对于特征波成像中角度域共成像点道集（ADCIGs）的提取考虑了反射角与散射方位角两个特征参数。在利用炮检点旅行时场的梯度得到对应的炮检点出发的局部平面波矢量$\boldsymbol{P}_S$和$\boldsymbol{P}_R$后，可方便地计算出成像点的反射张角θ和散射方位角φ：

$$\cos\theta = \frac{\boldsymbol{P}_S \boldsymbol{P}_R}{|\boldsymbol{P}_S||\boldsymbol{P}_R|} \tag{3.73}$$

$$\cos\varphi = \frac{(\boldsymbol{P}_M \times \boldsymbol{y})(\boldsymbol{P}_R \times \boldsymbol{P}_S)}{|\boldsymbol{P}_M \times \boldsymbol{y}||\boldsymbol{P}_R \times \boldsymbol{P}_S|} \tag{3.74}$$

（六）逆时偏移成像方法

逆时偏移以双程波动方程作为理论出发点，由于双程波动方程可以描述所有波场信息，在波场外推中既包含上行波又包含下行波，所以逆时偏移能够处理多次波和回转波，而且不受地下构造倾角的限制，因此逆时偏移技术在理论上具有更高的成像精度。本部分以弹性波逆时偏移技术为例来说明逆时偏移的基本原理。

弹性波逆时偏移主要由三部分组成：基于弹性波方程的炮点波场正向延拓、接收点多分量波场的逆时延拓、纵横波成像。

1. 基于弹性波方程的炮点波场正向延拓

以二维各向同性介质为例，在纵波振源激发情况下，以速度、应力表示的弹性波方程为

$$\begin{cases} \dfrac{\partial v_x}{\partial t} = \dfrac{1}{\rho}\left(\dfrac{\partial \tau_{xx}}{\partial x} + \dfrac{\partial \tau_{xz}}{\partial z}\right) \\[2mm] \dfrac{\partial v_z}{\partial t} = \dfrac{1}{\rho}\left(\dfrac{\partial \tau_{zx}}{\partial x} + \dfrac{\partial \tau_{zz}}{\partial z}\right) \\[2mm] \dfrac{\partial \tau_{xx}}{\partial t} = (\lambda + 2\mu)\dfrac{\partial v_x}{\partial x} + \lambda\dfrac{\partial v_z}{\partial z} \\[2mm] \dfrac{\partial \tau_{zz}}{\partial t} = \lambda\dfrac{\partial v_x}{\partial x} + (\lambda + 2\mu)\dfrac{\partial v_z}{\partial z} \\[2mm] \dfrac{\partial \tau_{xz}}{\partial t} = \mu\dfrac{\partial v_x}{\partial z} + \mu\dfrac{\partial v_z}{\partial x} \end{cases} \tag{3.75}$$

式中，v_x、v_z 为质点的振动速度的分量；τ_{xx}、τ_{zz}、τ_{xz} 分别为应力的各分量；ρ 为密度；λ、μ 为拉梅常数，且有 $\lambda = \rho(v_P^2 - 2v_S^2)$，$\mu = \rho v_S^2$，$v_P$，$v_S$ 分别为纵波和横波的传播速度；x、z 为空间坐标；t 为时间。

在交错网格空间中对式（3.75）进行高阶差分离散，可以构造出 $2N$（N 为自然数）阶空间差分精度、二阶时间差分精度交错网格高阶差分格式，以 v_x 分量为例，有

$$v_x^{m+\frac{1}{2}}(i,j) = v_x^{m-\frac{1}{2}}(i,j) + \frac{\Delta t}{\rho_{i,j}} \left\{ \begin{array}{l} \dfrac{1}{\Delta x}\displaystyle\sum_{n=1}^{N} C_n^{(N)} \left[\tau_{xx}^m\left(i + \dfrac{(2n-1)}{2},j\right) - \tau_{xx}^m\left(i + \dfrac{i-(2n-1)}{2},j\right) \right] \\ + \dfrac{1}{\Delta z}\displaystyle\sum_{n=1}^{N} C_n^{(N)} \left[\tau_{xz}^m\left(i,j + \dfrac{(2n-1)}{2}\right) - \tau_{xz}^m\left(i,j - \dfrac{(2n-1)}{2}\right) \right] \end{array} \right\}$$

$$(3.76)$$

式中，Δx、Δz 分别为 x 与 z 方向的空间离散步长；Δt 为时间离散步长；N 为差分阶数的一半；i、j 为空间离散点序号；m 为时间离散点序号；$C_n^{(N)}$ 为差分系数。

稳定性条件为

$$\Delta t \cdot v_x \sqrt{\frac{1}{\Delta x^2} + \frac{1}{\Delta z^2}} \leqslant 1 \Big/ \sum_{n=1}^{N} C_n^{(N)} \qquad (3.77)$$

2. 接收点多分量波场的逆时延拓

接收点逆时延拓是地震波数值模拟的反问题，这时已知地表各接收点的波场值，通过逆时延拓来求取地下各点的波场值，可以将波场逆时延拓表示为式（3.75）所示的边值问题，即：

$$\begin{cases} U(x,z) = 0, & t > t_L \\ U(x,z)\,\big|_{z=0} = f(x,t), & t \leqslant t_L \end{cases} \qquad (3.78)$$

式中，$U(x, z)$ 为空间各点的波场矢量；$f(x, t)$ 为地表各个接收点的波场值；t_L 为地表各接收点的最大记录实践；x，z 分别为水平距离和垂直深度，$z = 0$ 表示地表。逆时延拓要求取的是 $t \leqslant t_L$ 时的地下各点的波场值 $U(x, z)$，由求取的 $U(x, z)$ 通过合适的成像条件求取地下各成像点的位置，得到正确的地下构造模型。以 v_x 分量为例，波场逆时延拓的差分格式为

$$v_x^{m-\frac{1}{2}}(i,j) = v_x^{m+\frac{1}{2}}(i,j) - \frac{\Delta t}{\rho_{i,j}} \left\{ \begin{array}{l} \dfrac{1}{\Delta x}\displaystyle\sum_{n=1}^{N} C_n^{(N)} \left[\tau_{xx}^m\left(i + \dfrac{(2n-1)}{2},j\right) - \tau_{xx}^m\left(i - \dfrac{(2n-1)}{2},j\right) \right] \\ + \dfrac{1}{\Delta z}\displaystyle\sum_{n=1}^{N} C_n^{(N)} \left[\tau_{xz}^m\left(i,j + \dfrac{(2n-1)}{2}\right) - \tau_{xz}^m\left(i,j - \dfrac{(2n-1)}{2}\right) \right] \end{array} \right\}$$

$$(3.79)$$

3. 纵横波成像

1）震源波场重构

通过上述过程获得检波点逆时延拓的波场后，理论上结合正演得到的波场，应用成像条件后即可获得逆时偏移的剖面。但事实上，由于检波点逆时延拓是一个"反推"

过程，而弹性波正演是一个"正推"过程，两者的波场在时间上并不是一一对应的，因此并不能直接对其应用成像条件。针对这个问题，在实际中进行逆时偏移时，要利用正演过程中记录的最后时刻以及各时刻边界处的波场值进行震源的波场重构，使得重构后的波场与检波点逆时延拓的波场在时间上可以一一对应，方便进行下一步的偏移成像。因为震源的波场重构是波场正演模拟的反过程，其差分格式可以参照波场正演模拟的差分格式。

2）纵横波的波场分离

在进行弹性波叠前逆时偏移时，进行检波点逆时延拓利用的多分量地震数据中，既含有纵波成分，也含有横波成分；同样，在弹性波波场重构过程中既会产生纵波，也会产生横波。因此将两者的波场进行互相关成像时，会不可避免地造成纵横波信息相互叠加重合而引起的成像假象，影响最终偏移剖面的质量。因此，再进行互相关成像之前，要分别对检波点波场和震源重构波场进行纵横波的波场分离。

由弹性波动理论可知，用标量场的散度与矢量场的旋度之和能够表示任意一个矢量场，因此可以通过对弹性波波场分别求散度和旋度的方法得到纯 P 波和纯 S 波。假设波场值的水平分量和垂直分量分别是 u 和 w，则二维情况下纯 P 波波场可由式（3.80）求得

$$\phi = \frac{\partial u}{\partial x} + \frac{\partial w}{\partial z} \tag{3.80}$$

纯 S 波波场可由式（3.81）求得

$$\theta = \frac{\partial u}{\partial z} - \frac{\partial w}{\partial x} \tag{3.81}$$

3）纵横波成像条件

成像条件是逆时偏移一个重要的研究内容，成像条件的应用是否恰当直接影响着最终偏移剖面的质量。目前常用的成像条件主要包括激发时间成像条件和互相关成像条件两大类。

激发时间成像条件基于时间一致性准则，即上行波的产生时间等于下行波的到达时间，可以通过计算地下各成像点处直达波的初至走时来实现。地震波初至走时的计算方法可以分为射线追踪法和有限差分法两大类，射线追踪法简单易算、方便快捷，但存在多值走时、焦散区、阴影区等问题，在处理剧烈速度变化问题时往往效果不佳；有限差分法通过差分求解程函方程计算地下各点的初至波旅行时，其中基于矩形网格的有限差分算法和基于扩展波阵面的有限差分算法是比较常用的两种方法。这两种方法求出的是初至波的旅行时，而当模型比较复杂时，地表接收到的反射波可能不是下行初至波的反射，而是具有最大下行能量的续至波的反射，此时采用上述两类方法实现逆时偏移成像显然不合理，而下行波最大能量法成像条件能够克服这一不足，得到更精确的走时信息。地下成像点的下行波最大能量时刻可以通过波动方程正演得到。

互相关成像条件是目前最常用的成像条件，最早由 Claerbout 在 1971 年提出，其原理可以概括为

$$\text{image}(x,z) = \sum_{0}^{T_{\max}} R(x,z,t)S(x,z,t) \tag{3.82}$$

式中，$R(x, z, t)$ 为震源波场；$S(x, z, t)$ 为检波点逆时延拓的波场；T_{max} 是弹性波波场记录的最大时间。

式（3.82）实质上是震源正向延拓波场与检波点逆时延拓波场的互相关运算，对于深部底层而言，检波点逆时延拓过程中同样存在能量的衰减，但是这种衰减不是由介质的弹性参数引起的，而是由延拓算法本身引起的，其本质是一种误差，且深度越大，这种误差对于偏移结果的影响越大。为克服这一缺陷，Kaelinhe 和 Guitton 利用炮点波场值对式（3.75）进行归一，得到新的成像条件，即

$$\mathrm{image}(x,z) = \frac{\sum_0^{T_{max}} R(x,z,t)S(x,z,t)}{\sum_0^{T_{max}} S(x,z,t)S(x,z,t)} \qquad (3.83)$$

式（3.83）也称为归一化互相关成像条件，对检波点纯 P 波波场和震源纯 P 波波场应用以上成像条件可得到 PP 波的偏移剖面；对检波点纯 S 波波场和震源纯 P 波波场应用以上成像条件可得到 PS 波的偏移剖面。对检波点纯 P 波波场和震源纯 S 波波场应用以上成像条件可得到 SP 波的偏移剖面；对检波点纯 S 波波场和震源纯 S 波波场应用以上成像条件可得到 SS 波的偏移剖面。Chattopadhyay 的研究结果表明，在其他条件相同的情况下，应用归一化互相关成像条件能够得到更加保真的偏移结果。

4）成像噪声的压制

目前，逆时偏移低频噪声的压制方法主要包括以下几种，无反射波动方程法、修改成像条件法、成像条件去噪法和波场分解互相关成像法等。以下主要介绍基于 Laplace 滤波。

Laplace 滤波法应用在互相关成像后，是一种近似于角度域滤波的去噪方法。由于偏移剖面中噪声的入射角较大，甚至接近于 90°，因此可以通过入射角度来识别噪声。在实现时，对互相关成像的结果应用 Laplace 算子即可。二维 Laplace 算子表达式如下所示：

$$\nabla^2 = \frac{\partial}{\partial x^2} + \frac{\partial}{\partial z^2} \qquad (3.84)$$

式（3.84）在二维波数域可以表示为

$$\nabla_{fft}^2 = -(k_x^2 + k_z^2) = -4\omega^2/v^2 \cos^2\theta \qquad (3.85)$$

式中，k_x 为 x 方向的波数；k_z 为 z 方向的波数；ω 为角频率；v 为速度值；θ 为入射角。

由式（3.85）可以看出，当应用 Laplace 滤波时，入射角 $\theta = 90°$ 的噪声能够被完全消除，入射角 $\theta < 90°$ 的噪声能够被部分消除。但由于式中含有系数 ω^2/v^2，应用后会使子波的振幅和相位信息也随着变化，因此需要在滤波之前将波场变换到频率域乘以 $-1/4\omega$，在滤波之后对波场在时间域乘以 v^2，以达到对频率和速度进行补偿的目的。

5）随机边界

随机边界模型是由 Robert 于 2009 年提出，其思想是消除人工边界自由边界条件反射波的相干性，使边界反射不能成像。其具体实现过程为：将有限计算空间外扩一定的距离，然后在外扩的空间内填充随机速度，从而形成随机边界速度模型，当波场传播到随机

速度区域时波前面将被随机化，使得波场变成随机噪声反传回真实速度区域，破坏掉边界反射的相干性，从而使得边界反射不能进行成像。

在三维弹性波场计算中，使用随机边界可以用来减少硬盘空间需求和文件读写、拷贝工作。在炮点的正向延拓过程中使用随机边界，仅仅存储最后时刻的波场，然后在检波点波场延拓的同时进行炮点波场的延拓，并实施成像条件。式（3.75）为随机边界的一种常用构建方式。

$$v_{boundary} = v(i,j,k) - rand \times dis \times v_0 \tag{3.86}$$

式中，$v_{boundary}$为随机边界处的介质速度；$v(i, j, k)$为对应的背景速度；rand为随机数；dis为对应的位置与有效计算边界的距离；v_0为背景速度。对于随机边界速度，其要满足稳定性条件。

采用随机边界减少存储思路为：在波场正向延拓过程中，使用随机边界来代替传统的吸收边界，只保存最后时刻的炮点波场。在检波点波场逆时延拓时，同时延拓炮点波场，这样就能同时得到对应时刻的炮点与检波点波场。这种技术的缺点是炮点波场需要进行两次延拓，增加了逆时偏移1/3的运算量。

二、地震成像实例分析

（一）复杂构造地震成像实例分析

1. 复杂构造地震成像难点

我国西部某山前带探区地下广泛发育着陡倾地层和逆掩推覆带等复杂构造，尤其是浅部地层倾角大甚至直立，导致地震速度场横向变化大。山前带地表高差大，横向表层速度变化剧烈，这些地表条件对传统的地震数据处理技术带来了严峻的挑战。低信噪比的地震数据导致速度估计困难，不准的速度场导致不清晰的，甚至是错误的成像。

复杂地表、复杂构造同时存在的情况下，地震波对地下目标层的照明变得很不均匀，导致成像结果振幅不保真，出现假的构造图像。

针对山前带这些复杂成像问题，我们的主要研究任务是如何选取合适的偏移基准面，因为它对速度建模与偏移成像，以及信噪比都有重要影响。同时要选择能较好适合山前带复杂构造成像的地震偏移方法，只有这二方面问题均得到妥善解决，才能取得好的成像结果。

2. 复杂构造地震成像关键技术

1）选定起伏地表面开展地震偏移

理论上从真地表开始地震偏移成像是最理想的实现方法。本次研究工区地表起伏剧烈（地表高程差从几百米到一千多米），高速岩层出露地表。我们对实际高程在近地表附近做平滑，得到一个近地表的起伏地表面。

具体做法是：首先将深度域平滑地表的速度模型外延式或切除式转换到此起伏地表

面，其次将预处理后的地震数据校正到该起伏面上，然后在此起伏面上做目标线叠前深度偏移，开展剩余速度分析与速度模型优化，最后得到深度域基于起伏地表的最终速度模型，见图3.37。

图3.37　深度域基于起伏地表的最终速度模型

2）起伏地表叠前深度偏移速度模型建立

本工区因其地表高程变化剧烈，加上近地表横向速度变化较大，如果我们直接在起伏地表建模，则很难建准近地表模型及浅层模型，这也引起深层模型建立不准。为了合理避开这些困难，可以采用两步法速度建模技术：先在平滑地表（浮动面）利用层析静校正结果、叠加速度分析结果和时间偏移速度模型建立浮动面深度域层速度模型，再把建立的浮动面深度域层速度模型转换到上述选定的起伏地表面，在此起伏地表面对层速度经过进一步速度优化后，得到最终的层速度模型。把它应用到基于GPU的逆时偏移技术中开展高精度地震成像。

3）起伏地表逆时偏移

与Kirchhoff积分法偏移比较，逆时偏移基于双程波方程考虑了每个深度可能的绕射点与每个源点或接收点的多重路径，很好地解决了多值走时问题，因而可以在较为复杂介质条件下精确成像。

逆时偏移成像方法需要我们提供SEGY数据格式的地震道集数据和深度速度模型。其处理实现步骤包含创建项目路径、偏移模型（速度）输入、偏移数据输入、偏移参数设置和集群式逆时偏移计算、各节点数据叠加、叠后照明补偿与去噪等。

在完成逆时偏移计算后，我们得到了逆时偏移后的炮数据和地震传播照明体。通过照明体可以用来对逆时偏移结果做振幅补偿。在做完振幅补偿后，通过做拉普拉斯变换对偏移数据体做低频去噪，从而得到最后的逆时偏移成像结果。

3. 复杂构造地震成像实例分析

在山前带复杂地区，逆时深度偏移解决了多值走时问题，因而可以在复杂介质中精确成像。从逆时深度偏移结果分析，经过与常规积分法深度偏移对比，发现盐下中深层目的层构造形态归位合理，各反射层具有真实的横向能量变化，层间构造信息比较丰富，深度剖面能比较真实地反映本区地下构造形态，说明盐下 T30、T33 地层是一组向南上倾为类似单斜构造的地层，在 ku1 井位置为局部回倾，非构造高点部位。如图 3.38、图 3.39 为常规积分法叠前深度偏移与逆时偏移剖面对比。

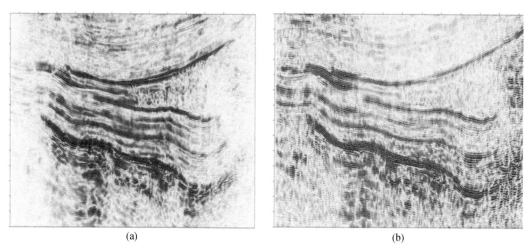

(a)　　　　　　　　　　　　　　　　　　(b)

图 3.38　主测线方向积分法叠前深度偏移（a）与逆时偏移（b）剖面对比

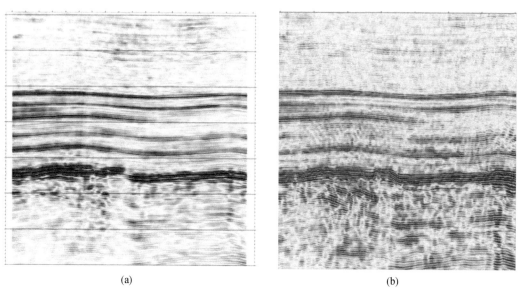

(a)　　　　　　　　　　　　　　　　　　(b)

图 3.39　联络线方向积分法叠前深度偏移（a）与逆时偏移（b）剖面对比

针对山前带特殊的地震地质条件，经过地震成像技术研究取得如下几点认识：

（1）把叠前深度偏移与叠前/叠后时间偏移结合研究，这是山前带复杂构造成像的一条成功思路，因为它既保证了地质构造形态的真实性，又保证了速度建模信息的可靠性与建模精度。

（2）山前带复杂条件下，三维地震偏移成像研究应遵循的基本原则是：先做叠后时间偏移，再做叠前时间偏移，以此数据开展构造建模；在深度域依据构造模型开展沿层的层速度建模；先在浮动面建立层速度模型，再在起伏地表建立层速度模型，要合理利用好积分法深度偏移这个速度建模工具。

（3）针对山前带复杂构造特征，利用起伏地表叠前逆时深度偏移方法，获得了较好的深度偏移成像结果，它偏移归位合理，反射振幅真实，这说明在复杂构造地区，叠前逆时深度偏移具有很好的应用前景。

（二）异常散射体地震成像实例分析

本工区的地质难题是：南方复杂山地，地表复杂，地层高陡，目的层段地震资料信噪比较低、低频面波干扰强、层间有效信号能量弱；浅层分布有大量的膏盐层高速体，形状大小和横向速度分布不均一，对深层目的层的地震剖面影响较大，给地震速度建模带来较大困难。

1. 异常体成像关键技术

针对本区三维地震资料成像处理难题，在强化三维叠前精细预处理，异常体精细速度模型建立的基础上，利用高精度逆时偏移成像技术求取较准确的偏移成像结果，较好地解决了目的层段的成像问题。采用的关键技术如下：

（1）针对目的层段地震资料信噪比低、低频面波干扰强、层间有效信号能量弱，同时要保护碳酸盐岩缝洞储层低频信息等特点，正确地处理了信噪比与分辨率的关系。主要采用基于面波的近地表分析建模与反演技术及十字交叉域去噪技术，有效地压制了面波及相干干扰，提高了信噪比；采用叠前地表一致性稳健反褶积和叠后频率补偿技术相结合，实现了子波一致性处理并提高了分辨率，较好地保护了碳酸盐岩缝洞储层的低频信息，为后续的叠前时间/深度偏移处理提供了可靠的保幅数据体。

（2）采用提高速度分析控制点密度的速度分析和多轮次循环迭代的速度建模方法，建立了高精度的偏移速度模型，应用高精度弯曲射线 Kirchhoff 积分法叠前时间偏移方法，实现了反射波的准确成像，这为深度域偏移准备了一个较好的初始速度模型。

（3）本区的膏盐层中含有大量的高速异常，尺度大小不一，对下部地层影响较大；经过精细刻画异常体的顶底界，以及多轮次目的层的速度建模，再经过逆时偏移的流程和参数测试，建立了一套适合本区的高精度逆时偏移成像处理技术流程。高精度逆时偏移成像技术可提高地震数据成像精度，使断裂特征更加清楚，能量更加聚焦。

2. 异常体成像效果分析

针对南方海相地区复杂三维地震成像难题，利用开发的三维 Beam 的叠前深度偏移成像技术和逆时偏移技术，其对复杂山地构造的成像效果较好。

图 3.40 是川东北某工区三维实际数据波动方程偏移和 Beam 射线束偏移结果，对比图 3.40（a）和图 3.40（b）可以看出，Beam 射线束偏移结果信噪比较高，整体效果优于波动方程偏移结果，尤其在刻画能量较弱的地质目标体处的成像效果更明显。

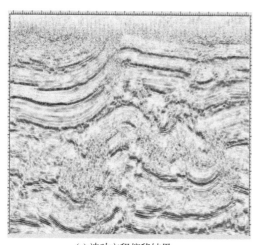

(a) 波动方程偏移结果　　　　　　　　　(b) Beam射线束偏移结果

图 3.40　川东北某工区三维实际数据波动方程偏移和 Beam 射线束偏移结果

图 3.41 是镇巴三维数据 Beam 深度偏移结果、Kirchhoff 深度偏移结果和 RTM 逆时偏移结果。图 3.41（a）是 Beam 深度偏移结果，图 3.41（b）是 Kirchhoff 深度偏移结果，图 3.41（c）是 RTM 逆时偏移结果。对比三项结果可以看出，Beam 深度偏移成像方法适合山地资料，在信噪比方面比 Kirchhoff 深度偏移和 RTM 逆时偏移都有相当的优势，是山前带低信噪比数据成像的首选方法。

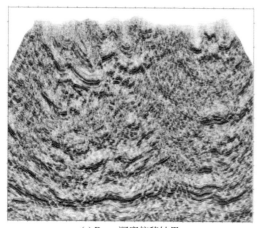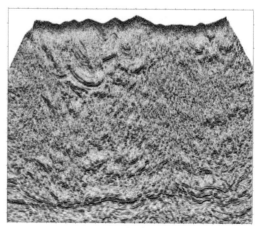

(a) Beam深度偏移结果　　　　　　　　　(b) Kirchhoff深度偏移结果

(c) RTM逆时偏移结果

图 3.41　镇巴三维数据 Beam 深度偏移结果、Kirchhoff 深度偏移结果和 RTM 逆时偏移结果

（三）多分量地震成像实例分析

1. 江汉二维多波实测地震资料纵横波叠前逆时偏移成像处理

利用江汉地区野外实测两分量资料，经去噪、地表一致性处理、动校正和叠加后得到纵波剖面、纵波叠前时间偏移剖面和纵波叠前深度剖面。

对该数据进行弹性波逆时偏移，得到纵、横波逆时偏移成像结果，图 3.42（a）为消除偏移噪声后的纵波叠加剖面，图 3.42（b）为消除偏移噪声后的横波叠加剖面，逆时偏移对地下构造的成像精度明显高于常规叠前深度偏移剖面。对比两图可以看出纵波成像构造与横波成像构造基本相同，横波频率低于纵波频率。

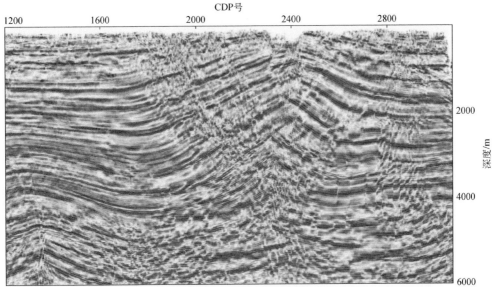

(a) 消除偏移噪声后的纵波叠加剖面

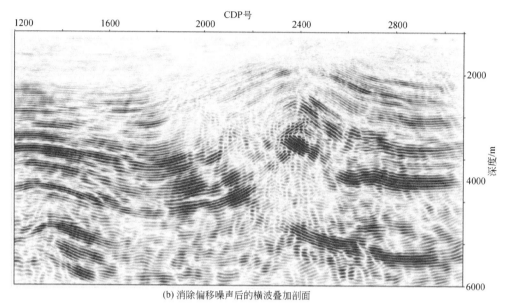

(b) 消除偏移噪声后的横波叠加剖面

图3.42　逆时偏移纵横波成像结果

另外，从信噪比和横向分辨率来看，叠前逆时深度偏移剖面明显要优于常规基尔霍夫积分剖面和有限差分偏移剖面。

2. 三维实际多波资料逆时偏移成像实例

对丰谷地区的实测资料进行三维叠前逆时偏移进行计算。其中，101 条主测线（Inline 号 580～680）；401 条联络测线（Xline 号 300～700）；主测线间距与联络测线间距均为 10m。记录长度 7s，时间采样间隔 2ms。图 3.43 为纵、横波的三维叠加剖面，图 3.44 为主测线号为 630 时的纵、横波剖面。由此可见，纵、横波偏移剖面都展示了各自的成像优势与波组特征。

(a) 纵波

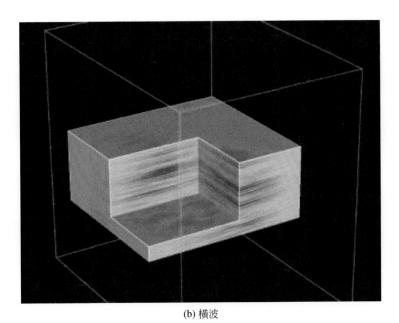

(b) 横波

图 3.43 纵、横波的三维数据体

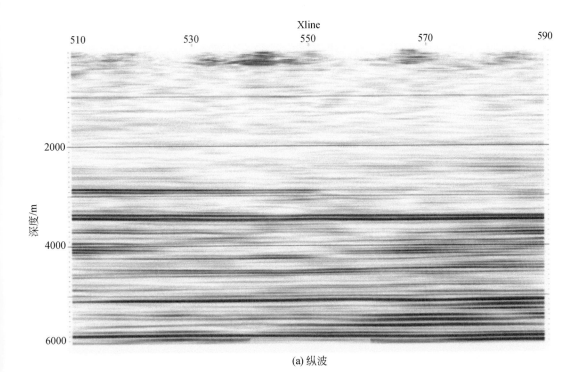

(a) 纵波

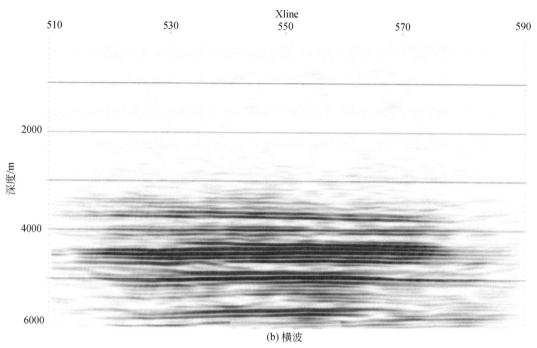

(b) 横波

图 3.44　主测线号为 630 时的纵、横波成像剖面（Xline 号 510 ~ 590）

参 考 文 献

勾丽敏, 刘学伟, 刘西宁, 等 . 2012. 散射波速度分析方法在南华北盆地破碎地层发育区的应用 . 石油地球物理勘探, 47（6）: 873-881.

郭向宇, 凌云, 魏修成 . 2002. 近地表散射波的叠后衰减 . 石油地球物理勘探, 37（3）: 201-208.

李录明, 贺玉山, 罗省贤 . 2013. 高效高精度初至波层析静校正方法及应用 . 成都理工大学学报, 40（2）: 113-119.

马婷, 周学明 . 2012. 两种不同求和路径的叠前时间偏移方法 . 物探与化探, 36（2）: 321-324.

渥·伊尔马滋 . 2006. 地震资料分析: 地震资料处理、反演和解释 . 刘怀山, 曹孟起, 张进, 等译 . 北京: 石油工业出版社 .

吴如山, 安芸敬一 . 1993. 地震波的散射与衰减（上）. 北京: 地震出版社 .

Billette F, Lambaré G. 1998. Velocity macro-model estimation from seismic reflection data by stereotomography. Geophysical Journal International, 135（2）: 671-690.

Claerbout J F. 1971. Toward a unified theory of reflector mapping. Geophysics, 36（3）: 467-481.

Claerbout J F, Doherty S M. 1972. Downward continuation of moveout-corrected seismograms. Geophysics, 37（5）: 741-768.

Claerbout J F. 1985. Imaging the earth's interior（Vol. 1）. Oxford: Blackwell scientific publications.

Ernst F, Blonk B, 等 . 1999. 降低地震资料中的近地表散射影响 . 陈军强, 张少兰译 . 国外油气勘探, 11（2）: 223-229.

Gazdag J. 1978. Wave equation migration with the phase-shift method. Geophysics, 43（7）: 1342-1351.

Gazdag J, Sguazzero P. 1984. Migration of seismic data by phase shift plus interpolation. Geophysics, 49 (2), 124-131.

Schneider W A. 1978. Integral formulation of migration in two and three dimensions. Geophysics, 43 (1): 49-76.

Stolt R H. 1978. Migration by Fouriertransform. Geophysics, 43 (1): 23-48.

第四章　碳酸盐岩储层模拟技术

地震模拟技术是研究实际复杂地区地震波传播的一种重要手段。通过该技术，研究人员可以了解地震波在储层中的传播规律，指导油气储层的采集设计，检验储层反演方法的正确性。因此研究地震模拟技术意义重大。地震模拟主要分为物理模拟和数值模拟两种，本章主要从物理模拟和数值模拟两方面介绍碳酸盐岩储层中的地震波模拟技术。

第一节　碳酸盐岩储层典型地质模型

地质模型是研究油气储层地震模拟的基础。碳酸盐岩储层地震模拟的物理、数值模型必须来自实际的储层地质模型，这样才能更好地指导实际储层的油气勘探。本节主要介绍我国南方典型的碳酸盐岩礁滩储层地质模型和西北广泛发育的碳酸盐岩缝洞储层地质模型。

一、碳酸盐岩礁滩储层地质模型

碳酸盐岩生物礁、滩主要是由生物构筑而成的一种特殊碳酸盐岩构造体，是碳酸盐岩中一种含油气沉积类型，具有广阔的油气潜力。我国南方的四川盆地广泛发育海相碳酸盐岩，油气资源潜力巨大。研究表明，礁滩型储层是四川盆地主要的碳酸盐岩油气储层类型。近年来，中国石化在四川盆地进行了卓有成效的勘探，相继在盆地的二叠系、三叠系发现了普光、元坝等一系列大型礁滩型气田。

（一）生物礁模型

生物礁由造礁生物和附礁生物组成，常具有凸镜状或丘状的外形，凸出于周围的同期沉积体，一般情况下由于礁体生长速度一般大于其周围的非生物格架沉积的沉积速度，故礁体在形态上常高于同期的沉积体。

如图4.1所示，在地球物理学上，按照礁体的形状特征及其所在的地理位置和陆块关系，生物礁可以划分为如下几种形式（吴闻静，2010）。

点礁：又称为补丁礁或斑礁，个体小，成不规则的圆弧形，形成于浅水区，多呈散点状分布于潟湖湖底，也可以紧靠陆棚边缘或处于广阔的浅海中，如川东北的板东四井生物礁。

塔礁：一种高度与直径相比很大的礁体，多呈锥形、柱形和塔状的孤立礁体，分布在开阔海洋的较深水区。

环礁：一般呈环状或不规则的圆形。边缘有凸起的礁缘，或在水下或露出水面成礁岛。中央地形低凹形成潟湖（礁间潟湖），有的潟湖水深可达数米，多发育在开阔大

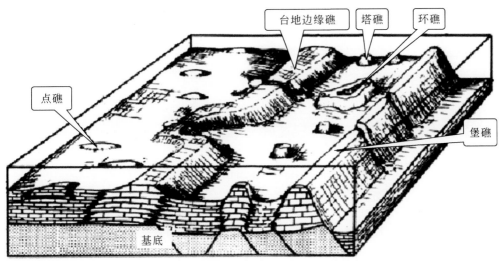

图 4.1　生物礁类型示意图（Bubb and Hatlelid，1997）

洋中。

　　台地边缘礁：又称岸礁或裙礁，呈裙带状在台地边缘上分布，常常与陆地相连沿岸线发育的礁体，一般具有平的顶（礁坪）和陡的斜坡。厚度较大，沉积时一侧为深水区，另一侧为浅水区。川东北已发现的大部分生物礁油气藏属于台地边缘礁类型。

　　堡礁：又称堤礁或障壁礁，呈线状，位于台地外部边缘的深水区，常发育在断块高部之上，一般平行海岸生长，但与陆地保持一定距离，被潟湖相隔。澳大利亚东北海岸的大堡礁是现代世界上最大的堡礁。

（二）生物滩模型

　　生物滩是在波浪、潮汐流和沿岸流作用下，由各种碳酸盐岩颗粒形成的一些大型底形，一般具有低缓（相对礁）的地形，但不形成坚固的抗浪构造，主要由松散的碳酸盐砂组成。它主要发育在陆棚边缘，特别是缓坡边缘地带，大部分处于波浪带的深度范围内。

　　如图 4.2 所示，碳酸盐岩生物滩一般可分为台内滩和台缘滩两种类型（赵路子，2008）。其中台缘滩指位于台地边缘的浅滩，总体上呈带状平行台地边缘分布，规模一般

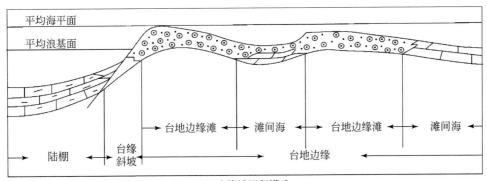

(a) 台缘滩沉积模式

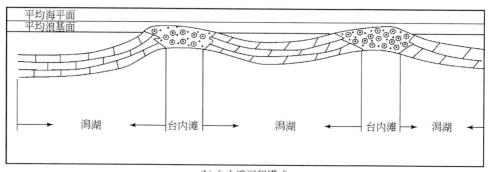

(b) 台内滩沉积模式

图 4.2　碳酸盐岩生物滩沉积模式（赵路子，2008）

较大，它主要为亮晶颗粒灰岩，颗粒类型主要为鲕粒和生物屑。台缘滩总体表现为断续的带状分布，有明显的滩前、滩后。而台内滩指零星散布于台地内部的浅滩，规模大小不等，颗粒类型可为内碎屑、鲕粒、生屑等，与台缘滩相比无明显的滩前、滩后。

　　四川盆地碳酸盐岩礁滩储层属于复杂隐蔽的地层性圈闭，其空间分布不规则，常规的地震法难以识别。此外礁滩储层埋藏深度大，地震分辨率低，定量解释程度低，多解性强。这给实际地震勘探带来了许多困难。

二、碳酸盐岩缝洞储层地质模型

　　我国西北面积最大的塔里木盆地发育广泛的海相碳酸盐岩，其含有的油气资源十分丰富。塔里木盆地油气田储层的孔隙类型以构造缝和溶蚀孔、洞、缝等次生孔隙为主。按照储层空间几何形态、大小和成因，可以将储集空间类型划分为孔隙、孔洞、裂缝三大类。孔隙包括晶间孔、晶间溶孔、粒间孔、粒间溶孔、铸模孔、粒内溶孔等类型，基质粒度范围 $5\mu m \sim 115mm$，平均粒度 $250\mu m$，是塔河奥陶系储层普遍存在的储集空间。孔洞分为溶蚀孔洞和大型洞穴；溶蚀孔洞是沿裂缝、微裂隙或缝合线发生溶蚀作用形成的孔洞，直径几百微米至 100mm，有的部分或全部被泥质充填，或密集分布或孤立发育；大型洞穴指直径大于 100mm 的溶洞，往往表现出充填岩溶角砾岩、巨晶方解石、溶积砂泥岩。塔河油田钻井岩心样品显微照片如图 4.3 所示。

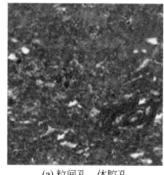

(a) 粒间孔、体腔孔

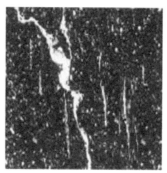

(b) 溶蚀缝、微裂隙

(c) 晶孔、晶间孔隙

图 4.3　塔河油田钻井岩心样品显微照片

根据以往研究成果和野外考察结果，大体可把塔里木缝洞系统的存在形式归纳为地下河系统类、岩溶洞穴类、溶蚀孔洞类、溶蚀缝类、礁滩溶孔类以及白云岩孔洞类6大类。

地下河系统类：又可划分为单支管道型、管道网络型和构造廊道型3个模式，其中单支管道型的洞主体近圆形，地下河呈线状展布，主洞体直径2~10m，长度1~30km；管道网络型的洞主体近圆形，地下河呈网状分布，主洞体直径2~10m，长度10km以上；构造廊道型的洞主体为峡谷状，呈折状分布，断面宽1~10m，高5~50m，长度0.5~5km。

岩溶洞穴类：可划分为厅堂型、竖井型和溶洞型3个模式，其中厅堂型的洞顶呈较平的天板或穹形、离散状分布，直径50m至数百米，高10~50m；竖井型的形态较简单，洞主体椭圆或近圆形；沿地下河走向散点状分布，直径0.2~10m，延伸长度<50m；溶洞型的断面形态多样，以不规则椭圆形为主；离散状分布，直径0.2~50m，高0.2~10m。

溶蚀孔洞类：不规则孔、洞呈层状或带状分布，孔径0.2~20cm。

溶蚀缝类：裂缝面较平直，以斜缝为主多呈网状分布。Ⅰ级缝宽10~50cm，间距8~15m，延伸长度50m至数百米；Ⅱ级缝宽2~10cm，间距1~5m，延伸长度几米至几十米；Ⅲ级缝宽1~5cm，间距0.1~0.3m，延伸长度1~10m。

礁滩溶孔类：不规则圆形，呈层状或带状分布。孔径0.5~10cm，孔隙度5%~30%，缝宽1~5mm，延伸长度10~50mm。

白云岩孔洞类：规则圆形，呈层状或带状分布。孔径0.01~5mm。

图4.4为塔里木盆地最常见的部分典型碳酸盐岩缝洞系统模式剖面图。

(a) 厅堂型洞

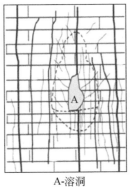

A-溶洞

(b) 溶洞系统

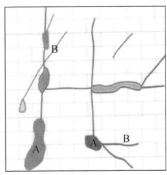

A-溶孔；B-微裂缝

(c) 溶蚀孔洞系统

(d) 单管道系统

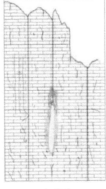

(e) 廊道式

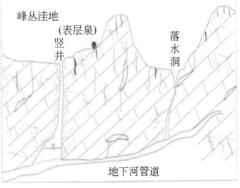

(f) 竖井型洞穴

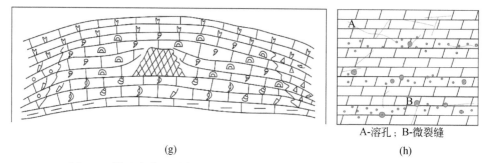

A-溶孔；B-微裂缝

(g)　　　　　　　　　　　　　　　　　　(h)

图4.4　塔里木盆地最常见的部分典型碳酸盐岩缝洞系统模式剖面图

建立典型碳酸盐岩缝洞系统模式，可以指导设计制作不同岩溶类型的地球物理模型，进而通过地球物理模型的地震响应模拟与实际地震响应对比，建立典型碳酸盐岩缝洞系统地球物理响应模式，最终为塔里木油田缝洞型储集空间的地球物理识别提供理论依据。

第二节　碳酸盐岩储层物理模拟

地震物理模型技术是一种利用振动波在模型介质内传播的过程了解地震波传播的基本特性和规律的探测方法。

目前在地震物理模拟技术中振动波为超声波，它测量的基础是介质声学量的测量。超声波在介质中的传播过程和传播规律与地震波在岩层（弹性介质）中的传播过程与传播规律除了在频率上的差异外，其物理机制是相同的。超声波在物理模型内传播符合弹性波的传播规律。所以对实验室中物理模型中弹性波进行测量，并对波形特征进行分析，能够模拟野外地震勘探，从而达到揭示岩层内部地震波传播规律的目的。

一、模型选材与制作

用地震物理模型实验来模拟碳酸盐岩储层及地下构造是一项复杂的系统工程。地震物理模型是真实物理实体的再现，只有在基本满足相似原理的条件下，才能真实地反映地质构造和储层结构的空间关系，才能更准确地模拟地震波传播特性。

模型材料和模型建造是超声地震模型实验工作首先要考虑的问题。当已知所要研究的问题后，就可以按照相似性的原理来设计物理模型了。首先要考虑的就是材料的选择问题，模型材料选择的是否合适，直接关系到实验的成败，选择材料时尽量地满足相似性设计的要求。其次，要根据实际情况确定模型的制作组合方法。

（一）物理模型材料优选

在地震物理模型中，构建各种地层速度的地质模型比较困难。首先，实际地层岩石的速度是千变万化的，实验室不可能把各种地层的速度复制出来。其次，地质模型应符合基本的地质沉积特征，即地层内介质应有相对的均匀性，各层间是自然结合的。最后，地质构造是复杂的，所使用的材料应容易制作和加工，然而实际情况并非如此。这些问题限制了模型材料的选取范围，也对三维地质模型材料应具备的特征提出了明确要求。

构建复杂构造物理模型材料一般要满足下面的要求：

（1）拥有较宽的物性参数变化范围，能够满足地震物理模拟对弹性波速度和密度以及对于吸收系数的要求；

（2）材料应该性能稳定，均匀性好，拥有良好的黏合性以及韧性，能拥有较长的时效并且易于合成。

市场上的一般工业材料无法满足复杂物理模型的要求，因此对复合材料的研究和使用是制作复杂构造物理模型的发展方向。通过不同的材料配比混合，能使材料拥有较宽的速度变化范围，满足建模对不同速度材料的需求。

在具体物理模型实验中，模拟材料研制要求模型材料具有与原型材料类似的结构和破坏特征，还要求模型的几何特征、物理常数、初始条件和边界条件都必须与原型相似。此外为了方便物理实验的具体测试，模型材料还应满足方便实际测试的要求。因此物理实验中的岩石相似材料还要满足如下准则：

（1）主要的力学和变形性质与模拟的岩性或结构相似；

（2）实验过程中模拟材料的物理力学性能稳定，不易受外界条件的影响；

（3）可以通过改变材料的配比，调整模拟材料的某些物理力学性质以适应相似条件的要求；

（4）制作方便，凝结快速，成型容易，凝固时没有大的收缩；

（5）模型表面易于粘贴测试元件；

（6）材料来源丰富，成本低。

为了研究碳酸盐岩储层中的流体特性，开展了流体储层类的高分子材料研究，以高吸水树脂为主。高吸水树脂（super absorbent polymer，SAP）是一种新型功能高分子材料，是具有亲水基团、能大量吸收水分而溶胀又能保持住水分不外流的合成树脂，一般可以吸收相当于树脂体积 100 倍以上的水分，最高的吸水率可达 1000% 以上。

研究主要以环氧树脂材料为基材，探索通过添加聚丙烯酸钠盐作为吸水材料，同时添加辅助材料如稀释剂、固化剂、消泡剂、水等优化配方，按照一定的工艺配方制作出含有流体特性的储层材料，通过控制吸水材料的吸水量来模拟不同流体含量的储层地质体，用于储层流体的地震物理模拟研究。

为了研究吸水材料吸水前后在环氧树脂基材中的微观变化，采用爱国者电子显微镜对不同吸水量的储层样品进行了分析，放大倍数为 180 倍，结果如图 4.5 所示，图 4.5（a）为吸水树脂在不吸附水时的状态，以独立的球形分散于环氧树脂基材中；图 4.5（b）为吸附水含量为 5% 时的状态，吸水材料吸附少量水后稍微舒展膨胀，但吸水材料中心含有大量气体；图 4.5（c）为吸附水含量为 10% 时的状态，吸水材料吸附大量水后舒展膨胀，但部分吸水材料中心含有少量气体；图 4.5（d）为吸附水含量为 12.5% 时的状态，吸水材料完全饱水后舒展膨胀，吸水材料中心不含气体。

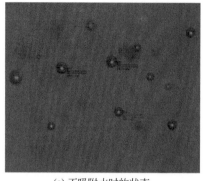

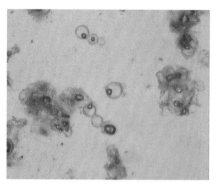

(a) 不吸附水时的状态　　　　　　　　　　(b) 吸附水含量为5%时的状态

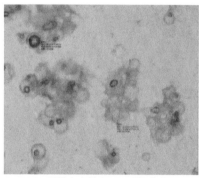

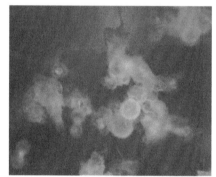

(c) 吸附水含量为10%时的状态　　　　　　(d) 吸附水含量为12.5%时的状态

图4.5　吸水材料吸水前后在环氧树脂基材中的微观变化

　　具体流体饱和物理模型的制作工艺流程如下：第一步使用吸水树脂等材料配制含水储集混合液；第二步主要使用环氧树脂等材料配制基体材料；第三步将两种配制好的材料混合均匀后抽真空浇注模型即可。

　　图4.6为吸水储层材料制作的流体充填物理模型，其中图4.6（a）为三层模型，中间层为薄层，分三段，第一段为对照区，不加吸水材料，第二段加入吸水材料，含水量为2.5%左右，第三段也加入吸水材料，含水量为5%左右，第一层和第三层均为环氧树脂材料；图4.6（b）为两层模型，第一层分两段，第一段为对照区，不加吸水材料，第二段加入吸水材料，含水量为7.5%，第二层为纯环氧树脂，图4.6（c）、图4.6（d）为实物图片。

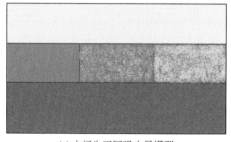

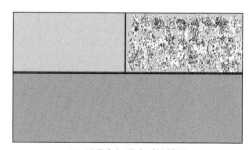

(a) 中间为不同吸水量模型　　　　　　　　(b) 不吸水与吸水对比模型

(c) 三层吸水材料实物模型 （d) 两层吸水材料对比实物模型

图 4.6 吸水储层材料制作的流体充填物理模型

高分子吸水复合材料的研制为实验研究流体对碳酸盐岩储层地震响应奠定了基础。

（二）碳酸盐岩新型复合材料研制

为了模拟碳酸盐岩溶洞型储层，开发了具有孔渗特性的硅酸盐水泥复合材料。

根据碳酸盐岩的结构特征以及地震物理模型材料的制作要求，通过选择具有孔渗结构的无机工程材料硅酸盐水泥作为制作模型的基础材料，通过添加功能材料及有机添加剂来改变材料的声波传播速度和材料塑性，达到模拟不同地层速度的实验要求，主要从材料速度方面来研究模型材料的配方，最终形成速度梯度。

通过对不同碳酸盐岩速度影响因子的考查，先设计大跨度试验配方，得到 2000m/s、2500m/s、3000m/s、3500m/s、4000m/s 的试验配方，主要用拉法基调整速度梯度，高速的采用添加减水剂来增速，通过添加消泡剂来减少气泡生成。

在大的速度确定之后，通过材料中调整金刚砂的含量来微调速度梯度，相关研究人员在半年时间内，制作 100 多个小样后，基本确定了速度配方。

通过研究发现，研制得到的硅酸盐水泥复合储层材料与碳酸盐岩不管是在微观结构上，还是在速度波形图的宏观表现上，都具有很大的相似性，而硅酸盐水泥又具有较高的强度和可塑性、表面气泡较少等优良性能，所以后续的物理测试选择了以硅酸盐水泥作为模拟碳酸盐岩的地震物理模拟材料。

（三）溶洞模型的制作

在储层内部刻画不同形态的溶洞模型时，可以选择均匀度、透声性都非常好并且易于加工的有机玻璃作为底层模型材料，预先设计好溶洞的形态，然后在有机玻璃上雕刻成型，如图 4.7 所示。

进行孔洞形态和内部充填物物理模型制作时，根据实际地区地质情况主要考虑洞内充填物的速度，也兼顾洞的形态。图 4.8 给出了四种孔洞形态的物理模型实物照片，在模型设计中采用了组合方式，将制备微结构材料雕刻四种形态的洞浇注在一个模型内，这种制作方法的优点在于多种形态的洞在同一条件下进行观测，用于定性、定量比对分析。

为了定量化研究分析不同尺寸溶洞的波场响应及振幅能量变化，可以选用不同直径的有机玻璃小球来模拟。图 4.9 是用直径为 1～12mm 的有机玻璃小球从小到大排列得到的溶洞物理模型。有机玻璃小球的间隔 8cm，可以避免溶洞之间的相互干扰。当小球介质速度较大，而有机小球的速度较低时，还可以通过人工注射流体的方法来制作溶洞。

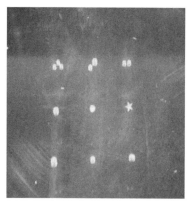

图 4.7　　在有机玻璃上雕刻成型的溶洞模型实物图

(a)含洞目的层物理模型　　　　　　　　　　　　(b)整体物理模型

图 4.8　　棍、片、球、柱四种孔洞形态物理模型实物照片

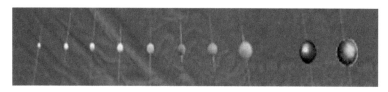

图 4.9　　不同尺寸溶洞地震响应定量分析模型

（四）裂缝模型的制作

　　酸盐岩裂缝型储层物理模型，主要从两个方面进行了研究：①聚氨酯复合材料研究，开发具有较高韧性的复合材料；②固定尺寸裂缝的填充或人工切割裂缝，开展裂缝的定量化研究。

　　为了制作类似于天然裂缝的模型，必须开发具有一定韧性的模型材料，由于纯环氧树脂脆性较大，不利于使用压裂的方法制作不规则裂缝，聚氨酯材料是具有较高韧性的高分子材料，使用聚氨酯材料和环氧树脂材料复合，可以提高环氧树脂的韧性，达到制作压裂裂缝的目的。

　　利用聚氨酯复合材料制作好增韧模型材料后，把样品放在压力机上进行压裂，可以根据裂缝要求，选择不同韧性的复合材料，制作不同的裂缝簇，压裂时控制好压裂速度，防止压机速度过快而无法控制裂缝簇的形态。图 4.10 是聚氨酯复合材料压裂后得到的裂缝簇。

图 4.10　聚氨酯复合材料压裂后得到的裂缝簇

　　压裂完成后，把制作好的裂缝簇放入封装好的模具中，配制环氧树脂灌封材料进行灌注，灌注后抽真空脱泡，等材料固化完成后即可脱模，局部裂缝簇模型制作完成，如图 4.11 所示。

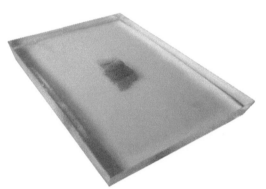

图 4.11　不规则裂缝带及不同裂缝形态的物理模型实物图

　　为了定量化地去研究分析不同尺寸裂缝的波场响应及振幅能量变化，选用了裂缝高度为 1～12mm 不等的聚酯薄片，把裂缝薄片从小到大排列，间隔 8cm，排除相互干扰，如图 4.12 所示。在测试时，可以直接把裂缝薄片固定到有机玻璃板表面。

图 4.12　不同尺寸裂缝模型

　　为了研究模拟真实裂缝，本次通过人工切割的方法获得了制作高速和低速裂缝的新工艺，如图4.13是制作得到的高、低速裂缝模型。

(a) 高速裂缝　　　　　　　　　　(b) 低速裂缝

图4.13　人工切割法得到的裂缝模型

二、物理模型采集系统

　　常规的地震物理模型测试手段使用压电式超声波探头来接收，这是一种接触式测量，其测量效率较低，真实性和重复性较差，在一些模型检测时耦合效果不好或者根本无法耦合。激光检测是一种先进的非接触测量方法，其测量精度高，效率高，重复性好可方便地应用于物理地质模型检测。在碳酸盐岩储层物理模拟研究过程中，相关研究人员成功研制了一种非接触式激光激发、接收系统，并成功进行了固地地质模型的超声波连续采集，取得了比较好的效果。

（一）激光超声波原理

　　激光超声波法是利用超声波来产生振动和激光接收实现材料特性和缺陷检测的技术。图4.14（a）是实验室进行固体地震物理模型超声发射-激光接收的示意图，图4.14（b）是用激光接收到的模型表面产生振动信号的波形图。它将模型表面的振动信号（位移或速度）转换为电信号，然后送给计算机进行分析处理。

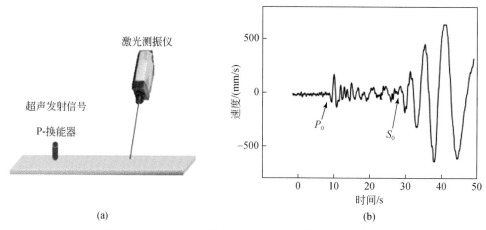

(a)　　　　　　　　　　(b)

图4.14　超声发射-激光接收地震物理模型实验示意图

P_0、S_0 分别表示纵波、横波初至

激光多普勒测振（或测振）是一种比较理想的检测方法，它采用了激光干涉技术。与常规接触式压电探头接收方法相比，激光多普勒测振具有下面几个优点：

（1）激光检测在其有效频率范围内能平等地反映各个频点的幅度，检测到的波形由于没有经过滤波可能不美观但却是真实的。

（2）激光检测的接收点可以通过聚焦调节到极小（μm 级），完全可以认为激光的检测是点检测。

（3）激光检测是非接触式的，它基本排除了探头本身的干扰因数，不会影响检测结果。

（4）激光测振仪可以检测到地表面微小振动的速度和位移，就是说几乎可以完全真实地反映地面实际振动情况。激光测振仪可检测到的最小速度信号可到 0.1 μm/s 以下，最小位移可到 10^{-12} m 以下。有些激光测振仪可用于超声波检测，有些可检测频率范围超过 10MHz 的振动信号。

（5）激光检测几乎不存在一致性问题。

（6）可以进行远距离测量，移动方便，便于大规模快速采集。

本部分所介绍的新研发采集系统中的接收模块采用的是激光多普勒测振设备来实现超声波的激光接收。

（二）地震物理模型实验激光超声采集系统

图 4.15 为非接触式激光超声波物理模拟原理框图。

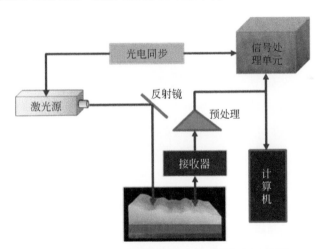

图 4.15 非接触式激光超声波物理模拟原理框图

该系统的发射部分采用强脉冲激光源（或超声波）。当对模型进行测试时，强脉冲激光源向模型某点（又称为炮点）发射激光脉冲，该点受热会发生热膨胀或熔化，由此产生超声波并向模型内部传送。由于强脉冲激光源是非接触发射源，在移动位置时，发射头没有提放过程，在物理模型测试时其生产效率较高，并且激光源在模型上的光点可通过聚焦小到几十微米，符合野外震源按比例缩小的要求。

系统的接收部分主要由激光多普勒测振仪组成。可有三种激光接收方式：单点接收方式、三维接收方式和面扫描式激光测振。单点接收方式采用单点激光测振仪，其特点是测量精度高、频带宽，但只能对一个方向的振动进行检测。三维接收方式则采用三维激光测振仪，其特点是可对模型表面三个方向的振动同时进行检测。面扫描式激光测振对多点振动进行扫描检测。由于激光多普勒测振仪是非接触发射源，没有提放过程，其生产效率较高，并且激光源在模型上的检测点可通过聚焦小到几十微米，符合野外震源按比例缩小的要求。激光多普勒测振仪将振动速度信号转换为电压信号输出。

高速模数转换器采用 24 位模数转换器，它将激光多普勒测振仪输出的电压信号转化为数字信号送给计算机处理。

三维坐标仪平台由两套三维坐标仪组成，即共有六个伺服电机分别控制 X_1、X_2、Y_1、Y_2、Z_1、Z_2 方向上的运行，伺服电机控制器控制电机的运行，而六轴定位控制器则一方面可以接收计算机的命令并在译码后送给伺服电机控制器，另一方面可以可根据需要将位置信号送给计算机。强脉冲激光发生器和激光多普勒测振仪激光探头分别通过机械夹具安装在三维坐标仪上。每套三维坐标仪都可以根据控制计算机发来的命令使激光探头在 X、Y、Z 方向上自由移动，这样可以很方便地将激光探头移到预定的检测点和炮点。同时坐标仪的控制装置可根据实验要求在到达检测点后发出同步信号启动强脉冲激光发生器和激光多普勒测振仪、激光探头、测振仪控制器、高速 A/D 转换器对信号进行采集，并通过计算机输入输出接口进行输出保存（图 4.16）。

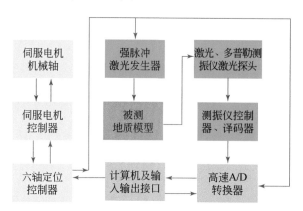

图 4.16　激光超声波物理模拟采集系统原理框图和实验方法示意图

在碳酸盐岩储层物理模拟研究中，研究人员设计了自动连续测量系统的硬件架构和连续自动测量流程，加工了专用激光探头夹具，开发了专用软件。使得激光探头可根据需要在 X、Y、Z 三个方向上连续运动，并在运动过程中进行多点连续测量。

非接触式激光激发、接收的物理实验采集系统可以对固地地质模型的超声波进行连续、准确采集，使得物理模拟效率大幅提高。

三、碳酸盐岩储层物理模拟及分析

（一）溶洞物理模拟及分析

为研究不同尺度溶洞模型的地震响应特征，设计模拟 5200m 深度处 10 个不同大小单溶洞物理模型（10m、20m、25m、35m、40m、60m、80m、120m、140m 和 180m），溶洞速度 3250m/s，密度 1.2g/cm³，围岩速度 4800m/s。当主频为 25Hz 时，溶洞的波长为 130m。图 4.17 为不同溶洞大小物理模型实物图，图 4.18 为不同溶洞大小物理模型数据叠加剖面，图 4.19 为不同溶洞大小物理模型数据偏移剖面。

图 4.17　不同溶洞大小物理模型实物图

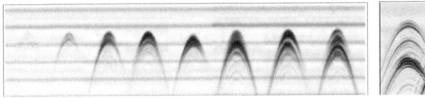

图 4.18　不同溶洞大小物理模型数据叠加剖面

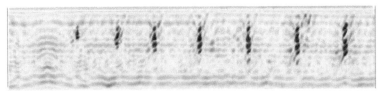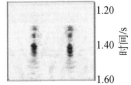

图 4.19　不同溶洞大小物理模型数据偏移剖面

从叠加和偏移成像结果可以看出，其一，溶洞的绕射能量随其尺度减小逐渐减弱，当溶洞尺度小于 $\lambda/20$ 时，从地震反射波形上基本不能直接分辨溶洞，用常规处理无法成像；其二，溶洞尺度 20m 以上的"洞"可以形成串珠，并随着溶洞尺度增大，在剖面上"串珠"越长，在横向范围越大。而溶洞直径大于为 80m 的溶洞绕射信号出现了明显的顶、底反射现象，且溶洞底的反射能量大于其顶的反射。

再对溶洞的地震信号进行时频分析，如图 4.20 是直径为 20m、25m、40m、60m、80m

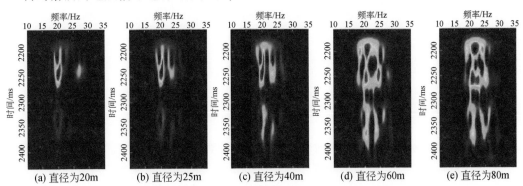

(a) 直径为20m　　(b) 直径为25m　　(c) 直径为40m　　(d) 直径为60m　　(e) 直径为80m

图 4.20　不同直径溶洞时频分析

五个溶洞的时频分析图。

通过不同直径溶洞地震记录的频谱分析和时频分析可以看出，小尺度溶洞反射波的频带宽，主频高；大尺度溶洞反射波的频带窄，主频偏低。

（二）裂缝模型物理模拟及特征分析

为研究裂缝介质的 P 波方位各向异性特征和不同充填物以及不同裂缝密度的垂直裂缝的地震响应特征，开展了垂直裂缝的数值模拟研究工作。

首先建立了如图 4.21 所示的两层裂缝介质模型。其中第一层为各向同性介质，第二层为垂直裂缝介质。图 4.22 是裂缝含气时不同方位角上得到的地震记录。通过裂缝区底界面的反射记录可以看出裂缝介质中的纵波速度呈现出方位各向异性特征。波速在平行裂缝方向速度最大，在垂直裂缝方向速度最小。

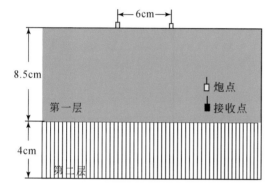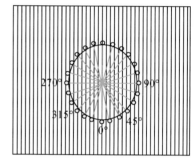

图 4.21　两层裂缝介质模型

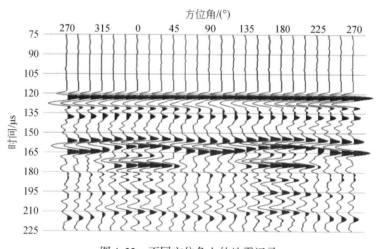

图 4.22　不同方位角上的地震记录

为考虑裂缝介质中不同流体饱时对地震的影响，对裂缝在含气、部分含水和完全含水的三种情况进行了模拟，得到不同流体饱和时方位角上的地震记录如图 4.23 所示。其中曲线①、②、③分别是裂缝含气、部分含水和完全含水时的结果。

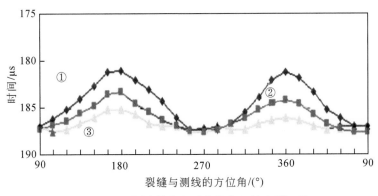

图 4.23　不同流体饱和时方位角上的地震记录

可以看到，测试当裂隙中含气时，振幅方位各向异性最强；当裂隙中含饱和流体时，振幅方位各向异性程度最弱；而裂隙中含部分饱和流体时，振幅变化幅度则在两种模型之间。不同的裂隙填充物，引起的反射 P 波振幅与速度方位各向异性程度也不相同，振幅的各向异性程度远大于速度的各向异性。

（三）缝洞型储层的物理模拟及分析

为了进一步研究碳酸盐岩大型缝洞储层的地震响应特征，制作了河道缝洞模型，包括多种孤立型溶洞和河道型溶洞以及裂缝带和古河道连通的缝洞体。古河道及缝洞综合物理模型实物图见图 4.24。

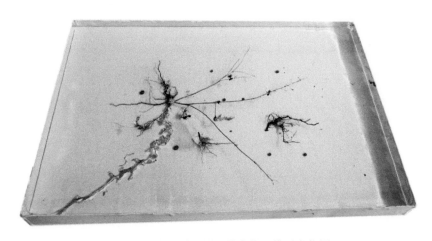

图 4.24　古河道及缝洞综合物理模型实物图

对古河道及缝洞综合物理模型进行三维地震物理模拟数据采集，图 4.25 为其中 Inline 方向的一条测线，从实验数据处理剖面可以看到，实验数据得到的地震剖面分辨率和信噪比在整体上均较高，断面清晰、收敛性强，断点位置准确，易于正确解释断层；在目标层（奥陶系碳酸盐岩）的内幕"串珠"反射清晰，地层之间的接触关系以及在横向上的异常变化清楚。

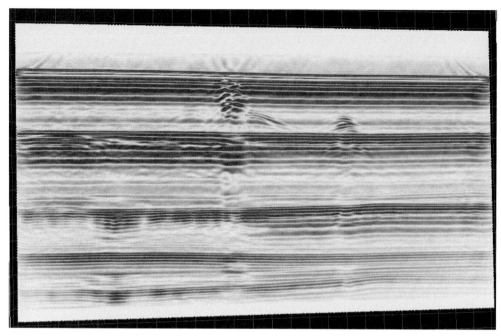

图 4.25　古河道及缝洞三维物理模拟偏移剖面 Inline226 地震剖面

　　图 4.26 为某一测线上对应位置的纵、横向剖面和时间切片的对比图，可以看到古河道和缝洞的地震响应比较明显，河道成像清楚。

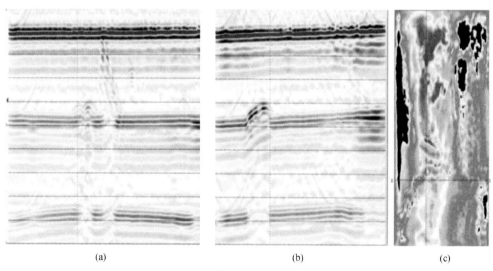

(a)　　　　　　　　　　　　　(b)　　　　　　　　　　　(c)

图 4.26　古河道及缝洞三维物理模拟纵（a）、横（b）向剖面和时间切片（c）

　　根据设计模型及地震反射特征，先对古河道顶面进行解释，然后沿解释层位向下开时窗进行均方根振幅属性提取（图 4.27）。将属性提取结果与实验中物理模型实际地质模型进行比对，其结果与实际模型基本一致，这说明均方根属性可以用来预测实际碳酸盐岩缝洞储层。

图4.27 沿古河道顶面解释层向下 30ms 均方根振幅属性

（四）礁滩储层的物理模拟及分析

根据实际南方地震资料，抽象出如图4.28所示的地质模型。礁后分布三个大小不一的生物滩。模型中礁、滩的纵波速度相同。

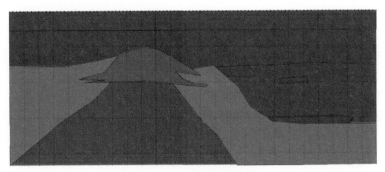

图4.28 礁滩地质模型

根据地质模型制作了相应的物理模型，如图4.29所示。

(a)

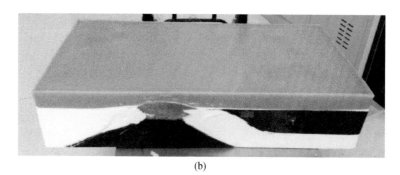

(b)

图 4.29　礁滩相物理模型

　　然后利用图 4.29 中模型进行地震物理模拟，并对物理模拟数据进行处理。图 4.30 是用物理测量数据得到的叠加剖面。可以看到较大的礁结构形状基本呈现出来，而礁的翼部、小型的滩则表现出绕射波发散、不聚焦的特点。

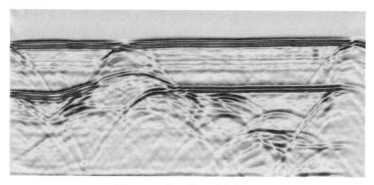

图 4.30　物理模型叠加剖面

　　图 4.31 是对物理测量数据进行叠前时间偏移后得到的结果。

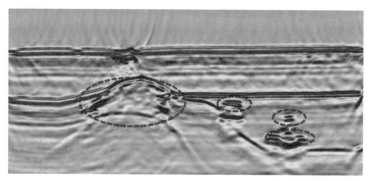

图 4.31　物理模型叠前时间偏移剖面

　　可以看到物理模拟实验的偏移结果和实际地震剖面相一致。生物礁结构在地震剖面上整体呈丘状凸起，这主要是生物礁厚度比四周的同期沉积明显增大所致。这也是实际勘探中生物礁结构的最明显地震特征。礁后的小型滩结构也表现出层状反射的特征，且都清晰可辨。

第三节　碳酸盐岩储层数值模拟

波动方程数值模拟是研究实际复杂地区地震波传播的有效手段之一。该法包含有丰富的波动信息，可为地震波传播机理和复杂地层解释提供很多佐证，所以在实际地震勘探中占有重要地位。通过数值模拟的方法，人们可以了解波在复杂碳酸盐岩介质中的传播规律，指导实际碳酸盐岩油气储层的采集设计、检验碳酸盐岩储层反演方法的正确性。

目前在地球物理领域波动方程的数值模拟方法主要有三种：有限差分法、有限元法、伪谱法。其中有限差分法是各种波动方程数值模拟方法中最早出现的，其原理是在微分方程中用差商代替微商，得到相应的差分方程，再通过求解差分方程得到描述波传播微分方程的近似解。有限差分法具有编程简单、运行速度快的特点，是目前地球物理波动方程数值模拟中应用最广泛的方法。

一、数值模拟方法

（一）变网格、变步长有限差分法

通常情况下，在将速度模型离散化的过程中使用的网格都是同一标准大小的网格，无法对一些复杂区域精细采样。为了弥补这一缺陷，可以采用可变网格技术，即在同一个速度模型中，对需要精细剖分的部分采用较细的网格，而在速度均匀或变化缓慢的地方采用尺寸较大的网格，这样做既保证了模拟的效率，又提高了模拟的质量。

在地震波模拟过程中，为保证模拟精度，在介质变化剧烈或者介质速度很低的模型区域，要求采用更精细的空间网格进行剖分，否则就会产生较强的人为绕射或者产生较强的数值频散。而在兼顾精度又要考虑提高效率时，在介质缓变的较高速度区域，可以采用较大的空间离散网格。如果全局采用统一的小网格，必将造成计算量的极大浪费。为此，可以采用空间可变网格技术，即在同一个介质模型中，对介质变化剧烈或介质速度很低的区域采用精细空间网格，而在介质均匀或变化缓慢的高速区域采用较大的空间网格。这样既保证了模拟的效率，又提高了模拟的精度。图4.32展示了这种变网格剖分示意图。

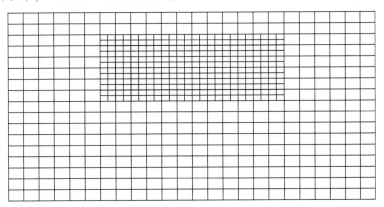

图4.32　变网格剖分示意图

在介绍变网格有限差分法之前首先以一维情况为例，介绍对称任意间距节点上函数的一阶空间微分的求取。如图 4.33 所示，设在 x 方向上以点 x_0 为中心对称分布 $2N$ 个网格节点，其 x 坐标分别为 $x_0-q_N\Delta x/2$，…，$x_0-q_1\Delta x/2$，$x_0+q_1\Delta x/2$，…，$x_0+q_N\Delta x/2$，这里 Δx 为节点间的最小间距，$q_n(n=1，…，N)$ 为任意单调递增的正整数。

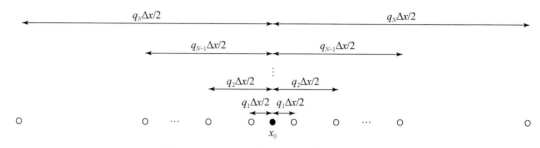

图 4.33　一阶导数的对称计算节点示意图

对于图 4.33 中 $2N$ 个节点处的函数值 $f(x_0-q_N\Delta x/2)$，…，$f(x_0-q_1\Delta x/2)$，$f(x_0+q_1\Delta x/2)$，…，$f(x_0+q_N\Delta x/2)$，利用泰勒展开，可导出函数 $f(x)$ 在点 x_0 处的一阶导数估值：

$$\left.\frac{\partial f}{\partial x}\right|_{x=x_0} = \frac{1}{\Delta x}\sum_{n=1}^{N} c_n\left[f(x_0 + q_n\Delta x/2) - f(x_0 - q_n\Delta x/2)\right] \qquad (4.1)$$

其中差分系数 $c_n(n=1，2，…，N)$ 满足方程：

$$\begin{bmatrix} q_1 & q_2 & \cdots & q_N \\ q_1^3 & q_2^3 & \cdots & q_N^3 \\ \vdots & \vdots & & \vdots \\ q_1^{2N-1} & q_2^{2N-1} & \cdots & q_N^{2N-1} \end{bmatrix}\begin{bmatrix} c_1 \\ c_2 \\ \vdots \\ c_N \end{bmatrix} = \begin{bmatrix} 1 \\ 0 \\ \vdots \\ 0 \end{bmatrix} \qquad (4.2)$$

式（4.1）即为用对称任意间距节点计算一阶导数的高阶精度计算式，其中系数 $c_n(n=1，2，…，N)$ 通过求解式（4.2）得到。若取 $q_n=2n-1(n=1，2，…，N)$，则 $c_n(n=1，2，…，N)$ 即为等距节点情况的一阶导数的具有 $2N$ 阶精度差分近似的差分系数。

为了节约计算开销，研究开发了变网格波场模拟方法。即在不关心的区域采用粗网格进行空间剖分，在感兴趣的区域，如储层，采用细网格进行剖分，从而达到在保证计算精度的前提下减小计算量的目的。变网格差分计算的关键是要解决好网格尺度变化处的波场过渡衔接问题，保证过渡区不因网格尺度变化产生明显的计算噪声。下面以函数 $f(x)$ 沿 x 方向的一阶导数为例来说明两种网格过渡处的处理。

设细网格节点间距为 Δx，粗网格的节点间距为 $m\Delta x$，即粗网格节点间距是细网格的 m 倍。不失一般性，取 $m=3$，并采用 10 阶精度格式，来介绍一阶空间微分的变网格中过渡处的处理。

如图 4.34 所示，"○"表示粗网格节点，"●"表示粗网格中的加密节点。在重点研究区域加密的节点连通粗网格节点构成细网格节点。①～⑥为粗、细网格过渡区的 6 个一阶导数计算点及其一阶导数所用到的网格节点，其中①及其左边大网格区的各计算点按粗网格计算；⑥及其右边的细网格区各计算点按细网格计算；②～⑤4 个点需要按式（4.1）计算。

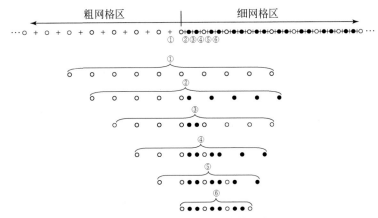

图4.34 变网格过渡区计算示意图

○●——网格节点；+——求一阶导数的点位置

一般取$2N$阶差分计算精度时，在粗、细网格分界的细网格一侧共有$N-1$个计算点需要采用式（4.1）进行一阶导数的计算，每一个点的差分算子不同，加上粗网格和细网格内部计算点差分算子，共有$N+1$个不同的差分算子。

在粗、细网格过渡区一阶导数的计算精度不一致可能会引起数值反射，从而导致附加的计算噪声。差分频散程度取决于有限差分方法计算的一阶导数的精度。有限差分算子的滤波响应只能在低波数段逼近一阶导数算子的滤波响应，在高波数段将会出现严重的频散。设k_α为可接受差分频散水平的最高波数，即在$k\leqslant k_\alpha$的低波数区频散很小，对最终正演结果的影响可以忽略。记$k_\alpha=\alpha k_N$，这里$k_N=1/(2\Delta x)$，表示Nyquist波数，其中$0<\alpha<1$。α的值由差分算子决定。对于10阶精度的差分算子，研究取α值为0.6。为了使有限差分数值模拟计算结果不受差分频散的显著影响，必须选取Δx满足$\alpha/(2\Delta x)=k_\alpha>f_{max}/V_{min}$，即：

$$\Delta x<\frac{\alpha}{2}\frac{V_{min}}{f_{max}} \tag{4.3}$$

式中，f_{max}为子波的最高频率；V_{min}为介质的最低速度。

式（4.3）是保证数值模拟计算精度的空间离散步长Δx应满足的条件，只要满足该条件，则在波数范围$[0,k_{max}]$内差分频散误差可以忽略。采用变网格计算，粗网格尺度也应满足式（4.3），即：

$$m\Delta x<\frac{\alpha}{2}\frac{V_{min}}{f_{max}} \tag{4.4}$$

如果不满足上述条件，波场在粗网格区传播时就会产生强的频散噪声。

由前面对两种网格过渡区的差分算子精度分析可知，若$k_\alpha>k_{max}$则过渡区的差分算子均满足精度要求，差分算子在过渡区的变化也不会引起明显的计算误差。

因此在两种网格过渡区波场传播的衔接问题上，只要粗网格计算满足精度要求，就不会产生明显的差分频散，在两种网格的过渡区就不会出现明显的反射噪声。

高阶有限差分地震波数值模拟通常使用一个全局时间步长，而这个时间步长的选定取决于高阶有限差分数值计算的稳定性条件，根据二维弹性波稳定性条件的方法，可以得到二维声波、时间 2 阶、空间 2K 阶精度的稳定性条件：

$$V\Delta t\sqrt{\left(\frac{1}{\Delta x}\right)^2+\left(\frac{1}{\Delta z}\right)^2}\leqslant\sqrt{\frac{2}{\sum_{n=1}^{K}c_n^{(K)}\left[1-(-1)^n\right]}} \qquad (4.5)$$

式中，Δt 为时间步长；V 为模型最大速度；Δz 与 Δx 为空间纵横向网格大小；$c_n^{(K)}$ 为差分系数。

由式（4.5）可知，空间网格越小，要求时间步长越小。如果采用空间可变网格模拟方法，仍选取一个全局时间步长，小网格的存在要求这个全局时间步长必须取得非常小，才能满足模拟的稳定性条件。而对于大网格部分而言，用这个小时间步长计算就造成了时间上的过采样，极大降低了计算效率。采用局部可变时间步长可以来解决这个问题。

下面以一维声波方程模拟为例介绍变步长模拟的原理。假定长短时间步长比 $N=5$，短时间步长为 Δt，差分算子为十阶差分算子。如图 4.35，从时刻 $n\Delta t$ 开始，在区域 1，以时间步长 $5\Delta t$ 进行计算，然后在阴影部分的过渡带区域，利用 $(n-4)\Delta t$ 与 $n\Delta t$ 处的波场值，以 $4\Delta t$ 为时间步长计算出 $(n+4)\Delta t$ 刻的波场，接着使用 $(n-3)\Delta t$ 与 $n\Delta t$ 处的波场，以 $3\Delta t$ 为时间步长计算出 $(n+3)\Delta t$ 处的波场，同理可以得到过渡带区域内各个短时间步长时刻所需的波场值。将这些值全部存储于内存中，就可以直接计算区域 2 中短时间步长区域内的波场。通过这样的流程，就可以实现局部可变时间步长的地震波数值模拟。由于过渡带区域非常窄，它所消耗的内存和增加的计算量基本可以忽略。

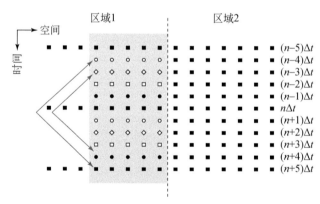

图 4.35　局部变时间步长示意图

将可变网格与局部可变时间步长相结合进行地震波数值模拟，对介质模型的建立也有新的要求。在模型建立过程中，首先利用精细网格剖分介质，然后给定某个阈值对剖分的介质进行扫描，对达到阈值要求的区域保留，而其他区域进行粗网格的重采样，如此完成粗细网格的介质剖分。然后在计算过程中的大网格区域使用长时间步长，而在小网格区域采用短时间步长，同时将此种方法推广至网格变化比与时间步长变化比均为任意正整数倍情况。这样，在提高计算速度的同时，增加了该模拟方法的适用范围与灵活性。

图 4.36 是含有不同尺度圆洞的碳酸盐岩溶洞模型，整个计算区域 1500m×600m，参数分别为：$V_P=5000\text{m/s}$，$V_S=3000\text{m/s}$，$\rho=2.6\text{g/cm}^3$。在模型的中部 500m 深度分布半径分

别为 5m、10m、20m 的三个圆形溶洞，洞间相距 200m，洞内介质 $V_P = 1800m/s$，$\rho = 1.2g/cm^3$。数值模拟野外地震观测，炮间距为 10m，道间距为 5m，排列长度为 1500m。采用中间激发方式，震源位于模型地表处，激发子波为主频 40Hz 的子波。在数值模拟中采用变网格技术进行空间离散，其中粗网格为 5m×5m，细网格（图中白线框内）尺度为 1m×1m。

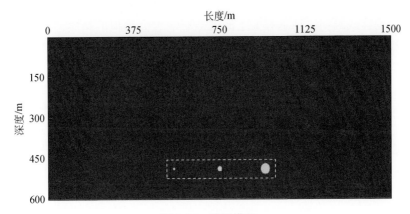

图 4.36　溶洞模型

图 4.37（a）是震源位于中间时，变网格、变步长有限差分计算得到的弹性波纵向分量的地震记录；图 4.37（b）是模型全采用均匀 1m×1m 小网格时得到的模拟记录。对比可以发现两者差异甚小，这充分说明变网格计算基本没有降低计算精度。在相同情况下，采用细网格模拟时花费模拟时间 246s，而采用变网格模拟时 56s。采用变网格模拟，计算时间可以得到显著减少，提高了模拟效率。

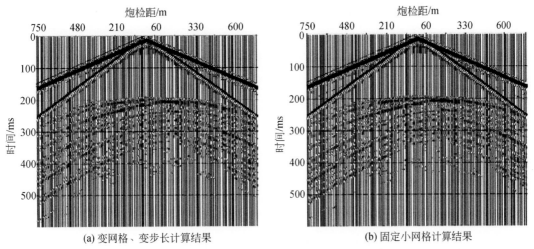

(a) 变网格、变步长计算结果　　　　　　(b) 固定小网格计算结果

图 4.37　变网格、变步长与固定小网格计算的炮记录对比

从上述模型计算可以看出，变网格、变步长有限差分技术在保证和细网格精度相近的前提下可以显著减少模拟的时间，使得模拟效率大大提高。当进行大规模多炮模拟时，变网格技术可以很大地缩减模拟时间，提高波场正演模拟的效率。

（二）边界条件处理

在对波动方程进行数值模拟时，考虑到计算机内存的有限性和合理计算开销，需要对无限或很大的传播区域进行截取，使问题可以在合理、有限的区域内解决。但这种区域截取会在边界处产生"人工波"，如在波场有限差分模拟中人工截断边界处会产生"人工反射波"。如果不消除或减弱这种虚假人工波就会影响数值模拟的精度，甚至使人们产生错误的判断。因此在波动方程数值模拟中往往需要一种高效稳定的吸收边界条件，用来吸收或衰减截断边界处产生的"人工波"。

到目前为止，研究人员已经提出了旁轴近似，损耗层等多种吸收边界条件，并成功将其用于声波和弹性波的数值模拟中。Berenger（1994）针对电磁波传播情况给出了一种完全匹配层（PML）吸收边界条件，并在理论上证明该方法在连续介质中可以很好地吸收来自各个方向、各个频率的电磁波，几乎不产生反射。随后不少地球物理学者将 PML 吸收边界应用至声波、弹性波、黏弹性波的波场模拟中，取得很好的效果。

本部分以一般波动方程为例说明 PML 的基本原理和具体实现过程，其结论可以很容易地推导至其他类型波动方程。在 PML 作为吸收边界条件时，整个计算区域分为两个部分：常规内部计算区域和 PML 区域。其中 PML 区域位于常规内部计算区域外，用来吸收、衰减从常规区域传播过来的波。

一般 x-z 二维空间的波动方程可用如下方程来表示

$$\frac{\partial v}{\partial t} - \boldsymbol{A}\,\frac{\partial v}{\partial x} - \boldsymbol{B}\,\frac{\partial v}{\partial z} = 0 \tag{4.6a}$$

$$v|_{t=0} = v_0 \tag{4.6b}$$

式中，v 为 m 维变量，它可表示位移、速度、应力等，也可是它们的组合；$\boldsymbol{A}$、$\boldsymbol{B}$ 为 $m \times m$ 矩阵。

为简化问题，取 $m = 1$，且只有沿 x 方向有吸收层的情况来说明 PML 的原理，如图 4.38 所示。常规计算域和 PML 边界在 $x = 0$ 的地方分开，其中 $x < 0$ 的为常规计算域，$x > 0$ 的为 PML 区域。PML 技术的基本原理就是把左半边常规计算域内的波动方程和右半边 PML 域内的波动方程相耦合，使得波在分界面处没有反射，且波在 PML 内呈指数形式衰减。

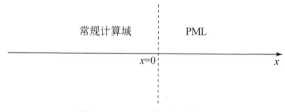

图 4.38　PML 构造示意图

在 PML 技术中首先令 $v = v^{\parallel} + v^{\perp}$，其中 $v^{\parallel}$ 表示和分界面平行的量，$v^{\perp}$ 表示和分界面垂直的量。这样可以表示为

$$\frac{\partial v^{\perp}}{\partial t} - \boldsymbol{A}\,\frac{\partial v}{\partial x} = 0 \tag{4.7a}$$

$$\frac{\partial v^{\parallel}}{\partial t} - \boldsymbol{B}\,\frac{\partial v}{\partial z} = 0 \tag{4.7b}$$

对式（4.7a）引入沿 x 方向的衰减函数 $d(x)$。在常规计算域内 $d(x)=0$，在 PML 域内 $d(x)>0$，它是与分界面距离有关的函数。在整个计算区域内（包括常规计算域和 PML 域）重新定义一个新的波动变量 u，它满足如下关系：

$$\frac{\partial u^{\perp}}{\partial t} + d(x)u^{\perp} - \boldsymbol{A}\,\frac{\partial u}{\partial x} = 0 \tag{4.8a}$$

$$\frac{\partial u^{\parallel}}{\partial t} - \boldsymbol{B}\,\frac{\partial u}{\partial z} = 0 \tag{4.8b}$$

$$u\big|_{t=0} = v_0 \tag{4.8c}$$

其中 $u = u^{\parallel} + u^{\perp}$。显而易见，在图 4.38 的左半边，$u$ 满足 v 的方程［式（4.6）］。下面从数学上证明在 $x=0$ 的左边，$u=v$；在右半边 u 随 x 呈指数衰减。

在频率内考虑波传播问题，不失一般性，设：

$$v = V\mathrm{e}^{\mathrm{i}\omega t} \tag{4.9}$$

式中，V 为变量 v 的振幅谱；ω 为角频率。

将式（4.9）代入式（4.6a）得

$$\mathrm{i}\omega V - \boldsymbol{A}\,\frac{\partial V}{\partial x} - \boldsymbol{B}\,\frac{\partial V}{\partial z} = 0 \tag{4.10}$$

同样设 $u = U\mathrm{e}^{\mathrm{i}\omega t}$，式（4.8a）、式（4.8b）转化成如下频域形式：

$$\mathrm{i}\omega U^{\perp} + d(x)U^{\perp} - \boldsymbol{A}\,\frac{\partial U}{\partial x} = 0 \tag{4.11a}$$

$$\mathrm{i}\omega U^{\parallel} - \boldsymbol{B}\,\frac{\partial U}{\partial z} = 0 \tag{4.11b}$$

其中 U 是 u 的振幅谱，且 $U = U^{\parallel} + U^{\perp}$。

PML 技术使用扩展代换，即：

$$\frac{\partial}{\partial x} \longrightarrow \frac{\partial}{\partial \tilde{x}} = \frac{\mathrm{i}\omega}{\mathrm{i}\omega + d(x)}\,\frac{\partial}{\partial x} \tag{4.12}$$

由此可以得到 x 和 $\tilde{x}$ 之间的关系：

$$\frac{\mathrm{d}\tilde{x}}{\mathrm{d}x} = 1 - \frac{\mathrm{i}}{\omega}d(x) \tag{4.13}$$

在区间［0，x］上，对式（4.13）进行积分，得

$$\tilde{x} = x - \frac{\mathrm{i}}{\omega}\int_0^x d(s)\,\mathrm{d}s \tag{4.14}$$

令式（4.6）的平面波解为

$$v = v_0\mathrm{e}^{\mathrm{i}(\omega t - k_x x - k_z z)} \tag{4.15}$$

其中 $\boldsymbol{k} = (k_x, k_z)$ 为平面波的波数矢量，k_x、k_z 为 x、z 向波数。将式（4.15）代入式（4.6）得到 ω、k_x、k_z 需要满足的关系：

$$v_0\omega + v_0 k_x \boldsymbol{A} + v_0 k_z \boldsymbol{B} = 0 \tag{4.16}$$

将式（4.12）代入式（4.11），并将频率域方程转化至时间域可得

$$\frac{\partial u^{\perp}}{\partial t} - A \frac{\partial u}{\partial \tilde{x}} = 0 \tag{4.17a}$$

$$\frac{\partial u^{\parallel}}{\partial t} - B \frac{\partial u}{\partial z} = 0 \tag{4.17b}$$

这和式（4.7）形式一致，因此可以设式（4.8a）、式（4.8b）的平面波解为

$$u^{\perp} = u_0^{\perp} \mathrm{e}^{\mathrm{i}(\omega t - k_x \tilde{x} - k_z z)} \tag{4.18a}$$

$$u^{\parallel} = u_0^{\parallel} \mathrm{e}^{\mathrm{i}(\omega t - k_x \tilde{x} - k_z z)} \tag{4.18b}$$

并同时满足 $u = u^{\parallel} + u^{\perp}$。将式（4.18a）、式（4.18b）代入式（4.8a）、式（4.8b）中，并利用式（4.13）得到：

$$\omega u_0^{\perp} + A k_x (u_0^{\parallel} + u_0^{\perp}) = 0 \tag{4.19a}$$

$$\omega u_0^{\parallel} + B k_z (u_0^{\parallel} + u_0^{\perp}) = 0 \tag{4.19b}$$

将式（4.19a）、式（4.19b）相加，得

$$\omega(u_0^{\perp} + u_0^{\parallel}) + A k_x (u_0^{\parallel} + u_0^{\perp}) + B k_z (u_0^{\parallel} + u_0^{\perp}) = 0 \tag{4.20}$$

若 $u_0^{\perp} + u_0^{\parallel} = v_0$，则式（4.16）与式（4.20）相等。再根据式（4.17）可以得到 $u_0^{\perp}$、$u_0^{\parallel}$ 与 v_0 的关系：

$$u_0^{\perp} = -\frac{k_x}{\omega} A v_0 \tag{4.21a}$$

$$u_0^{\parallel} = -\frac{k_z}{\omega} B v_0 \tag{4.21b}$$

最后根据 $u = u^{\parallel} + u^{\perp}$ 以及式（4.19），得到整个计算区域内式（4.20）的平面波解：

$$u = v_0 \mathrm{e}^{\mathrm{i}(\omega t - k_x \tilde{x} - k_z z)} = v_0 \mathrm{e}^{\mathrm{i}(\omega t - k_x x - k_z z)} \mathrm{e}^{-\frac{k_x}{\omega} \int_0^x d(s)\,\mathrm{d}s} \tag{4.22}$$

由于在常规计算域内衰减函数 $d(x) = 0$，所以 $u = v_0 \mathrm{e}^{\mathrm{i}(\omega t - k_x x - k_z z)}$，这和 v 的解一样，也就是说在常规内部计算域和 PML 域的分界面处无反射。在 PML 域内 $d(x) > 0$，由于 $\mathrm{e}^{-\frac{k_x}{\omega} \int_0^x d(s)\,\mathrm{d}s}$ 的作用，u 在 PML 域内呈指数衰减，且随着距界面距离的增加波的衰减增大。

（三）定向裂缝等效各向异性介质模型

裂缝作为一种复杂的空间结构，大量存在于岩石、地层中。大量的油气勘探实践表明，在储存空间中的裂缝是流体运移的通道，直接关系到油气的产量，同时裂缝在许多储层中也是油气储层的空间，影响储层的油气含量。许多学者对裂缝进行了大量的研究。20世纪 80 年代，Crampin（1984）通过研究发现，地震波在定向裂缝介质中传播时和波在各向异性介质中的传播等效，都会出现快横波和慢横波分裂的现象，并将含定向裂隙的介质称为广泛扩容性各向异性（extensive dilatancy anisotropy，EDA）介质。对于一般岩石 EDA 介质中的众多小裂缝，Hudson（1980，1981）将它们看成是一个个非常扁的椭球体，用弹性扰动理论推导出裂缝等效各向异性介质的弹性常数与各向同性背景介质的弹性常数、裂缝参数之间的关系，并给出了裂缝中不同充填物对弹性常数的影响。下面介绍定向裂缝等效各向异性介质的 Hudson 模型。

Hudson 在长波近似、地震波场范围内裂纹位置分布均匀、裂纹在岩石空间中稀疏且

彼此不连通的假设前提下，推导了小纵横比扁球体裂缝性质同岩石整体宏观性质之间的关系。在 Hudson 理论中，含小裂缝的岩石等效弹性常数 C_{ij}^{eff} 可以表示成如下形式（Hudson，1980）：

$$C_{ij}^{eff} = C_{ij}^0 + C_{ij}^1 + C_{ij}^2 \tag{4.23}$$

式中，C_{ij}^0 为各向同性背景介质的弹性常数；C_{ij}^1，C_{ij}^2 为由于裂缝存在而产生的一阶、二阶修正。

对于对称轴平行于 x 轴的垂直裂缝组，裂缝介质显示出横向各向同性的对称性，其总体弹性参数矩阵可以表示为

$$C = \begin{bmatrix} C_{11} & C_{12} & C_{12} & 0 & 0 & 0 \\ C_{12} & C_{22} & C_{23} & 0 & 0 & 0 \\ C_{12} & C_{23} & C_{22} & 0 & 0 & 0 \\ 0 & 0 & 0 & C_{44} & 0 & 0 \\ 0 & 0 & 0 & 0 & C_{55} & 0 \\ 0 & 0 & 0 & 0 & 0 & C_{55} \end{bmatrix} \tag{4.24}$$

在 Hudson 理论中，式（4.24）的各弹性常数的表达式如下：

$$C_{11} = \lambda + 2\mu - \frac{(\lambda+2\mu)^2}{\mu}\varepsilon U_3 + \frac{q}{15}(\lambda+2\mu)(\varepsilon U_3)^2 \tag{4.25}$$

$$C_{22} = \lambda + 2\mu - \frac{\lambda^2}{\mu}\varepsilon U_3 + \frac{q}{15}\frac{\lambda^2}{\lambda+2\mu}(\varepsilon U_3)^2 \tag{4.26}$$

$$C_{44} = \mu \tag{4.27}$$

$$C_{55} = \mu - \mu\varepsilon U_1 + \frac{2}{15}\frac{\mu(3\lambda+8\mu)}{\lambda+2\mu}(\varepsilon U_1)^2 \tag{4.28}$$

$$C_{12} = \lambda - \frac{\lambda(\lambda+2\mu)}{\mu}\varepsilon U_3 + \frac{q}{15}\lambda(\varepsilon U_3)^2 \tag{4.29}$$

$$C_{23} = C_{22} - 2C_{44} \tag{4.30}$$

式中，λ、μ 为各向同性背景介质的拉梅常数；ε 为裂缝密度。参数 q 可以表示成：

$$q = 15\frac{\lambda^2}{\mu^2} + 28\frac{\lambda}{\mu} + 28 \tag{4.31}$$

垂直裂缝弹性常数表达式中的 U_1、U_3 依赖于裂缝内的充填，当裂缝干燥时，表达式如下：

$$U_1 = \frac{16(\lambda+2\mu)}{3(3\lambda+4\mu)} \tag{4.32}$$

$$U_3 = \frac{4(\lambda+2\mu)}{3(\lambda+\mu)} \tag{4.33}$$

当裂缝被弱包含物充填时，U_1、U_3 的表达式如下：

$$U_1 = \frac{16(\lambda+2\mu)}{3(3\lambda+4\mu)}\frac{1}{1+M} \tag{4.34}$$

$$U_3 = \frac{4(\lambda+2\mu)}{3(\lambda+\mu)}\frac{1}{1+\kappa} \tag{4.35}$$

其中

$$M = \frac{4\mu'}{\pi\alpha\mu} \frac{\lambda+2\mu}{3\lambda+4\mu} \tag{4.36}$$

$$\kappa = \frac{[K'+(4/3)\mu'](\lambda+2\mu)}{\pi\alpha\mu(\lambda+\mu)} \tag{4.37}$$

式中，K' 和 μ' 为裂缝包含材料的体积模量和剪切模量；α 为椭圆形裂缝的横纵比。

需要说明的是当裂缝内充填流体时，由于裂缝之间隔离，裂缝间流体不能互相流动，利用式（4.25）~式（4.31）、式（4.34）~式（4.37）求得的裂缝等效弹性参数是高频近似下的结果。如果需要求低频时流体饱和裂缝介质的等效模量可以先用式（4.25）~式（4.33）求得干燥裂缝时的等效弹性模量，然后用低频 Brown 和 Korringa（1975）理论向裂缝中加入流体得到。

（四）碳酸盐岩孔洞随机介质模型

采用合理的数学模型描述复杂的储层特征是地震储层识别研究方法的基础，传统的描述储层的数学模型是基于层状介质模型，但层状介质模型对于描述碳酸盐岩缝洞发育带这类复杂储层显然已不再适合，因为传统的层状介质无法刻画缝洞发育带型储层的多尺度性、填充物的多样性、几何形态的不规则性、空间变化剧烈等特征。对于实际大量存在而且分布不规则的孔洞型碳酸盐岩介质用随机介质模型来描述更接近真实情况。

根据随机过程理论，任意二维空间随机分布量 f 可以表示成如下平均值和扰动量之和的形式（奚先和姚姚，2002）：

$$f(x,z) = f_0[1+\gamma(x,z)] \tag{4.38}$$

式中，f_0 为 f 的空间平均值，它是常数；$\gamma(x,z)$ 为在点（x,z）处 f 相对于平均值的扰动。为了数学上的处理方便，假设空间随机扰动 $\gamma(x,z)$ 是均值为 0 的空间平稳随机过程，即：

$$\langle\gamma(x,z)\rangle = 0 \tag{4.39}$$

除了均值，人们还往往用方差 σ^2 和自相关函数 φ 来描述平稳随机过程，它们表达式如下：

$$\sigma^2 = \langle\gamma^2(x,z)\rangle \tag{4.40}$$

$$\varphi(x,z) = \langle\gamma(x_1,z_1)\gamma(x_1+x,z_1+z)\rangle/\sigma^2 \tag{4.41}$$

上述方程中，$\langle\cdot\rangle$ 表示空间平均算子。

根据随机过程理论，$\gamma(x,z)$ 的功率谱就是其自相关函数 $\varphi(x,z)$ 的傅里叶变换，所以可以用随机过程的自相关函数谱展开的方法来构建 $\gamma(x,z)$ 空间随机分布。在构建随机介质的过程中自相关函数 $\varphi(x,z)$ 的选择有多种，如高斯型、指数型、Von Karman型，其中广泛使用的指数型自相关函数形式如下：

$$\varphi(x,z) = e^{-\sqrt{\frac{x^2}{a^2}+\frac{z^2}{b^2}}} \tag{4.42}$$

式中，a 和 b 分别为随机介质在 x 和 z 方向上的自相关长度。

对于均匀背景介质中含孔洞随机分布的模型，可以这样建立：首先选取指数型函数式（4.42）作为某空间分布量的自相关函数，并选取自相关函数中相关长度，然后用谱展开方法得到函数值的空间随机分布。选取某值作为阈值，当空间某点的分布量大于阈值时认为该点为背景介质区域，否则就是孔洞区域。图4.39为以指数型函数为自相关函数生成的随机孔洞发育带储集体模型示意图。

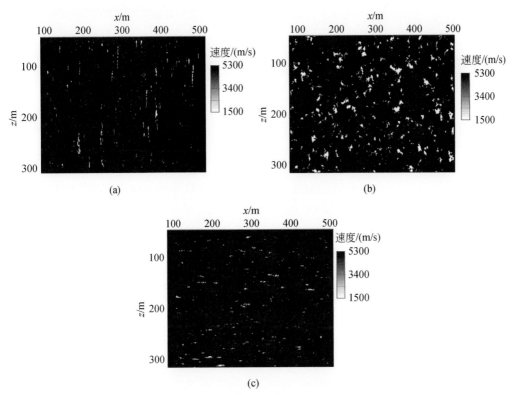

图4.39 以高斯椭圆函数为自相关函数的缝洞发育带储集体模型

（a）$a=1$，$b=10$，等效孔隙度为1%；（b）$a=5$，$b=5$，等效孔隙度为5%；（c）$a=10$，$b=1$，等效孔隙度为1%

（五）含流体孔隙介质模型

含流体孔隙介质模型是岩石地层介质的一种重要模型。含流体孔隙介质也称为双相介质，它由岩石颗粒的固体介质与孔隙中所充填的流体介质两部分组成，即固体骨架和流体所组成的复合介质。例如，地质模型中的砂岩储层、碳酸岩储层、泥岩和火山岩裂缝储层等模型，均是由岩石骨架与孔隙流体两种成分所组成。相较于传统岩石的声波介质模型、弹性介质模型，含流体孔隙介质模型更能描述实际地下介质的特性。

Biot（1956）基于线弹性、波长远大于孔隙介质颗粒尺寸、介质各向同性假设，在考虑流固耦合作用的前提下，创建了各向同性双相介质中波传播的孔隙弹性介质理论。随后该理论被实验室及野外实验证实，并被许多学者不断发展。目前Biot孔隙弹性介质理论已成为孔隙介质理论中应用最广、最成功的理论之一。

在Biot孔隙弹性介质理论中，几何方程的张量表达形式如下：

$$e_{ij}=\frac{1}{2}\left(\frac{\partial u_i}{\partial x_j}+\frac{\partial u_j}{\partial x_i}\right) \tag{4.43a}$$

$$\varepsilon = \frac{\partial U_k}{\partial x_k} \qquad (4.43\mathrm{b})$$

式中，e_{ij} 为固相上的应变张量；ε 为流相的体积应变；u 为固相位移；U 为流相位移；i、j 为自由指标，其取值范围 $1 \sim 3$；k 为哑标，所以偏微分表达式要遍历求和。需要说明的是，由于流相的剪切模量为 0，所以流相上不存在剪切应力。

在 Biot 孔隙弹性介质理论中，孔隙介质的本构关系如下：

$$\sigma_{ij} = 2\mu e_{ij} + \delta_{ij}(Ae + Q\varepsilon) \qquad (4.44\mathrm{a})$$

$$p = -\frac{1}{\phi}(Qe + R\varepsilon) \qquad (4.44\mathrm{b})$$

式中，σ_{ij} 为固相介质的应力张量；p 为流相压力；e 为固相的体积应变，其表达形式

$$e = \frac{\partial u_k}{\partial x_k} \qquad (4.45)$$

A，μ 为孔隙介质中固相骨架的弹性常数，R 为流相的弹性常数，Q 为流相和固相之间的耦合弹性常数；ϕ 为介质的孔隙度。Geertsma（1957）从理论上给出了孔隙弹性常数和 A、Q、R 与孔隙介质中各种成分参量的关系，其结果如下：

$$A = K_{\mathrm{b}} - \frac{2}{3}\mu + \frac{(\beta - \phi)^2}{\dfrac{\beta - \phi}{K_{\mathrm{s}}} + \dfrac{\phi}{K_{\mathrm{f}}}} \qquad (4.46)$$

$$Q = \frac{\phi(\beta - \phi)}{\dfrac{\beta - \phi}{K_{\mathrm{s}}} + \dfrac{\phi}{K_{\mathrm{f}}}} \qquad (4.47)$$

$$R = \frac{\phi^2}{\dfrac{\beta - \phi}{K_{\mathrm{s}}} + \dfrac{\phi}{K_{\mathrm{f}}}} \qquad (4.48)$$

式中，K_{b}、K_{s}、K_{f} 分别为固体骨架、固体材料、孔隙流体的体积模量；β 为 Biot-Willis 参数，$\beta = 1 - K_{\mathrm{b}}/K_{\mathrm{s}}$。

将式（4.43）、式（4.45）代入式（4.44），得到用位移表示的固体应力 σ_{ij}、流体压力 p 的表达式：

$$\sigma_{ij} = \mu\left(\frac{\partial u_i}{\partial x_j} + \frac{\partial u_j}{\partial x_i}\right) + \delta_{ij}\left(A\frac{\partial u_k}{\partial x_k} + Q\frac{\partial U_k}{\partial x_k}\right) \qquad (4.49\mathrm{a})$$

$$p = -\frac{1}{\phi}\left(Q\frac{\partial u_k}{\partial x_k} + R\frac{\partial U_k}{\partial x_k}\right) \qquad (4.49\mathrm{b})$$

Biot 运用拉格朗日方程得到孔隙介质中的运动方程如下：

$$\frac{\partial^2}{\partial t^2}(\rho_{11}u_i + \rho_{12}U_i) + b\frac{\partial}{\partial t}(u_i - U_i) = \frac{\partial \sigma_{ij}}{\partial x_j} \qquad (4.50\mathrm{a})$$

$$\frac{\partial^2}{\partial t^2}(\rho_{12}u_i + \rho_{22}U_i) - b\frac{\partial}{\partial t}(u_i - U_i) = -\frac{\partial(\phi p)}{\partial x_i} \qquad (4.50\mathrm{b})$$

式中，b 为流固相互运动时的阻力系数，它可用流体黏滞系数 η 和骨架渗透率 κ_1 表示 $b = \frac{\eta}{\kappa_1}\phi^2$；$\rho_{11}$，$\rho_{12}$，$\rho_{22}$ 为双相系统中的质量系数，它们满足如下关系：

$$\rho_{11}+\rho_{12}=(1-\phi)\rho_s \tag{4.51a}$$

$$\rho_{12}+\rho_{22}=\phi\rho_f \tag{4.51b}$$

$$\rho_{12}=(1-\alpha_1)\phi\rho_f \tag{4.51c}$$

式中，ρ_s、ρ_f 分别为固相和流相密度；α_1 为孔隙介质的结构因子。Berryman 根据自洽理论得到了结构因子表达式：

$$\alpha_1=1+r\left(\frac{1}{\phi}-1\right) \tag{4.52}$$

一般颗粒系数 $0\leqslant r\leqslant1$，对于球状固体颗粒 $r=0.5$。

式（4.49）、式（4.50）构成了一般孔隙介质中弹性波传播的控制方程。

设计 x-z 平面内 1290m×1290m 的均匀孔隙介质模型，通过对平面孔隙介质中弹性波传播控制方程组的模拟来观察孔隙介质中波传播特点。模型中材料参数如表 4.1 所示。

表 4.1　均匀孔隙介质模型的参数

固相参数						液相参数		
K_s	K_b	μ	ρ_s	κ_1	ϕ	K_f	ρ_f	η
40	20	5.6525	2500	0.6	0.2	2.5	1040	1

注：K_s、K_b、μ、K_f 的单位是 10^9Pa；ρ_s、ρ_f 的单位是 kg/m³；κ_1 单位是 10^{-12}m²；η 单位是 10^{-3}kg/(m·s)。

在具体数值模拟中，采用 $dx=dz=10$m 空间网格，时间步长取为 $dt=0.00025$s。震源以 Rick 子波形式的应力 σ_x、σ_z、τ_{xz} 加载在（640m，640m）的空间点固相上，其主频为 50Hz。图 4.40 是在 0.15s 时刻平面孔隙介质中的波场。

Biot 理论预测了在流体饱和的孔隙介质中除了纵波和横波（用 S 表示）外，还存在着第二类纵波。为区别，将相速度大的纵波称为快纵波（用 P 表示），相速度小的纵波称为慢纵波（用 SP 表示）。从图 4.40 的波场快照中可以清晰地看到这三种波的存在。此外通过波场快照可以观测到：在固相波场中，快纵波比较明显，慢纵波幅度较弱；而在液相波场中，快纵波相对较弱，慢纵波较明显。也就是说快纵波主要存在于固相中，慢纵波主要存在于液相中。

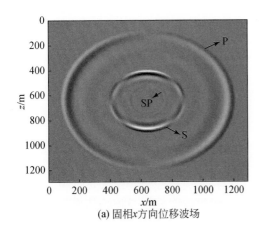

(a) 固相x方向位移波场

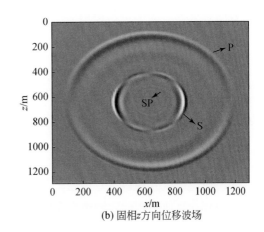

(b) 固相z方向位移波场

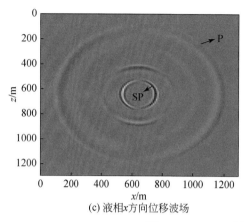

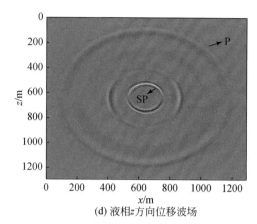

(c) 液相x方向位移波场　　　　　　　　　　　(d) 液相z方向位移波场

图 4.40　0.15s 时刻平面孔隙介质中的波场

（六）格子气自动机数值模拟

随着统计物理学的发展，人们发现通过对系统内部大量简单相互作用的微观单体的运动规律进行统计分析，能够建立微观物理量与宏观物理量之间的关系从而揭示出复杂系统的宏观性质，因此开始尝试采用微观模型研究宏观复杂现象。20 世纪 80 年代 Wolfram（1986）提出利用细胞自动机进行物理过程的模拟研究，试图在微观和宏观的研究之间架起桥梁。国内的一些学者对细胞自动机进行了一系列有意义的探索，随后提出的格子气自动机则是细胞自动机在统计物理学和流体力学中的具体化，是一种时间离散、空间离散、研究对象离散的物理模型，宏观上可描述地震纵波的传播。格子 Boltzman 模型是格子气自动机的完善使粒子带有密度值。为了能够模拟复杂固体介质中波动问题，Mora（1992）提出了声格固体模型，他在 Boltzman 方程中引入变速粒子和散射项在宏观条件下推导出了质点位移速度所满足的方程，利用统计物理学的基本原理对该方程进行推导，得到了与声波方程相同的形式。这表明了宏观波场是微观粒子运动及其相互作用过程的统计平均表现，声格固体模型实质上揭示了粒子运动与波动之间的内在联系。这使得利用细胞自动机原理对地震波在复杂介质的传播模拟成为可能。

基于细胞自动机模型的地震波波场模拟，主要通过描述在离散网格中粒子的运动和相互作用来达到地震波场模拟的目的。研究表明，这种离散粒子系统中的统计平均量随时间的变化满足波动规律。利用这一方法可以实现复杂介质中波场的计算，而不必对介质进行渐变和平滑处理。每个网格点上的状态可以同时进行更新，因而适合于在并行计算机上实现。

1. 理论介绍

人们通过研究发现自然界中众多复杂的结构和过程归根到底只是由大量基本组成单元的简单相互作用所引起的。因此有学者提出细胞自动机模型，通过模拟物体中基本粒子的运动来研究各种复杂事物的演化过程。

应用细胞自动机方法进行发展事物的模拟，首先要将研究区域划分为由离散各点组成的网格，各个点的状态被限制在有限数量之内；然后将时间离散，开始进行时间演化。在按时间进行演化的同时，同一时刻每一网格节点的状态是该节点及其紧邻的网格节点在前一时刻的状态所决定，其演化过程是由一些相互作用规律所控制。细胞自动机方法不仅将时间和空间离散，而且其状态变量本身也被离散，这与那些只做时间和空间离散的有限差分法、有限元法有着显著的不同。

格子气自动机模型是细胞自动机方法在流体力学领域的一个成功应用。该模型是一种二维的由经典全同粒子组成的模型，它将流体离散为大量的可看做质点的微小粒子，将流体所存在的空间离散化为具有对称性的网格，同时给出粒子在网格中运动及相互作用规则。在所有网格点上的所有粒子随着离散的时间步长按所给的作用规则运动。在运动过程中格子气自动机的状态变化规则满足力学的守恒定律。

格子气自动机模型的原型可以追溯到 20 世纪 70 年代，当时法国学者 Hardy 等（1973）提出了第一个完全离散的格子气自动机模型，并将其称为 HPP 模型。如图 4.41 所示，HPP 模型采用正方形网格，每个网格节点上的粒子有 4 个可能的运动方向。当两个粒子沿着相反的方向同时运动到某一网格点时会发生碰撞。碰撞后的粒子沿另外两个方向离开网格点。其他情况不发生碰撞，直接穿透。此外 HPP 模型还满足 Pauli 不相容原理，即同时刻同一网格点上，每一速度方向至多允许有一个粒子。

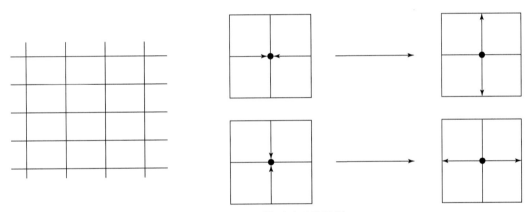

图 4.41　HPP 模型及碰撞规则

随后 Frisch 等（1986）提出了一种新的格子气自动机模型，即 FHP 模型。如图 4.42 所示，FHP 模型将流体所在空间划分为正三角形网格。每个网格点通过格线与 6 个相邻的网格点相连，其正好是一个正六边形的 6 个顶点。所以 FHP 模型又称为正六边形格子气模型。各点上的粒子可以沿 6 个不同方向中的一个运动。

可以看到 FHP 模型是 HPP 模型的改进，它比 HPP 模型准确，但是由于其网格是正三角形，在使用时要用到坐标映射，因此要比 HPP 模型复杂。

最初利用格子气自动机模型对流体动力学进行模拟时，由于模型中规定节点上沿某一方向运动的粒子只能取 0 或者 1，所以用粒子数作为流体的描述变量在求流体的宏观变量时会出现变量在空间上的较大幅度波动，因此需要在一定范围内的网格上滤波来消除这种随机扰动。McNamara 和 Zanetti（1988）改用 Boltzmann 方程来描述格子气模型中的粒子运

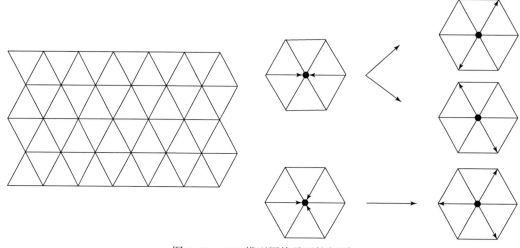

图 4.42　FHP 模型网格及碰撞规则

动，其演变方程如下

$$N_a(x+\Delta x,t+\Delta t) = N_a(x,t)+\Delta N_a^I \tag{4.53}$$

其中 $N_a(x,\ t)$ 是一个粒子的分布函数，它表示在 t 时刻 x 位置处的粒子分布可能，其下标表示粒子的运动方向，$a=1,\ 2,\ \cdots,\ b$，在 HPP 模型中粒子运动方向有 4 个，$b=4$，而在 FHP 模型中 $b=6$；ΔN_a^I 是碰撞项，它表示由于碰撞而引起的沿 a 方向上粒子密度的变化，取决于两个以上粒子的分布函数，可表示为

$$\Delta N_a^I = \sum_{S,S'} (S_a - S_a') \cdot A(S \to S') \prod N_\beta^{S_\beta} (1 + N_\beta)^{S_\beta}$$

式中，(S_a-S_a') 为碰撞前后粒子沿 a 方向速度的变化；$A(S \to S')$ 为从碰撞前状态 S 转变到 S' 发生的概率；$\prod N_\beta^{S_\beta}(1 + N_\beta)^{S_\beta}$ 为粒子碰撞前后在不同方向上的联合分布密度。

式（4.53）的物理意义可以表示为：$t+\Delta t$ 时刻在 $x+\Delta x$ 处沿 a 方向运动的粒子数等于由相邻点 x 沿 a 方向运动到此点的粒子数目再加上在该点由于碰撞而引起的沿 a 方向上粒子数目的变化。在碰撞过程中粒子数目守恒、动量守恒。

需要说明的是格子气自动机的演化方程也和式（4.53）一致，只是该演化方程中 $N_a(x,\ t)$ 表示 t 时刻在 x 位置粒子的个数。

为了模拟复杂介质中的波动现象，1992 年 Mora 在格子 Boltzmann 模型的基础上引入变速粒子，即声子，建立了声格固体模型。Mora 用声格固体模型模拟了固体介质中纵波的传播过程。在该模型中声子即具有粒子的性质又具有波动的性质，声子之间相互作用时表现为粒子的性质，发生碰撞；声子与界面相互作用时表现为波动性质，产生反射与透射。

在声格固体模型中有三个过程可以使粒子数密度随时间发生变化：

（1）粒子的自由运动；

（2）粒子发生碰撞时，粒子之间的相互作用；

（3）粒子与界面作用结果时产生的散射。

在各向同性的声格固体模型中，二阶精度的粒子演化公式可以写成：

$$N_a(x,t+\Delta t) = N_a(x,t) - S(x) \cdot N_a(x,t) + S(x) \cdot T_a(x-\Delta x_a,t)$$
$$+ S(x) \cdot R_{a+b/2}(x) \cdot N_{a+b/2}(x,t) + \Delta N_a^I(x,t) \tag{4.54}$$

式中，$S(x)$ 为单位时间、单位网格边长表示的无量纲粒子速度，它可由粒子运动速度 $C(x)$、时间间隔 Δt，空间间隔 Δx 表示成 $S(x) = C(x)\dfrac{\Delta t}{\Delta x}$；粒子运动速度和介质中的声速 V、空间维度 D 存在关系 $V(x) = C(x)/\sqrt{D}$；ΔN_a^I 为碰撞项；T_a 为 a 方向界面的透射系数；$R_{a+b/2}$ 为界面反射系数。在界面上由于存在压力连续的条件，因此

$$1 + R_a = T_a \tag{4.55}$$

并且，由于同一点上沿相反方向上反射系数的符号相反，故

$$R_a = -R_{a+b/2} \tag{4.56}$$

将式（4.55）、式（4.56）代入式（4.54）可得二阶声格固体模型的二阶演化公式：

$$N_a(x,t+\Delta t) = N_a(x,t) - S(x) \cdot [N_a(x,t) - N_a(x-\Delta x_a,t)]/2$$
$$+ \frac{S^2(x)}{2}[N_a(x+\Delta x_a,t) - 2N_a(x,t) + N_a(x-\Delta x_a,t)]$$
$$+ \Delta N_a^I(x,t) + \Delta N_a^S(x,t) \tag{4.57}$$

ΔN_a^S 是由于界面存在产生的散射项，它表达式如下：

$$\Delta N_a^S(x,t) = S(x) \cdot R_a(x) \cdot [N_a(x,t) - N_{a+b/2}(x,t)] \tag{4.58}$$

反射系数的表达式如下：

$$R_a(x) = \frac{Z(x+\Delta x_a/2) - Z(x-\Delta x_a/2)}{Z(x+\Delta x_a/2) + Z(x-\Delta x_a/2)} = \frac{\rho V|_{(x+\Delta x_a/2)} - \rho V|_{(x-\Delta x_a/2)}}{\rho V|_{(x+\Delta x_a/2)} + \rho V|_{(x-\Delta x_a/2)}} \tag{4.59}$$

式中，Z 为介质阻抗；ρ 为介质的密度。

2. 数值模拟实例

本节主要用基于细胞自动机的格子 Boltzmann 声格固体模型来模拟纵波在地下介质中传播。其具体过程如下：

（1）利用 HPP 模型对介质进行网格剖分；

（2）根据介质的参数求得反射系数及对应的声子速度；

（3）将离散后的每一个网格点的 4 个运动方向用随机数发生器生成对应的背景粒子分布密度，在震源位置设置对应的粒子分布密度；

（4）利用二阶精度的声格固体模型演化公式对地震纵波进行波场模拟；

（5）为了消除粒子运动的随机噪声，对只有背景粒子分布密度而不设置震源的系统也进行相关模拟，将（3）中得到的有震源结果和没震源的结果相减，最后得到纵波的传播波场。

需要说明的是前面过程得到的是粒子密度随时间的变化过程，根据统计力学，宏观压力和粒子密度成正比，因此前面得到的结果也反映了声波压力的变化过程。

为了验证基于细胞自动机的格子 Boltzmann 声格固体模型正确性，首先对均匀介质中的纵波波场进行模拟。

对 2000m×2000m 声波速度为 2000m/s 的 x-z 二维空间区域，用 $dx = dz = 10m$ 的网格进行离散，然后用声格固体模型进行模拟。图 4.43 是不同计算时间步得到的均匀介质的波

场快照。

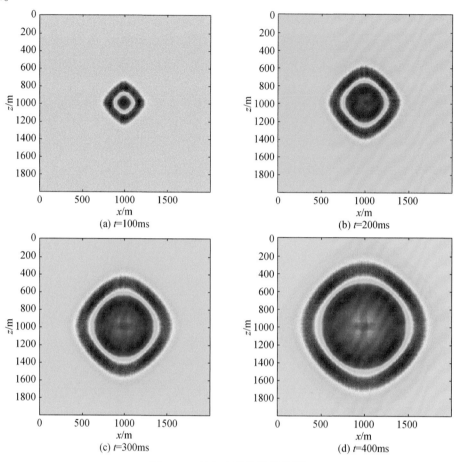

图 4.43 均匀介质的波场快照

可以看到均匀介质中，震源激发的纵波以圆形均匀向外扩散，这和理论结果一致，说明用基于细胞自动机的格子 Boltzmann 声格固体模型对纵波进行波场模拟是可行的。

设计了如图 4.44 所示的分层模型，其中上层介质的纵波速度为 3000m/s，下层速度的为 4000m/s，界面位于离地表 1000m 的深度。

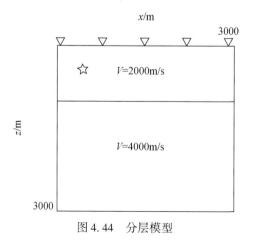

图 4.44 分层模型

在波场模拟时，将震源安置在（500m，500m）的位置，并在地表安置检波器，接收地下界面的反射信号。图4.45是不同时刻的分层模型的波场快照。可以看到震源激发的波向下传播，当遇到界面时一部分透射入下层介质继续传播，另一部分反射回上层介质中。

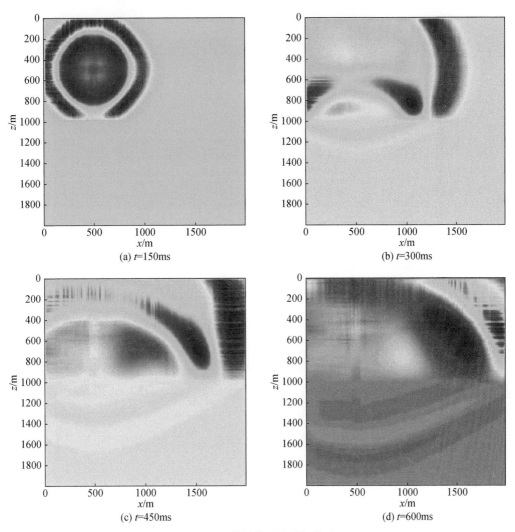

(a) t=150ms (b) t=300ms

(c) t=450ms (d) t=600ms

图4.45　分层模型的波场快照

图4.46是分层模型的地震记录。图中 P 表示由震源直接传播到地表的直达纵波，而PP 表示从模型界面反射回地表的反射纵波。

通过分层介质的模拟可以看到基于细胞自动机的格子 Boltzmann 声格固体模型可以较好地模拟纵波在地下的传播过程。

传统的射线法和波动方程模拟是从宏观角度出发对波场进行模拟的方法，而基于细胞自动机的格子 Boltzmann 声格固体模型是一种从微观出发，通过离子系统的演化来描述介质中纵波传播过程的方法。当介质中存在强间断面（如裂缝、断层）或多相物质时，传统

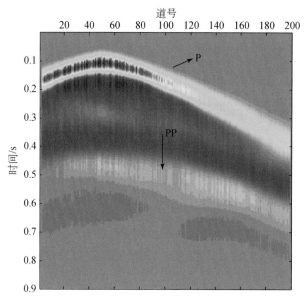

图 4.46　分层模型的地震记录

宏观方法可能难以处理，而该方法因为从微观出发，它有望得到更好的模拟结果，目前国际上已经有学者开始了对这方面的研究。

二、碳酸盐岩储层数值模拟及特征分析

　　本部分主要对裂缝型、溶蚀孔洞型以及礁滩型的碳酸盐岩储层模型中的地震波进行数值模拟，并分析不同储层的地震响应特征，为实际典型碳酸盐岩储层的勘探开发提供理论基础。

（一）二维裂缝介质中地震波模拟及分析

　　前面介绍的裂缝介质的等效弹性常数矩阵式（4.24）是在自身本构坐标系下的表达形式。当裂缝在地质构造作用下发生变化，如层位发生倾斜，或裂缝所在的本构坐标系和观测坐标系存在一定的倾角时，观测坐标系下的弹性矩阵形式会有变化，可以由本构坐标系下的弹性矩阵通过 Bond 变换获得，其关系如下：

$$C' = MCM' \tag{4.60}$$

式中，C、C' 分别为裂隙介质在本构坐标系和观测坐标系下的弹性常数矩阵；M 为坐标转换的 Bond 矩阵；M' 为 M 的转置。

　　由式（4.60）得到裂缝方位各向异性介质的弹性矩阵，其元素一般都不为 0。在此基础上，运用弹性介质理论，将应变–位移关系代入关于 C' 本构方程中，并取 $\partial/\partial y$ 为 0 可以得到 $x\text{-}z$ 平面内的应力–位移关系如下：

$$\sigma_x = C'_{11}\frac{\partial u_x}{\partial x} + C'_{13}\frac{\partial u_z}{\partial z} + C'_{14}\frac{\partial u_y}{\partial z} + C'_{15}\left(\frac{\partial u_x}{\partial z} + \frac{\partial u_z}{\partial x}\right) + C'_{16}\frac{\partial u_y}{\partial x} \tag{4.61a}$$

$$\sigma_z = C'_{13}\frac{\partial u_x}{\partial x} + C'_{33}\frac{\partial u_z}{\partial z} + C'_{34}\frac{\partial u_y}{\partial z} + C'_{35}\left(\frac{\partial u_x}{\partial z} + \frac{\partial u_z}{\partial x}\right) + C'_{36}\frac{\partial u_y}{\partial x} \tag{4.61b}$$

$$\tau_{yz} = C'_{14}\frac{\partial u_x}{\partial x} + C'_{34}\frac{\partial u_z}{\partial z} + C'_{44}\frac{\partial u_y}{\partial z} + C'_{45}\left(\frac{\partial u_x}{\partial z} + \frac{\partial u_z}{\partial x}\right) + C'_{46}\frac{\partial u_y}{\partial x} \tag{4.61c}$$

$$\tau_{xz} = C'_{15}\frac{\partial u_x}{\partial x} + C'_{35}\frac{\partial u_z}{\partial z} + C'_{45}\frac{\partial u_y}{\partial z} + C'_{55}\left(\frac{\partial u_x}{\partial z} + \frac{\partial u_z}{\partial x}\right) + C'_{56}\frac{\partial u_y}{\partial x} \tag{4.61d}$$

$$\tau_{xy} = C'_{16}\frac{\partial u_x}{\partial x} + C'_{36}\frac{\partial u_z}{\partial z} + C'_{46}\frac{\partial u_y}{\partial z} + C'_{56}\left(\frac{\partial u_x}{\partial z} + \frac{\partial u_z}{\partial x}\right) + C'_{66}\frac{\partial u_y}{\partial x} \tag{4.61e}$$

式中，σ_x、σ_z 分别为介质沿 x、z 方向的正应力；τ_{yz}、τ_{xz}、τ_{xy} 为介质的剪应力；u_x、u_z 为空间质点的沿 x、z 轴的位移分量；C'_{ij} 为一般方位各向同性介质的弹性常数。

一般方位各向同性介质中，x-z 面内质点的运动方程如下：

$$\rho\frac{\partial^2 u_x}{\partial t^2} = \frac{\partial\sigma_x}{\partial x} + \frac{\partial\tau_{xz}}{\partial z} \tag{4.62a}$$

$$\rho\frac{\partial^2 u_y}{\partial t^2} = \frac{\partial\tau_{xy}}{\partial x} + \frac{\partial\tau_{yz}}{\partial z} \tag{4.62b}$$

$$\rho\frac{\partial^2 u_z}{\partial t^2} = \frac{\partial\sigma_z}{\partial z} + \frac{\partial\tau_{xz}}{\partial x} \tag{4.62c}$$

式中，ρ 为介质的密度。

式（4.61）和式（4.62）构成了方位各向同性介质 x-z 平面内弹性波传播的控制方程。

首先对均匀二维各向异性介质进行波场模拟，观测地震波在其间传播的特点。模型介质的密度 $\rho = 2510\text{kg/m}^3$，拉梅常数 $\lambda = 7.7351\times10^9\text{Pa}$，$\mu = 23.044\times10^9\text{Pa}$，裂缝体积密度 $\varepsilon = 0.05$，其内部设为干的状态。模型中裂隙垂直、平行分布，其主轴水平，偏离观测坐标系 x 轴$-45°$。空间采用 $\text{d}x = \text{d}z = 15\text{m}$ 的正方形网格进行离散，然后采用有限差分数值求解。模拟中时间步长取为 $\text{d}t = 0.5\text{ms}$，震源采用中心频率取为 50 Hz 的雷克子波，以 x 方向集中力源的形式安置在模型的中心点。图 4.47 是地震波在各向异性随机模型中传播 0.325s 时 x、y、z 三个方向位移分量的波场快照。

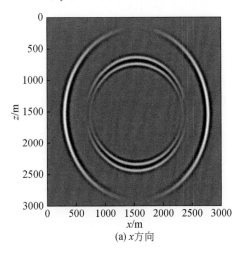
(a) x方向

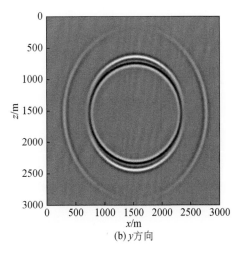
(b) y方向

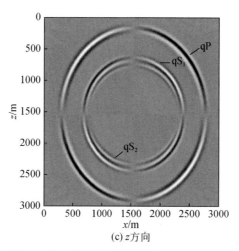

(c) z方向

图 4.47　地震波在各向异性随机模型中传播 0.325s 时 x、y、z 三个方向位移分量的波场快照

图 4.47 中的波场快照中 qP 表示准纵波，qS_1 表示快横波、qS_2 表示慢横波。波场快照表明编制的裂隙介质中的波场模拟程序可以很好地模拟地震波在裂隙各向异性介质的传播。模拟的结果也表明，由于不同偏振方向的横波其传播速度不同，像在裂缝介质中一样，横波在各向异性随机介质中也会产生分裂现象。

为了观测缝洞型碳酸盐岩储层在地震记录上的特点，设计了裂缝型碳酸盐岩储层的 2 层地质模型，通过并行有限差分来模拟地震波在其间的传播，并在地表布置检波器来接收三分量地震位移记录。

设计的裂缝型碳酸盐岩储层的 2 层介质模型如图 4.48 所示，其中第一层从 0 ~ 960m 的深度，为碳酸盐岩的裂缝介质，其裂隙的对称轴水平，偏离观测坐标系 −45°夹角。介质的背景介质的密度 $\rho_1 = 2400 \text{kg/m}^3$，$\lambda_1 = 3.287 \times 10^9 \text{Pa}$，$\mu_1 = 17.496 \times 10^9 \text{Pa}$，裂缝体积密度 $\varepsilon = 0.05$，裂缝内干燥。第二层从 690 ~ 1755m 深度，为均匀各向同性介质，其密度 $\rho_2 = 2650 \text{kg/m}^3$，$\lambda_2 = 6.731 \times 10^9 \text{Pa}$，$\mu_2 = 32.463 \times 10^9 \text{Pa}$。

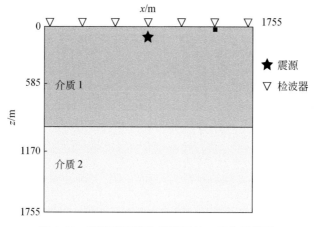

图 4.48　裂缝型碳酸盐岩储层的 2 层介质模型

　　模拟中用 $dx=dz=15m$ 的正方形网格进行空间离散，时间步长 $dt=0.5ms$；纵波震源采用 50Hz 的雷克子波，其中心位于 $x=870m$，$z=150m$ 的空间点上。在地表每隔 15m 布置一个检波器接收位移三分量地震记录。整个模拟时间取为 0.7s。为了消除人工边界的影响，在模型四周加了完全匹配层吸收边界条件。得到的位移地震记录如图 4.49 所示。

　　从图 4.49 直达准纵波记录 qP 和直达准横波 qS 可以看出，虽然在模拟中采用纵波震源激发，但激发的纵波也会产生横波，这是由于在方位裂缝各向异性介质中不同方向的运动是相互耦合的。从模拟结果上还可以看出各向异性模型记录中出现了反射准纵波 qPqP、反射快横波 qPqS₁ 和反射慢横波 qPqS₂，而碳酸盐岩各向异性随机模型的地震记录上也出现了同样的现象。这是因为准纵波在向下传播遇到不同介质分界面，一部分准纵波发生反射并以向上传播至地表形成反射准纵波 qPqP，一部分准纵波在下行传播过程中遭遇界面时会发生波型转换产生反射横波。由于裂缝结构的作用，反射的横波会分裂成快横波 qPqS₁ 和慢横波 qPqS₂，并先后被地表检波器所接收。

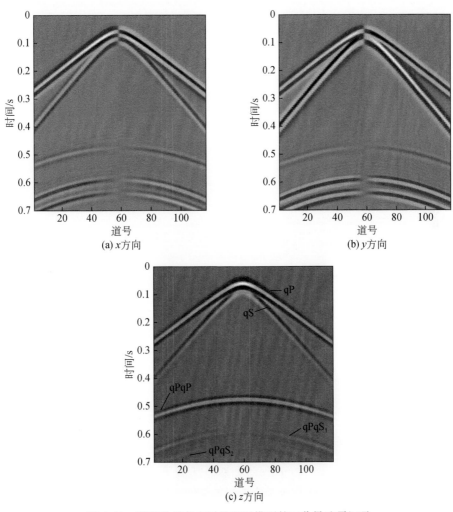

图 4.49　碳酸盐岩各向异性两层模型的三分量地震记录

（二）溶蚀孔洞储层的数值模拟及分析

　　为了考察孔洞发育带储集体模型参数与地震响应特征之间的联系，应用前面叙述的随机空间建模方法，建立如图 4.50 所示的溶蚀孔洞模型。

　　溶蚀孔洞模型包含两层，上层为均匀介质，下层为溶蚀孔洞储层。分别改变模型中孔洞尺度、孔洞形态、等效孔隙度、孔洞内部填充物以及发育带内孔洞分布等参数，可以得到不同条件下的溶蚀孔洞模型，然后用变网格、变步长的有限差分法模拟地震波在不同模型中的传播，总结每个模型参数对应的地震响应特征。在数值模拟中采用主频均为 30Hz 的雷克子波，炮点均在孔洞发育带正上方的地表。下面对不同模型参数条件下的地震波数值模拟分别进行详细阐述。

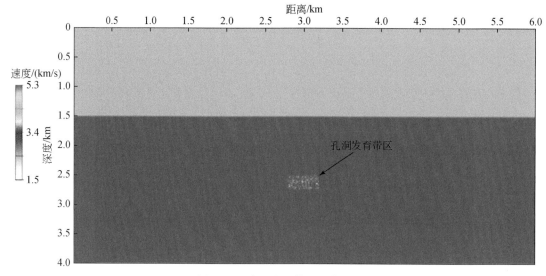

图 4.50　溶蚀孔洞模型示意图

1. 不同缝洞尺寸形态介质中的地震波传播数值模拟

　　实验中选取三个不同溶洞尺寸作为代表进行展示，其溶蚀孔洞发育带区域介质模型如图 4.51，其中每个模型的等效孔隙度均为 1%，缝洞内的填充物均为液体，P 波速度为 1500m/s。

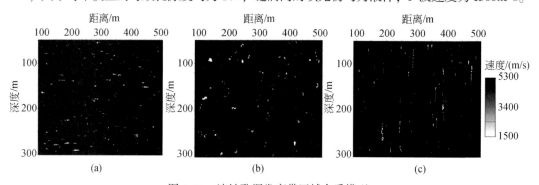

图 4.51　溶蚀孔洞发育带区域介质模型

溶蚀孔洞尺度分别为 10m　1m（a）、5m　5m（b）、1m　10m（c）

将图4.51中展示的溶蚀孔洞发育带模型填充到图4.50中的孔洞发育带区，并利用可变网格与可变局部时间步长的高阶差分方法模拟地震波在这类模型中的传播，并将得到的反射波场与透射波长记录下来进行分析处理（图4.52）。

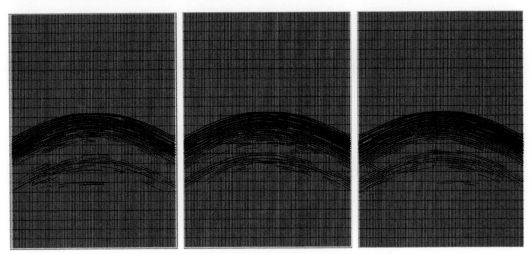

图4.52　对应图4.51模型的反射波记录

直达波与第一层反射已切除

从反射波炮记录上看，由于缝洞发育带的存在，产生了大量散射波，且随着孔洞在纵向上的延展，地面记录到的散射波逐渐增加，对散射波进行频谱分析，如图4.53、图4.54所示。

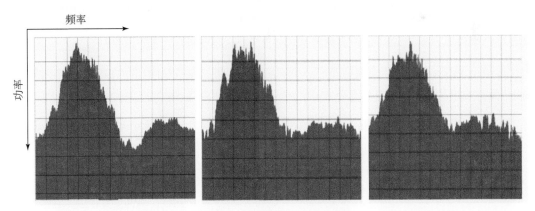

图4.53　对应图4.52的功率谱

从图4.53的比较中看出，由孔洞发育带产生的散射波主频高于地震子波主频；缝洞越向纵向延展，散射波主频提高的越多；且可以看到，当缝洞中裂缝越多时，其散射波的频带越宽。从图4.54的频率空间域能量分布图上看，不同的尺度情况下，各道的散射波能量分布有所不同，随着缝洞尺度在纵向上的拉伸，其散射波的能量向中间道聚集。

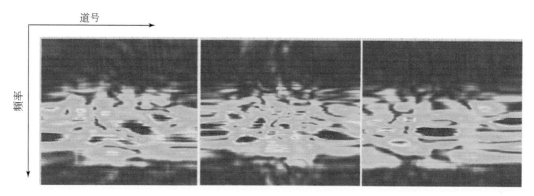

图 4.54　对应图 4.52 的 F-X 谱

2. 不同等效孔隙度介质中的地震波传播数值模拟

实验采用如图 4.55 所示的三个等效孔隙度作为代表，缝洞尺度均为 5m　5m，缝洞内填充介质为流体，P 波速度为 1500m/s。

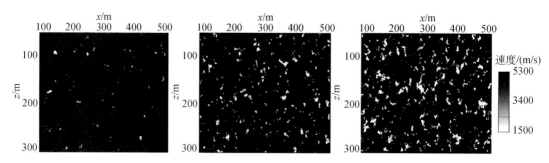

图 4.55　等效孔隙度分别为 1%，5%，10% 的缝洞发育带介质模型

将图 4.55 中的介质填充到图 4.50 中的缝洞发育带区域，利用可变网格与可变局部时间步长的方法模拟地震波在此类介质中的传播，得到如图 4.56 的反射波单炮记录。

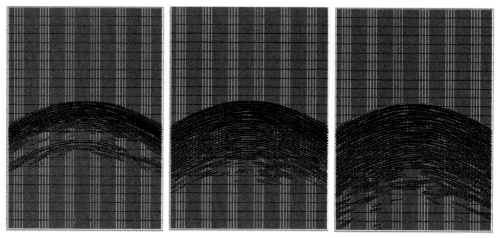

图 4.56　对应图 4.55 的反射波记录

直达波与第一层反射已切除

记录上明显增多的散射波对应着逐渐增加的缝洞等效孔隙度，这主要是由于缝洞越多，地震波经过时产生的散射越多。

对记录进行频谱分析，结果如图 4.57、图 4.58 所示，随着孔洞发育带等效孔隙度的增大，产生的散射波能量在道与道之间分布得趋于均匀，且散射波频带逐渐由窄变宽，主频由高变低。

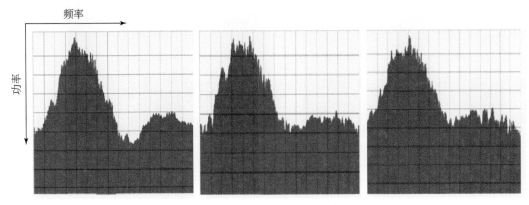

图 4.57 对应图 4.55 的功率谱

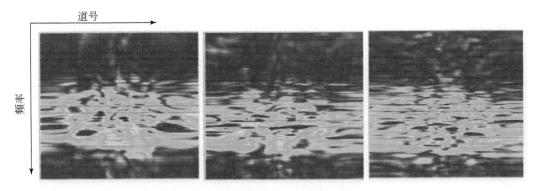

图 4.58 对应图 4.55 的 F-X 谱

3. 不同缝洞内填充物介质中的地震波传播数值模拟

为研究当溶蚀孔洞内填充不同介质情况下对应的地震响应特征的变化，以图 4.59 所示的模型为例进行分析。模型等效孔隙度为 5%，缝洞尺度为 5m 5m，分别填充液体和气体，将其分别填充到图 4.50 中的缝洞发育带区，然后采用变网格变步长的高阶差分地震波模拟方法研究地震波在不同填充物下的缝洞发育带模型中的传播规律。

从反射波炮记录上看（图 4.60），填充气体情况下较液体情况下更能持续地产生散射波，即由于波阻抗的增大，散射波能量增强，在缝洞与缝洞之间反射振荡时间增加。提取其透射波记录进行比较，如图 4.61 所示。

从透射波记录上也可以看到，由于波阻抗的增大，地震波在缝洞间的振荡能量增强，使得记录上的散射波持续存在。提取在第 190 道位置处的 VSP 记录进行分析（图 4.62）。

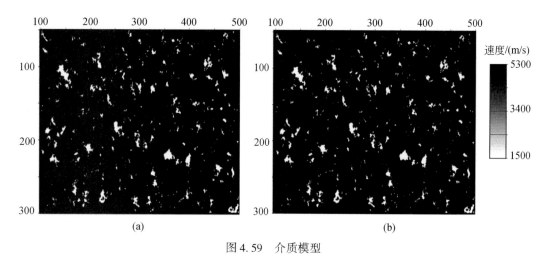

速度/(m/s)

5300

3400

1500

(a)　　　　　　　　　(b)

图 4.59　介质模型

（a）为填充液体，P 波速度 1500m/s；（b）为填充气体，P 波速度 340m/s

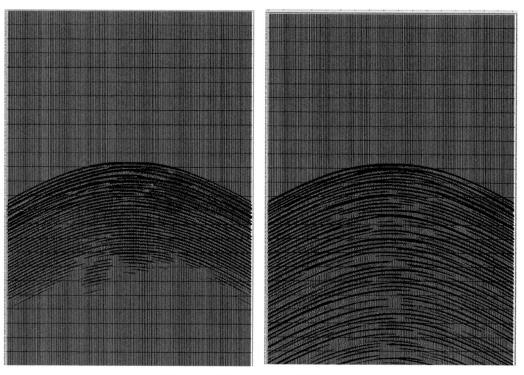

图 4.60　对应图 4.59 的反射波炮记录

直达波与第一层反射已切除

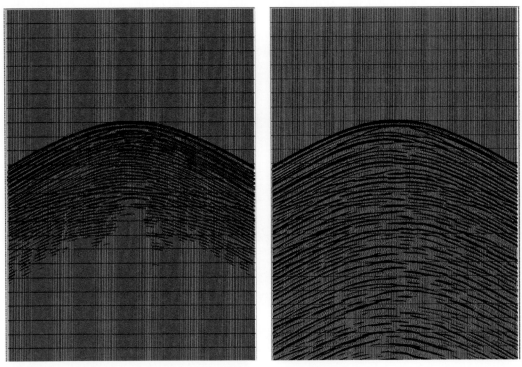

图 4.61　对应图 4.59 的透射波炮记录

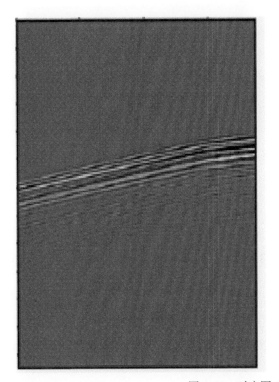

图 4.62　对应图 4.59 的 VSP 记录

已切除第一层的影响

　　从 VSP 记录上同样也验证上述的解释的合理性。下面对反射波与透射波数据进行频谱分析得到相应的功率谱与 F-X 谱（图 4.63，图 4.64）。

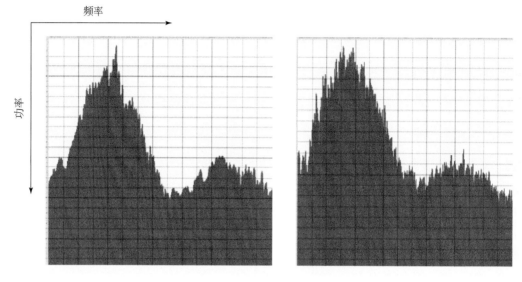

图 4.63　对应图 4.59 的功率谱

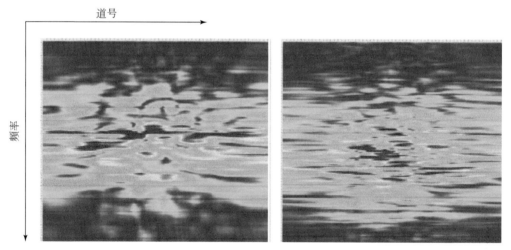

图 4.64　对应图 4.59 的 F-X 谱

　　从图 4.63，图 4.64 看，填充气体时散射波的主频接近地震子波主频，但远低于填充液体情况下的反射波主频；在频率空间域能量分布情况下，填充气体时能量分布趋向于向中央聚集。

（三）礁滩储层的数值模拟及分析

　　对图 4.28 所示的礁滩地质模型采用波动方程数值模拟的方法来研究该储层的地震响应特征。

首先构建地质模型对应的数值模型，然后采用变网格、变步长的有限差分对数值模型进行声波模拟。模拟中的震源采用主频 50Hz 的雷克子波，安置在模型顶面附近，接收器放置在模型顶面接收地震波信号。为减小、消除人工边界对模拟造成的影响，数值模型四边安置 PML 吸收边界条件。

图 4.65 是模拟过程中得到的礁滩模型数值模拟炮记录。

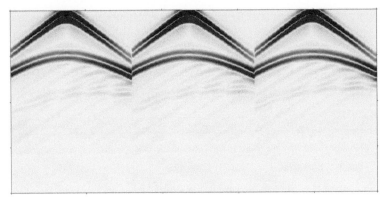

图 4.65 礁滩模型数值模拟炮记录

对所得的炮记录用 Kirchhoff 积分法进行叠前时间偏移，得到的偏移剖面如图 4.66 所示。

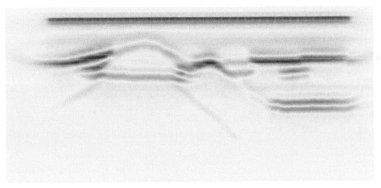

图 4.66 礁滩模型数值模拟叠前时间偏移剖面

从图 4.66 可以看到数值模拟实验的偏移结果和实际地震剖面基本一致。和物理模拟结果一样，生物礁结构在数值地震剖面上整体也呈丘状凸起。但是和物理模拟相比礁后只有一个相对较大的滩显示比较明显，而另外两个相对尺度较小的滩则不明显。这主要是物理模拟震源的主频高，分辨率高，较小的滩也可以呈现出来。而数值模拟中，震源的主频相对较低，因此较小的生物滩显现不出来。此外由于数值模拟模型周边采用 PML 吸收边界条件，数值模拟结构的偏移剖面上的噪声比物理模拟剖面上的噪声要明显小很多，所以数值模拟的成像质量比物理模拟高。

参 考 文 献

吴闻静 . 2010. 碳酸盐岩礁滩储层地震特征数值模拟 . 成都：成都理工大学 .

奚先，姚姚 . 2002. 随机介质模型的模拟与混合型随机介质 . 地球科学 – 中国地质大学学报 . 27（1）：67-71.

赵路子 . 2008. 碳酸盐岩隐蔽滩相储层特征及预测模型 . 成都：成都理工大学 .

Berenger J P. 1994. A perfectly matched layer for the absorption of electromagnetic waves. Journal of Computational Physics, 114: 185-200.

Biot M A. 1956. Theory of propagation of elastic waves in a fluid- saturated porous solid: I. Low- frequency range. Journal of Acoustical Society of America, 28（2）: 168-178.

Brown R, Korringa J. 1975. On the dependence of the elastic properties of a porous rock on the compressibility of the pore fluid. Geophysics, 40: 608-616.

Bubb J N, Hatlelid W G. 1977. Seismic Stratigraphy and Global Changes of Sea Level: Part 10. Seismic Recognition of Carbonate Buildups: Section 2. Application of Seismic Reflection Configuration to Stratigraphic Interpretation. AAPG Special Volumes.

Crampin S. 1984. An introduction to wave propagation in anisotropic media. Geophysical Journal International, 76（1）: 17-28.

Frisch U, Hasslacher B, Pomeau Y. 1986. Lattice- gas automata for the Navier- Stokes equation. Physical review letters, 56（14）: 1505.

Geertsma J. 1957. The effect of fluid pressure decline on volumetric changes of porous rocks. Trans AIME, 210: 331-340.

Hardy J, Pomeau Y, De Pazzis O. 1973. Time evolution of a two- dimensional classical lattice system. Physical Review Letters, 31（5）: 276.

Hudson J A. 1980. Overall properties of a cracked solid. Mathematical Proceedings of the Cambridge, 88: 371-384.

Hudson J A. 1981. Wave speeds and attenuation of elastic wave in material containing cracks. Geophysical Journal Royal Astronomical Society, 64（1）: 133-150.

McNamara G R, Zanetti G. 1988. Use of the Boltzmann equation to simulate lattice- gas automata. Physical review letters, 61（20）: 2332.

Mora P. 1992. The lattice Boltzmann phononic lattice solid. Journal of statistical physics, 68（3）: 591-609.

Wolfram S. 1986. Cellular automaton fluids 1: Basic theory. Journal of statistical physics, 45（3-4）: 471-526.

第五章　碳酸盐岩储层地球物理预测技术

本章主要围绕海相碳酸盐岩裂缝、礁滩储层，通过岩石物理分析、地震波场模拟分析等，研究不同沉积环境及围岩条件下的地震响应，从机理上弄清地震属性间的变化响应关系；以岩石物理测试及地震属性响应波场特征关联研究为基础，通过对储层沉积环境及沉积相带研究，构造运动学分析，叠后敏感属性分析，研究礁滩储层的发育分布规律；以断裂与裂缝形成机制为线索，开展几何地震属性、不连续性、叠前各向异性为基础的敏感属性分析，预测裂缝发育带的展布；通过地震叠前叠后的反演，寻找对礁滩、裂缝中有效储层的敏感参数组合，建立碳酸盐岩储集体及流体识别技术。

第一节　裂缝储层地球物理预测技术

碳酸盐岩储层的储集空间有洞穴、孔洞、裂缝，根据裂缝溶洞的发育程度和所占岩石的相对比例，可以把缝洞型碳酸盐岩储层分为裂缝型、溶洞型和缝洞型。储集渗透空间几何形态多样，大小悬殊，分布极为不均。由于裂缝分布规律的复杂性，碳酸盐岩缝洞研究一直是国际性攻关难题。

一、裂缝参数描述

（一）裂缝密度和半径

1. 裂缝密度

影响储层储集性的裂缝参数中，裂缝密度是最为重要的物性参数之一。其具体的表达式因对裂缝形态假设的不同而不同。目前，对裂缝的研究主要基于椭球型裂缝，也称薄硬币型裂缝，即假设裂缝是一个扁率极大的扁平状的椭球体。以椭球型裂缝为例，假设椭球型裂缝的三条轴分别为 a_1，a_2，a_3，其中 $a_1 = a_2 \gg a_3$，如图 5.1 所示。

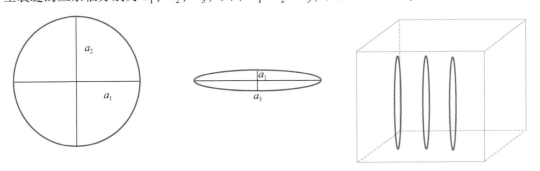

图 5.1　椭球型裂缝示意图

a_1，a_2 被称为长轴，a_3 称为短轴。短轴与长轴之比定义为纵横比，通常记为 α。两条长轴 a_1，a_2 所确定的平面，称为裂缝面；延伸短轴 a_3 所得的直线称为裂缝面的对称轴。长轴的一半又称为裂缝半径，短轴称为裂缝开度。

对于椭球型裂缝，在三维介质中裂缝密度定义如下：

$$e = \frac{Na^3}{V} = \frac{3\phi}{4\pi\alpha} \tag{5.1}$$

式中，V 为介质的体积；N 为体积 V 内的裂缝总条数；a 为裂缝半径；α 为裂缝的纵横比；ϕ 为裂缝相关的孔隙度，并且有 $\phi = \dfrac{N\frac{4}{3}a^3\alpha}{V}$（葛瑞·马沃可等，2008）。

在二维介质中下，裂缝密度的计算公式退化为

$$e = \frac{Na^2}{S} = \frac{\phi}{\pi\alpha} \tag{5.2}$$

式中，S 为介质的面积；N 为面积 S 内裂缝条数。根据上述的定义，裂缝密度是一个无量纲的数值。在实际地下介质中，裂缝密度不会太大，通常不会超过 0.2。对不同的等效理论，裂缝密度有着不同的适用范围，如 Hudson 模型的适用范围通常不超过 0.1。

以上讨论基于椭球型裂缝假设，裂缝密度还有其他的定义。例如，在长裂缝假设的前提下，三维介质中裂缝密度定义 $e = \dfrac{1}{8}\dfrac{H}{L}$，当介质为二维时，$e = \dfrac{1}{4}\dfrac{H}{L}$。$H$ 和 L 的定义如图 5.2 所示，途中红线代表裂缝面。此时裂缝密度同样是无量纲的数值。

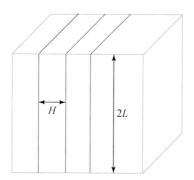

图 5.2　长裂缝模型示意图

在油藏工程领域，裂缝密度还被定义为单位长度内的裂缝条数。无论如何定义，裂缝密度始终都是描述地下介质裂缝"量"的物理量。裂缝密度已成为当今描述裂缝型储层的最重要的参数。

2. 裂缝半径

在描述裂缝储层时，单单依靠裂缝密度是不够的。例如，图 5.3 中所示。图 5.3（a）中在体积 V 内有 3 条裂缝，图 5.3（b）中裂缝半径是图 5.3（a）的一半。同样是在体积 V 内，图 5.3（b）裂缝的条数为 24 条。依据椭球型裂缝密度的定义式，二者的裂缝密度相同。但是两种介质的特性必然是不同的，因此仅依靠裂缝的密度很难准确地描述裂缝型

储层特征。

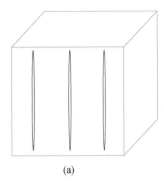 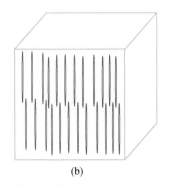

(a)　　　　　　　　　　　　　　　　(b)

图 5.3　裂缝密度相同半径不同示意图

大量的生产实践也证明，不同尺度的裂缝，对于储层特性的影响是不同的。以各向异性为例，微裂隙空间展布往往是随机无序分布，因此微裂隙并不能使介质产生各向异性。但是中尺度的裂缝，往往会呈现定向排列的特征，使介质产生各向异性。想要准确完整地描述裂缝介质，不能仅仅关注裂缝的"量"，还要关注裂缝的"尺度"，而裂缝半径就是描述裂缝尺度的物理量，其单位是长度单位，通常为米或英尺①。此外，目前的等效理论都对裂缝半径有限制。例如，Hudson 模型适用于单一尺度的裂缝模型，并且要求裂缝半径要远小于波长。Chapman（2003，2009）提出了一种多尺度的岩石物理模型，该模型要求微裂隙和孔隙的半径与岩石颗粒尺寸相同，而裂缝的半径可远大于颗粒尺寸但小于地震波波长。

（二）裂缝方位

仍然以椭球型裂隙为例，首先定义自然坐标系，并通过讨论自然坐标系和观测坐标系的关系来研究裂缝的方位。我们分别以 a_1，a_2，a_3 三条对称轴所在的直线对应 x，y，z 轴建立自然坐标系，这样一来，裂缝介质在自然坐标系中始终可以等效为具有垂直对称轴的横向各向同性（VTI）介质。当观测坐标系 XYZ 与自然坐标系 xyz 重合时，观测到的是VTI 介质；自然坐标系 XYZ 和观测坐标系 xyz 不重合时，则观测到的介质可能为具有水平对称轴的横向各向同性（HTI）介质，甚至可能为具有倾斜对称轴的横向各向同性（TTI）介质。

如图 5.4 所示，x 轴与 X 轴的夹角 θ 为裂缝面方位角，z 与 Z 的夹角 φ 是裂缝面的倾角，这两个角度是描述裂缝空间展布形态的重要参数，其单位通常为度。其分布规律直接

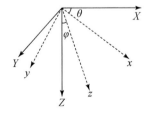

图 5.4　自然坐标系与观测坐标系

---

① 　1 英尺 = 3.048×10⁻¹ m。

决定了裂缝介质的各向异性特征。当各个裂缝面的倾角和方位角是混乱、随机分布的，则介质不会表现出各向异性特征。所有裂缝面的倾角和方位角都相同，即裂缝是定向排列时，或者某个倾角和方位角的裂缝数量占优时，裂缝介质表现出横向各向同性的特征。若 $\varphi=0°$，则等效为 VTI 介质；若 $\varphi=90°$，则等效为 HTI 介质，当 φ 介于 $0°$ 和 $90°$ 二者之间的时候，介质等效为 TTI 介质。

在大多数计算等效模量时，我们希望裂缝对称轴与 z 轴平行，即等效 VTI 介质。通常的做法是先在自然坐标系中计算 VTI 的等效模量，然后利用 Bond 变换将 VTI 介质旋转成 HTI 或者 TTI。我们假设在观测坐标系下的弹性矩阵为 $\boldsymbol{D}$，在自然坐标系下的弹性矩阵为 $\boldsymbol{C}$，Bond 变换给出二者的关系：$\boldsymbol{D}=\boldsymbol{MCM}^{\mathrm{T}}$，其中 $\boldsymbol{M}$ 为

$$\boldsymbol{M}=\begin{bmatrix} \cos^2\theta & \sin^2\theta\cos^2\varphi & \sin^2\theta\sin^2\varphi & -\sin^2\theta\sin2\varphi & \sin2\theta\sin\varphi & -\sin2\theta\cos\varphi \\ \sin^2\theta & \cos^2\theta\cos^2\varphi & \cos^2\theta\sin^2\varphi & -\cos^2\theta\sin2\varphi & -\sin2\theta\sin\varphi & \sin2\theta\cos\varphi \\ 0 & \sin^2\varphi & \cos^2\varphi & \sin2\varphi & 0 & 0 \\ 0 & \frac{1}{2}\cos\theta\sin2\varphi & -\frac{1}{2}\cos\theta\sin2\varphi & \cos\theta\cos2\varphi & \sin\theta\cos\varphi & \sin\theta\sin\varphi \\ 0 & -\frac{1}{2}\sin\theta\sin2\varphi & \frac{1}{2}\sin\theta\sin2\varphi & -\sin\theta\cos2\varphi & \cos\theta\cos\varphi & \cos\theta\sin\varphi \\ \frac{1}{2}\sin2\theta & -\frac{1}{2}\sin2\theta\cos^2\varphi & -\frac{1}{2}\sin2\theta\sin^2\varphi & \frac{1}{2}\sin2\theta\sin2\varphi & -\cos2\theta\sin\varphi & \cos2\theta\cos\varphi \end{bmatrix}$$

$$(5.3)$$

除了上述提及的裂缝参数外，影响裂缝介质特征的参数还有很多。例如，裂缝中充填流体与否，以及裂缝中含流体时，流体的性质、裂缝与地层孔隙之间的连通性、裂缝之间的连通性等对储层特征都有显著的影响。

（三）裂缝开度和纵横比

裂缝开度和纵横比也是描述裂缝的重要参数，裂缝开度的单位为米或英尺，纵横比为无量纲数值。当裂缝密度和半径一定时，裂缝的开度决定了裂缝相关孔隙度的大小。这样一来，裂缝有流体充填时，裂缝开度就会影响到流体的含量，进而影响储层的物性特征。按照椭球型裂缝假设，裂缝开度可以由裂缝半径和纵横比确定，当裂缝半径固定，则开度仅与纵横比相关。因此可以综合裂缝半径和纵横比的方式，来讨论裂缝开度的影响。但是无论纵横比的数值还是裂缝开度，它们的实际数值量级很小，裂缝特征对它们的敏感性较差，单纯讨论裂缝开度或纵横比较为困难，因此目前对这两个参数研究相对较少。

二、裂缝储层地震响应特征

（一）裂缝储集体弹性参数影响因素分析

HTI 介质中的 Thomsen 参数定义如下：

$$
\begin{cases}
\varepsilon^{(V)} = \dfrac{C_{11}-C_{33}}{2C_{33}} \\[2mm]
\delta^{(V)} = \dfrac{(C_{13}+C_{55})^2-(C_{33}-C_{55})^2}{2C_{33}(C_{33}-C_{55})} \\[2mm]
\gamma^{(V)} = \dfrac{C_{66}-C_{44}}{2C_{44}}
\end{cases}
\tag{5.4}
$$

分别向裂缝中充填不同流体（油、气、水），分析 Thomsen 参数随裂缝密度的变化，如图 5.5 所示。

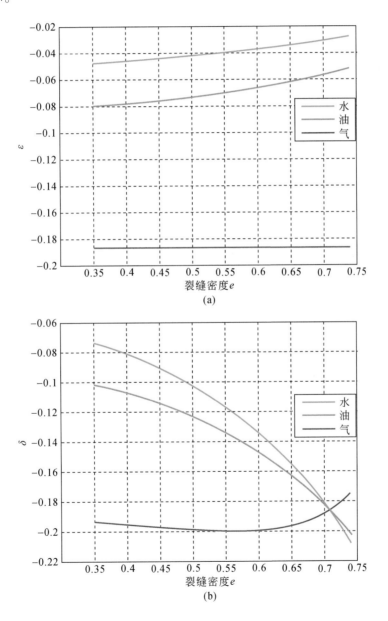

(a)

(b)

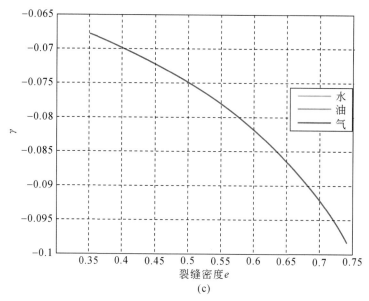

图 5.5　饱和不同流体 Thomsen 各向异性参数随裂缝密度变化

从图 5.5 中可以看出，裂缝中饱和不同流体时，各向异性参数数值及变化趋势不同，可以用于流体识别。

裂隙充填物和裂缝孔隙度对岩石性质有重要的影响，模型假设裂隙分别为油水、气水和泥质充填，裂缝孔隙度从 0.01 ~ 0.09 变化，分析裂隙充填物和裂缝孔隙度变化对 Thomsen 参数的影响如图 5.6 所示。

由图 5.7 可知，随裂缝孔隙增大，各向异性参数绝对值增大；随含油和含气饱和度增大，各向异性参数绝对值增大。

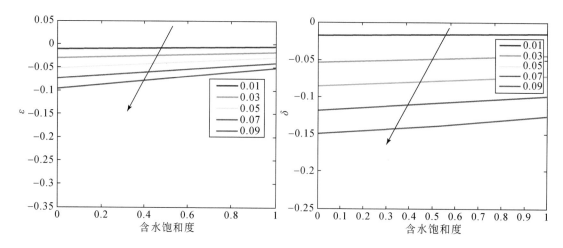

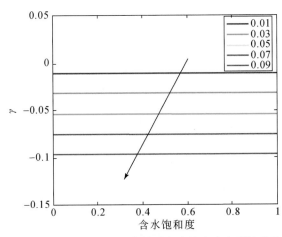

图 5.6　水油混合时 Thomsen 参数随含水饱和度和裂缝孔隙变化

箭头方向表示裂缝孔隙增大

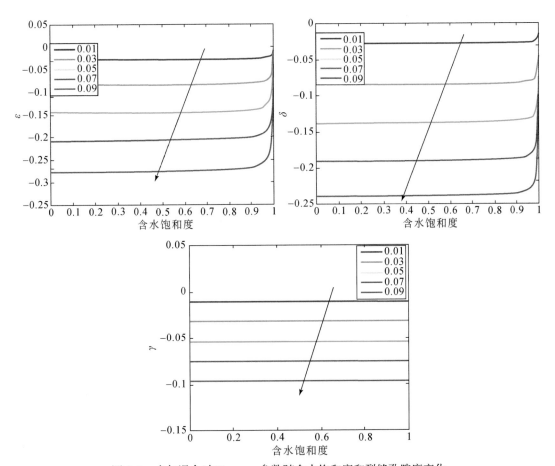

图 5.7　水气混合时 Thomsen 参数随含水饱和度和裂缝孔隙度变化

箭头方向表示裂缝孔隙度增大

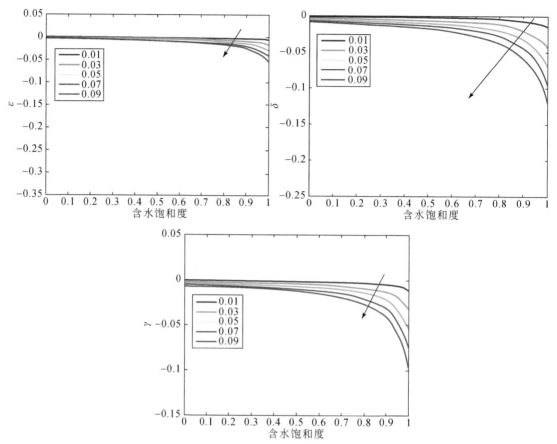

图 5.8　泥质充填时 Thomsen 参数随含水饱和度和裂缝孔隙度变化

箭头方向表示裂缝孔隙度增大

从图 5.8 中可以看出，随裂缝孔隙度增大，各向异性参数绝对值增大；随泥质含量增大，各向异性参数趋于 0。线性滑动模型中法向弱度 ΔN 和切向弱度 ΔT 参数定义如下：

$$\Delta N = \frac{4e}{3g(1-g)\left[1+\dfrac{1}{\pi(1-g)}\left(\dfrac{k'+4/3\mu'}{\mu}\right)\left(\dfrac{a}{c}\right)\right]}$$

$$\Delta T = \frac{16e}{3(3-2g)\left[1+\dfrac{4}{\pi(3-2g)}\left(\dfrac{\mu'}{\mu}\right)\left(\dfrac{a}{c}\right)\right]}$$

(5.5)

其中，$g \equiv \dfrac{\mu}{\lambda+2\mu} = \dfrac{V_{\mathrm{S}}^2}{V_{\mathrm{P}}^2}$，$e = \dfrac{3\varphi}{4\pi\alpha}$。

Schoenberg 和 Sayers（1995）将 K_N/K_T 定义为缝隙流体的指示因子：

$$K_N/K_T = g\frac{\Delta N(1-\Delta T)}{\Delta T(1-\Delta N)}$$

(5.6)

类比于各向同性介质中 AVO 截距和梯度定义，Ruger（1998）研究了各向异性介质中的反射系数近似式，同时给出了各向异性梯度的定义：

$$B^{ani} = \frac{1}{2}\Delta\delta^{(V)} + \left(\frac{2\bar{\beta}}{\bar{\alpha}}\right)\Delta\gamma \tag{5.7}$$

结合岩石物理理论，将各向异性梯度用裂缝模型参数 ΔN 和 ΔT 表示为

$$B^{ani} = g(2g-1)R_{\Delta_N} + gR_{\Delta_T} \tag{5.8}$$

下面分别分析裂隙中饱含油、气、水时，裂缝密度和硬矿物成分（黄铁矿，1% ~ 7%）对线性滑动模型参数 ΔN、ΔT、K_N/K_T 以及各向异性梯度 B^{ani} 的影响（图5.9 ~ 图5.11）。

从图5.9 ~ 图5.11 中可以看出，裂隙填充物对 ΔN 的影响：气>油>水，裂隙填充物对 ΔT 无影响，裂隙填充物对 K_N/K_T、各向异性梯度的影响：气>油>水；随裂缝密度增大，ΔN、ΔT 增大，随 V_S/V_P 增大，ΔN 减小、ΔT 增大，裂缝密度和 V_S/V_P 增大，K_N/K_T 变化较为复杂，裂缝密度增大，各向异性梯度绝对值增大。

同时可以看出，饱和不同流体时，各参数大小及变化规律有一定差异，各向异性梯度受流体和裂缝密度影响较大，因此，二者交汇分析可以识别流体，区分油水，如图5.12所示。

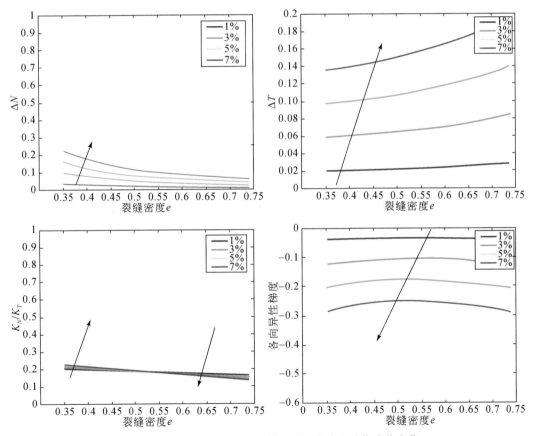

图5.9　裂隙饱含水时，各参数随裂缝密度和矿物成分变化

箭头方向表示裂缝密度增大

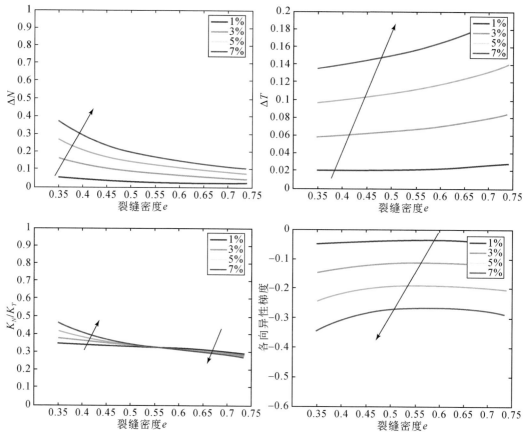

图 5.10 裂隙饱含油时,各参数随裂缝密度和矿物成分变化

箭头方向表示裂缝密度增大

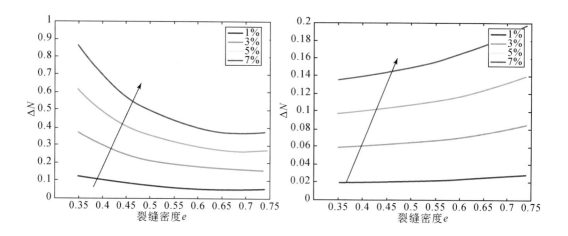

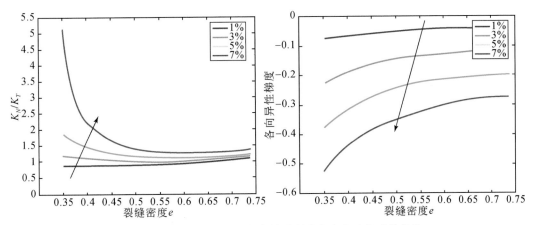

图 5.11　裂隙饱含气时，各参数随裂缝密度和矿物成分变化

箭头方向表示裂缝密度增大

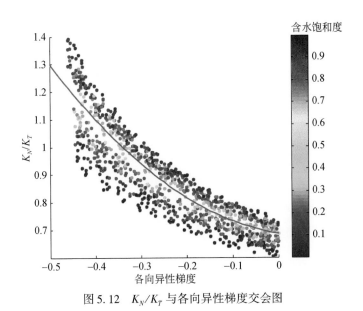

图 5.12　K_N/K_T 与各向异性梯度交会图

（二）裂缝储层地震响应特征

1. 裂缝储层发育特征

以玉北 1 井区奥陶系为例，根据岩石的成分、结构和成因特征，岩性以泥微晶灰岩类和颗粒灰岩类为最主要的岩石类型，有 6 大类，即颗粒灰岩类（亮晶颗粒灰岩、泥微晶颗粒灰岩）、泥微晶灰岩类、（含）云质灰岩类、生物屑灰岩类、藻黏结灰岩、岩溶岩类。一间房组泥微晶灰岩类和颗粒灰岩类出现频率分别为 42.8% 与 40.45%，大致相当，而鹰山组泥微晶灰岩类则明显高于颗粒灰岩类，出现频率分别为 58.31% 与 34%。颗粒灰岩类出现频率高的地层其岩溶发育的概率也高。储集空间类型以构造缝和溶蚀孔、洞、缝为

主，其中裂缝和孔洞是主要储集空间类型，孔隙是次要的储集空间类型，分布较为局限。

洞：岩心观察表明，溶蚀孔洞是主要的储集空间类型，溶蚀孔洞以小洞为主（<5cm），中洞次之，多数溶蚀孔洞沿裂缝发育。

缝：半-未充填的高角度构造缝、溶蚀缝是主要的储集空间类型之一。

孔隙：孔隙整体上发育程度较低，是次要的储集空间类型。包括晶间孔与晶间溶孔、粒间孔与粒间溶孔、粒内溶孔等类型，一般直径数微米至数百微米，是普遍存在的储集空间。

根据奥陶系储集空间类型的组合，玉北1井区主要的储集层类型为孔洞-裂缝型、裂缝-孔洞型和裂缝型，而孔隙型（裂缝-孔隙型）储层发育较局限，为次要储集层类型。储层主要发育在鹰山组、良里塔格组。

构造缝和溶蚀缝是玉北1井区奥陶系最主要的储集空间类型之一。从单井连续取心孔缝洞统计结果来看，虽然井与井间、段与段间差异较大，一般储层段孔洞平均密度50~60个/m，多的有96.24个/m。一般取心段裂缝平均密度10~15条/m，储层段达40条/m；整体上小裂缝并不孤立发育，由成像测井可见垂直状延伸可达10余米，一些岩心上可见张开的5~10mm宽的天然大缝，表明南部发育有多种不同尺度及相当规模的裂缝及裂缝群。

裂缝型储集层是玉北1井工区奥陶系灰岩的主要储集类型之一，裂缝既是主要的渗滤通道，又是主要储集空间。裂缝型储层在层位上主要分布于中下奥陶统鹰山组灰岩中，其次为上奥陶统良里塔格组，纵向上鹰山组构造缝均较发育，溶蚀缝发育程度上部略优于下部。在平面上主要分布于风化壳型岩溶不发育的地区，但为岩溶谷地，有岩溶发育，但溶蚀缝洞多被沙泥质充填；或中下奥陶统灰岩被上奥陶统覆盖，岩溶不发育。但它们处于有利于裂缝发育的构造部位，因此，裂缝较发育，并构成储层的主要储、渗空间。储层的储渗性能主要受裂缝发育程度的控制。

2. 测井响应特征及横向展布

玉北1井区奥陶系与邻近主体区储层类型相近，但裂缝始终发育于各种有效储集体。储集空间主要为孔、洞、缝，鹰山组主要有三种储层类型：溶蚀孔洞型、裂缝孔隙型、洞穴型。通过玉北1井区典型钻井录井、测井、岩心、测试等资料的响应识别、统计分析，对岩性、储集类型、发育趋势、发育规模、展布特征等进行归纳总结，为地震目标预测提供结构、尺度方面的相关参量。

玉北1井裂缝较发育，共拾取到141条开口裂缝，裂缝明显分布在三套地层中：5603~5620m、5658~5682m、5685~5750m。裂缝为高角度、不规则、微细及低角度裂缝特征（低角度缝分布较集中）。

诱导裂缝局部发育，走向为北北东向。玉北1-2X井裂缝较发育，共拾取开口裂缝44条，裂缝平均角度77°；平均倾向294°；主要分布在5125~5190m、5250~5310m、5340~5370m层段中，以中、高角度斜交裂缝及直立缝为主，见不规则微细裂缝，局部裂缝具缝面溶蚀。

测井解释：

5600.5~5608，Ⅰ类，裂缝溶洞，油气层；

5711~5720，Ⅱ类，裂缝孔洞，油气层；

5726.5~5736.5，Ⅱ类，裂缝，油气层。

全井眼地层微电阻率扫描成像测井（FMI）图像特征：相对低地层电阻率（RT）层，含高角度裂缝及弱溶蚀特征；不同产状高角度裂缝与不规则裂缝叠置。从元坝（YB)1、YB1-1、YB1-2X 等井的测井分析成果来看，当储层中高角度裂缝发育时，深浅侧向常表现为声波时差及中子孔隙度明显增大，密度值降低，常见声波跳跃现象。

3. 裂缝对地震速度的影响

地震速度归根结底是对岩石变形（可压缩性和刚性）的度量，因而与孔隙的形状和数量有关。薄的扁平状的孔隙容易变形，因而含有这种类型孔隙的岩石速度较低。反之，圆形孔洞难于变形，含有这种类型孔隙的岩石速度较高。

Zhang 和 Stewart（2008）研究了两个适用于裂缝介质的模型。他们考虑了裂缝形状，纵横比（α/c）和裂缝体积分数 c 的影响。通过实验，他们指出，对于 Kuster-Toksöz 模型，包含物的形状对岩石最终的性质影响很大（图5.13）。

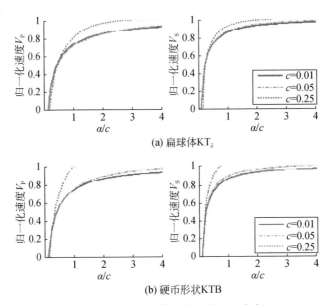

(a) 扁球体KT$_\lambda$

(b) 硬币形状KTB

图5.13 等效速度随着裂缝形状和纵横比的变化图（来自 Kuster-Toksöz 模型）

KT：针对扁球体和硬币形状的包含物的 Kuster-Toksöz 模型的结果；

KTB：来自 Berryman 的通用 Kuster-Toksöz 模型的结果

从图5.13中可以看出，对于扁球体和硬币形状孔隙的包含物，纵横比的值不能小于0.4。对于 Hudson 模型，通过研究发现，Kuster-Toksöz 模型计算的纵波速度介于 Hudson 模型计算的沿着裂缝垂直方向和沿着裂缝平面方向的纵波速度之间。当裂缝的纵横比一定，且裂缝密度超过一个极限时，速度将会随着裂缝密度值的变化呈现出一种异常的增加，特别是横波速度（图 5.14）。

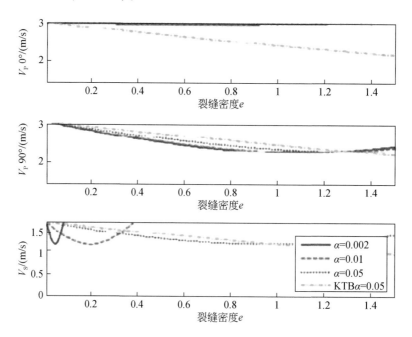

图 5.14　Hudson 模型计算的裂缝介质的等效速度随着裂缝密度的变化图
$V_P0°$、$V_P90°$ 表示沿裂缝面和垂直裂缝面传播的纵波速度

4. 裂缝储层地震响应特征

经过物理模拟和数值模拟实验研究发现，同样裂缝发育强度下裂缝带越宽其引起的地震振幅响应越强，但在地震横向分辨率 Fresnel 带范围之内（与频带与深度有关），不论裂缝有多宽，其横向响应基本不变，即宽缝与窄缝引起的响应在位置上基本相当，无法从位置上辨别小规模裂缝带与大规模裂缝带；裂缝带上地震响应除与地震观测频带、深度及地层结构等环境变化外，与裂缝发育强度与裂缝带规模直接相关。被检测的裂缝要么裂缝发育强度具备一定的规模，要么延展范围比较大，是两者的综合反映。

P 波通过垂直裂缝体时表现出很强的方位各向异性特征，裂缝对 P 波的响应影响主要取决于裂缝方位与观测线走向之间的夹角；裂缝体反射 P 波表现出很强的方位各向异性，P 波反射振幅及旅行时与测线和裂缝方位有关，测线与裂缝平行时振幅最强、旅行时最短；随着测线与裂缝夹角的增大，振幅逐渐减弱、时间逐渐变长；测线与裂缝方向垂直时，振幅最弱，时间最长。整个反射同相轴呈波浪形，其振幅和速度曲线近似周期为 180° 的正余弦曲线；裂缝体 P 波反射振幅在不同方位角上表现为随入射角/偏移距的增加而减小；在垂直于裂缝方位，反射振幅随入射角/偏移距的衰减率最大，在平行方向这种衰减率最小；一般振幅随偏移距变化（AVO）/振幅随偏移距和方位角变化（AVOA）的这种方位振幅变化在入射角范围为 15°~30°，或偏移距与勘探深度之比范围为 0.5~1.2 内，可作为裂缝检测的工具；P 波通过垂直裂缝体后，与均匀介质相比，均表现为振幅降低、速度减小、频率衰减、时差变长等综合响应特征。波形及属性突变带往往与裂缝发育带相对应；对裂缝模型施加不同的压力，呈现出 P 波方位各向异性幅值的不同响应。压力较小时，裂缝内充有较多的液体，速度、振幅、频率均表现出较明显的方位各向异性；随着压力的增大，方位各向异性明显减小；当压力增大到一定程度时，裂缝闭合，方位各向异性现象消失。因此 P 波各向异性可能还与地下裂缝性储集体内开启裂缝的密度有直接关系。

玉北 1 井区奥陶系鹰山组储层都是碳酸盐岩裂缝型储层，由于裂缝储层与围岩之间都存在明显地球物理特性差异，二者间存在强波阻抗差，同时，随着孔隙和含气饱和度的增加，地震波的吸收衰减明显，在地震剖面上表现为"中高频、强振幅、好连续性、平行反射结构"的"亮点"反射特征。

三、裂缝储层地震反演预测方法

（一）叠后地震属性裂缝预测

1. 基于地震几何属性的裂缝预测方法研究

地震几何属性已成为检测振幅及动力学相关属性感知度甚小的微裂缝的最佳途径，通过不同方位上几何属性的计算，可以发现并检测与构造形变成因相关联的线状特征，预测微小的裂缝发育趋势带。虽然相干及振幅梯度常常被用于检测线状地质特征，但与裂缝发育更为密切并直接关联的是反射层的曲率属性（Lisle，1994；Roberts，2001；Bergbauer et al.，2003）。Hart 等（2002）利用基于层位的各种曲率属性识别潜在的裂缝密集发育带。前期的几何属性的计算均基于反射层位面，不能实现储层内幕每一微层的分析，如在不整合面上下，反射层面与上下各个地层的产状及变形可以是两个完全截然的系统；在岩溶缝洞型碳酸盐岩不整合风化壳表层及内幕，也有高度及跨度非常小的残丘体及裂缝扩大溶蚀发育带，这些带上几何形态往往有剧烈甚至跳跃性的突变，这些微小形变特征的提取及有效检测，对裂缝型储层发育及延伸走向的定位均有特殊的意义。发展基于地震三维体的几何属性系列，可以提供构造层面无法达到的每一储层内幕变形特征的刻画，在裂缝型储集层地区间接实现裂缝发育趋势带的定位及延伸方向的识别。

1）地震几何属性计算的原理

从几何地震学的角度看，三维地震反射体空间区域上的任一反射点 $R(x, y, t)$ 可以看成为一时间标量场 $T(x, y)$，该标量场的梯度 $\mathrm{grad}(T)$ 反映的是该反射面的起伏变化率，即反射面沿不同方向的变化量 $\mathrm{d}T/\mathrm{d}l$（l 为方向矢量），它表示的是反射曲面沿方向矢量所在法截面截取曲线一阶导数——视倾角的大小；而该方向上的曲率定义为曲线上密切圆半径的倒数，依据曲率的微分定义式，即为该方向上曲线的二阶导数。由此可见，一个看似复杂的地震几何属性系列——倾角/方位角、曲率，在概念上不过是沿不同方向计算的一阶、二阶导数体。计算关系式为反射曲面 $T = T(x, y)$。

倾角数据体及沿某个方位 x 的曲率体为

$$\mathrm{grad}(T) = \frac{\partial T}{\partial x}\boldsymbol{i} + \frac{\partial T}{\partial y}\boldsymbol{j} + \frac{\partial T}{\partial t}\boldsymbol{k} = P_x\boldsymbol{i} + Q_y\boldsymbol{j} + R_t\boldsymbol{k}$$

$$K_x = \frac{\dfrac{\partial^2 T}{\partial x^2}}{\left[1 + \left(\dfrac{\partial T}{\partial x}\right)^2\right]^{\frac{3}{2}}} = \frac{\dfrac{\partial P_x}{\partial x}}{(1 + P_x^{\,2})^{\frac{3}{2}}} \tag{5.9}$$

式中，P_x、Q_y、R_t 分别为沿 x、y、t 轴方向的视倾角；$\boldsymbol{i}$、$\boldsymbol{j}$、$\boldsymbol{k}$ 分别为沿 x、y、z 轴的单位向量；K_x 为沿 x 方向的曲率，可由该方向的倾角体进行计算。沿任意方向（单位矢量 $\boldsymbol{n}$）的倾角为该方向的方向导数 $P_n = \mathrm{d}T/\mathrm{d}\boldsymbol{n}$，对应方位的曲率强度为 K_n。

2）具体计算方法的实现

地震反射层很少是平直的，通常被褶起皱或撕裂。在一个数据体上给每一点都赋予一个反射层 $T = T(x, y)$ 被证明是难以做到的，但给每一点都赋予一个倾角矢量（或者为倾角大小和方位）却不难办到，处理中的 3D-DMO 分析等技术都是提取局部倾角的良好实例。在速度谱分析中用于多窗口相干扫描的双曲时差能量扫描公式，将其改为线性平面扫描或二次曲面扫描，就能获得不同倾角的计算，它既稳定又能获得较高的横向分辨率，但这样的扫描在三维体较大时需要数月才能完成。使用包络加权方法计算出的瞬时倾角和方位角作为粗精度扫描，可大大提高计算效力。通过第一遍基于倾斜平面假定的粗扫描［图 5.15（a）］，再实施角度/方位角有限范围下的小增量的高精度曲面相干扫描［图 5.15（b）］，能省时并获得较好的长波长（低波数）反射层形态倾角的高精度计算结果。该相干扫描的主体计算公式为

$$\mathrm{Corr}(P_x, Q_y) = \frac{\displaystyle\sum_{k=-K}^{+K}\left(\frac{1}{J}\sum_{j=1}^{J} u_j(k\Delta t - jP_x\Delta x\boldsymbol{i} - jQ_y\Delta y\boldsymbol{j})\right)^2}{\displaystyle\sum_{k=-K}^{+K}\frac{1}{J}\left(\sum_{j=1}^{J}\left[u_j(k\Delta t - jP_x\Delta x\boldsymbol{i} - jQ_y\Delta y\boldsymbol{j})\right]^2\right)} \tag{5.10}$$

式中，u_j 为第 j 道的反射振幅；J 为相邻计算道数；K 为扫描时窗样点数的一半。在一组 $\{P_x、Q_y\}$ 中，取相似系数 Corr 为最大时获得该方位上的似倾角对 P_x、Q_y。

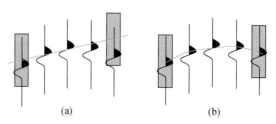

(a) 　　　　　　　　(b)

图 5.15　高精度倾角扫描两遍实现原理

在实际数据处理中，为适应不同信噪三维体可进行各种加权、高截滤波及分步扫描，如低信噪比地区进行纵横大窗体的扫描克服能量的发散，并进行整体趋势的预测，对强弱反射不同部位及时窗段可以考虑进行大道集扫描（9×9CDP），为不使强反射处的精度降低，可对求和振幅乘一距离、能量的权系数，尤为重要的是在断层极度发育的地区，当一个扫描点处振幅正态分布方差量较大或根本就不满足正态分布时，考虑在该点两侧横向分

前后左右、纵向样点分多个时窗进行多窗口的分别扫描，然后选择多窗口扫描中扫描点处振幅基本满足正态分布的这些系列，优选振幅最满足标准正态分布的一对 $\{P_x、Q_y\}$，构成断层点处或附近的扫描结果，实现断层两侧倾角求取的模糊性。

3）几何属性参数的计算

第一次反射为倾斜平界面假设下，反射面可表示为

$$T(x,y) = Dx + Ey + F \tag{5.11}$$

第二次反射为曲面界面假设下，反射面可表示为

$$T(x,y) = Ax^2 + Bxy + Cy^2 + Dx + Ey + F \tag{5.12}$$

上述公式中，A、B、C、D、E、F 为曲面参数。如将分析点选在 $x = y = t = 0$ 处，就有如下的几何属性计算结果。

视倾角：

$$P_x = \mathrm{d}T/\mathrm{d}x = D; Q_y = \mathrm{d}T/\mathrm{d}y = E \tag{5.13}$$

倾角：

$$\mathrm{DIP} = (Px^2 + Qy^2)^{1/2} = (D^2 + E^2)^{1/2} \tag{5.14}$$

曲率：

沿 x，y 方向的曲率分量 K_x、K_y 的表达式如下：

$$K_x = 2A/(1 + D^2)^{3/2}; Ky = 2C/(1 + E^2)^{3/2} \tag{5.15}$$

由于扫描是在各个方向进行的，故可以获得一簇法曲率。依据 Roberts（2001）对各种层面曲率属性的定义，可以获得反映不同特性的曲率属性体。

由以上原理可见，由于曲率属性为二维属性，两两正交的一组法曲率属性能够最佳反映曲面的起伏形态，故可从中分离出一组不同的属性系列：

（1）最大/最小曲率（$K_{\max}/K_{\min}$）：不同方向曲率计算中出现的两个正交的最大及最小的曲率分量；它们是计算其他曲率的基础。

（2）最大正/最大负曲率（$K_{\mathrm{pos}}/K_{\mathrm{neg}}$）：不同方向曲率计算中出现的正值之最大及负值之最小的两个正交的曲率分量，分离突起与凹陷部位，分别描述发生弯曲的强度与宽窄大小；K_{pos} 定义为地形突出部分（相对地下埋深方向来讲，与地貌学中的方向正好相反，即在地貌学中 K_{pos} 与 K_{neg} 互换），为突起（背斜）顶部曲率，与应力、应变量成正比；K_{neg} 为凹陷（向斜）曲率，也与应力、应变量成正比；解释中需根据实际地质情况判别裂缝主要发育于背斜顶部与向斜拗部或两者都发育来酌情选取。

（3）弯曲程度（曲度）K_n：表示层面与形态无关的曲率大小（Koenderink and Van Doorn，1992）：

$$K_n = \mathrm{sqrt}\left[(K_{\max 2} + K_{\min 2})/2\right] \tag{5.16}$$

这种绝对意义下的曲率，表示了层面内曲率总量的一般量度方法，可表示总体变形强度。

（4）形态指数 S_i：地震地质研究中主要反映曲面三维起伏形态——穹隆、脊梁、沟谷、地堑。用时间或构造图可以实现局部地层形态的定性描述，但小尺度的起伏往往淹没在大的区域背景之上不易直观地被察觉。把极小曲率和极大曲率结合起来即可实现对小尺度起伏形态的准确定量定义（Koenderink and Van Doorn，1992）：

$$S_i = (2/\pi) \arctan \left[(K_{min} + K_{max})/(K_{min} - K_{max}) \right] \tag{5.17}$$

这样就能够描述与尺度无关的层面局部形态。换句话说，碗状物（地堑）就是碗状物，无论它是个小汤碗还是大的无线电望远镜。对该属性进行颜色编码以便反映穹隆、脊梁、沟谷、地堑等局部地貌形态。形态指数不受曲率绝对值大小的影响（水平层面除外），所以能加强特别微小的断层和线性构造及其他层面特征（如低幅度隆起、凹槽等构造及沉积地貌）。

2. 不连续性检测裂缝发育带技术

地下裂缝的生成与断裂系统密切相关，尤其是高角度构造裂缝的形成往往与断裂系统相伴生，并且裂缝的方位往往与主断裂的走向有很好的一致性，因此，研究并开发断裂系统识别的相关数据体，从地震资料出发识别出可靠细致的断裂系统，这对于寻找裂缝性油气藏有重要的指导意义。

地震相干体作为一种有效的地震属性常用于不连续地层边缘的检测，如河道、断层、尖灭，甚至裂缝。Skirius 等（1999）利用相干体检测北美及沙特阿拉伯湾碳酸盐岩中的断层及裂缝，Luo 和 Evans（2001）给出了利用振幅梯度在沙特阿拉伯湾碳酸盐岩区描述裂缝的几个实际例子，振幅变化率异常也成为我国新疆塔河油田非均质储层钻探的首选目标（李宗杰和王勤聪，2002）。目前较流行的相干算法为基于互相关和基于相似的算法，主要缺陷其一是计算的只是邻近道与中心道的相关关系，不能考虑相邻多道间彼此在结构上的相互关系；其二是不同方向计算的相关系数组合后有平均效应，计算道数越多平均效应越严重，不能适应低信噪比信号带的处理，同时降低了空间分辨能力及异常的连续性。基于多道数据协方差矩阵本征值的相干算法，更加稳健，对数据噪声抑制更有效，而且不降低相干测量值。

本征结构所揭示的相似特征的应用早已倍受关注，Taner 等（1979）曾利用正常时差扫描曲线集中最大相似性准则来实现速度谱的计算，Kirlin（1992）利用本征结构所具有的相似性同样实现了速度扫描中最佳速度谱的选取。叠前速度谱扫描中的这种本征值所拥有的相似性计算引入了三维叠后数据，可给出特定样点处地震道之间相似程度的一种测量量——相关。因此用一个介于 0～1 之间的相干测量就可将地震连续性和断续性定量化，并将其转换成揭示地下细微地质特征的可视图像。

在地震三维偏移体中，取相邻 J 道 N 个样点组成一个 $N \times J$ 的地震子体构成矩阵 $\boldsymbol{D}$：

$$\boldsymbol{D} = \left[d_{nj} \right]_{N \times J} \tag{5.18}$$

$\boldsymbol{D}$ 中每列代表一个有 N 个样点的地震道（第 J 道），每行为 J 道中同一个时间样点（第 n 个样点），d_{nj} 即为每 j 道的第 n 个样点。现在问题的焦点是 J 道的相关性，哪些是独立的（非相似）变量，哪点是线性相关的（相似），J 维变量的正交关系在数学上可用协方差矩阵来表示，其秩与自由度有关。故 $\boldsymbol{D}$ 的协方差矩阵 $\boldsymbol{C}$ 可用下述方法来表示，记 $\boldsymbol{D}$ 的第 n 行为 $d_n^T = \left[d_{n1} d_{n2} \cdots d_{nJ} \right]$ 在均值为零的条件下 n 样点的协方差为

$$d_n d_n^T = \begin{bmatrix} d_{n1} \\ d_{n2} \\ \vdots \\ d_{nJ} \end{bmatrix} [d_{n1} d_{n2} \cdots d_{nJ}] = \begin{bmatrix} d_{n1}^2 & d_{n1}d_{n2} & \cdots & d_{n1}d_{nJ} \\ d_{n2}d_{n1} & d_{n2}^2 & \cdots & d_{n2}d_{nJ} \\ \vdots & \vdots & & \vdots \\ d_{nJ}d_{n1} & d_{nJ}d_{n2} & \cdots & d_{nJ}^2 \end{bmatrix} \tag{5.19}$$

如果 d_n 为非零向量，则 $\boldsymbol{D}$ 是一个半正定对称一秩阵，$d_n d_n^T$ 只有一个非零本征值。全部样点的协方差矩阵 $\boldsymbol{D}^T\boldsymbol{D}$ 可看成是 N 个一次阵之和，最多只有 N［或 $\mathrm{Min}\,(N,\,J)$］个秩：

$$\boldsymbol{C}_{J \times J} = \boldsymbol{D}_{J \times N}^T \boldsymbol{D}_{N \times J} = \sum_{n=1}^{N} d_n d_n^T$$

$$= \begin{bmatrix} \sum\limits_{n=1}^{N} d_{n1}^2 & \sum\limits_{n=1}^{N} d_{n1}d_{n2} & \cdots & \sum\limits_{n=1}^{N} d_{n1}d_{nJ} \\[2ex] \sum\limits_{n=1}^{N} d_{n1}d_{n2} & \sum\limits_{n=1}^{N} d_{n2}^2 & \cdots & \sum\limits_{n=1}^{N} d_{n2}d_{nJ} \\[2ex] \vdots & \vdots & & \vdots \\[2ex] \sum\limits_{n=1}^{N} d_{n1}d_{nJ} & \sum\limits_{n=1}^{N} d_{n2}d_{nJ} & \cdots & \sum\limits_{n=1}^{N} d_{nJ}^2 \end{bmatrix} \tag{5.20}$$

对称矩阵 $\boldsymbol{C}$ 的秩由正本征值的数目来确定，而协方差矩阵 $\boldsymbol{C}$ 的本征值的数目及相对大小决定了地震数据子体中有多少个自由度，以及其每个自由度在总体能量中的相对地位，因此最大本征值及最大本征值在整体中所占有的份额就是该子体中变化量（相似性）的定量描述。据此可定义相干系数为

$$E_c = \frac{\max(\lambda_i)}{\sum\limits_i \lambda_i} = \frac{\max(\lambda_i)}{T_r(\boldsymbol{C})} = \frac{\max(\lambda_i)}{\sum\limits_{i=1}^{N} c_{ii}} \tag{5.21}$$

式中，$T_r\,(\boldsymbol{C})$ 为矩阵 $\boldsymbol{C}$ 的迹，由矩阵的特征分析可知：

$$T_r(\boldsymbol{C}) = \sum_{j=1}^{J} \lambda_j = \sum_{j=1}^{J} C_{jj} = \sum_{j=1}^{J} \sum_{n=1}^{N} d_{nj}^2 \tag{5.22}$$

即 $T_r\,(\boldsymbol{C})$ 表示选定的整个数据子体的总能量，λ_i 为 $\boldsymbol{C}$ 的本征值，本征值个数表示子体中独立变量的个数，本征值大小表示占据子体的份额（地位），最大本征值为 $\max(\lambda_i)$，表示该子体起主导作用的变量。由于 $\boldsymbol{C}$ 也是一个半正定对称矩阵，故所有本征值 $0 \leqslant \lambda_i \leqslant \Sigma\lambda_j$，因而满足 $0 \leqslant E_c \leqslant 1$，$E_c$ 表示主导变量占总变量的百分数，即相似（或非相似）部分占整个子体的比例或相关因子。

假定一个所有道均相同的水平反射，此时 $\boldsymbol{D}$ 可用任一行样点 d（不为 0）的比例变换来表示其他各行上的样点，不失一般性假定 $d_1^T = [a\ a \cdots a]$，$a \neq 0$，则 $d_n^T = k_n\,[a\ a \cdots a] = k_n d_1$，$n = 2,\,3,\,\cdots,\,N$。同时各行 d_n^T 的协方差矩阵 $d_n d_n^T$ 及总子体协方差矩阵 $\boldsymbol{C}$ 为

$$d_n d_n^T = (k_n d_1)(k_n d_1^T) = k_n^2 d_1 d_1^T$$

$$\boldsymbol{C} = \boldsymbol{D}^T \boldsymbol{D} = \sum_{n=1}^{N} d_n d_n^T = (1 + k_2^2 + \cdots + k_N^2) d_1 d_1^T \tag{5.23}$$

由于 $d_1 d_1^T$ 为一秩阵，故 $\boldsymbol{C}$ 为只有一个本征值的一秩阵。即当所有道的波形均相同时，$E_c = \lambda_1 / \lambda_1 = 1$，相似性最好；随着各道波形变化，自由变量逐渐增加，能量向各个本征值分散，故 E_c 随之降低，反映子体的相似性变差。由上述定义可以看出，基于本特值的相干算法与基于互相关的算法对比来看，基于本征值相干算法的最大优点是不完全受选择道数多寡的影响，只与参与计算的线性无关的道有关，尤其不会像基于互相关的相干算法那样，随计算道的增加而降低空间分辨力。互相关只考虑与中心道的关系，而协方差矩阵分析的是所有参与计算道之间的相互关系，因而有较高的可信度及信噪比。解决了多道互相关中空间权平均的人为因素，更加适用于低信噪比的资料。通过选取不同本征量 λ_i，可以分离出不同级次的表示该子体结构多维空间的相似（相干）体 $E_c(\lambda_i)$，用于反映不同级次的数据连续或错断，表达不同方位或不同规模多级断裂或裂缝的展布。

（二）叠前 P 波方位各向异性裂缝预测

影响方位振幅变化及方位 AVO 响应变化的因素很多，研究表明，除炮检距和方位分布外，较敏感的还有目的层段叠前资料的信噪比、采集面元布局及偏差、地下构造的变化、目的层基质纵横波速度比、表层及上覆层非均匀性影响等因素。叠前各向异性检测方程中虽然只需三个方位数据就可求解与裂缝发育方向及强度相关的调谐因子，但取得三个精准的叠前振幅几乎是种奢望，必须谋求提高叠前资料信噪比，适应当今非全方位大偏移距观测、反射振幅存在干扰、采集和处理不确定因素带来的误差下，进行满足叠前各向异性分析适应性的关键处理。

1. 叠前 P 波各向异性裂缝检测的理论基础

国外文献发表了许多基于两类弱各向异性介质（HTI 具有水平对称轴和 VTI 具有垂直对称轴的各向同性均匀介质）的与方位角 φ 有关的 AVO 反射系数公式，Wright（1986）反射系数方程如下。

均匀介质下，入射角为 θ 时：

$$R(\theta) = R(0) + \frac{1}{2}\left\{\frac{\Delta V_P}{V_P} - \left(\frac{2V_S}{V_P}\right)^2 \cdot \frac{\Delta G}{G}\right\}\sin^2\theta \tag{5.24}$$

$$R(0) = \frac{\Delta Z}{2Z} \tag{5.25}$$

式中，Z、ΔZ 为上下介质平均波阻抗及差值。

方位各向异性介质时，具有水平对称面条件下方程为（Ruger，1998）：

$$R(\theta,\varphi) = R(0) + \frac{1}{2}\left\{\frac{\Delta V_P}{V_P} - \left(\frac{2V_S}{V_P}\right)^2 \frac{\Delta G}{G}\left[\Delta\gamma + 2\left(\frac{2V_S}{V_P}\right)^2\Delta\omega\right]\cos^2\phi\right\}\sin^2\theta \tag{5.26}$$

式中，V_P、V_S 为上、下层平均纵、横波速度；剪切横量 $G = \rho V_S^2$，ρ 为平均密度；$\Delta\omega$、$\Delta\gamma$ 分别为平均横波分裂参数及 Thomsen 各向异性系数差值。

许多反射系数表达式都可间接转化为固定入射角（也即固定偏移距）或固定方位角下简便的振幅、AVO 属性等随方位的变化关系。例如，由三角替代 $2\cos^2\varphi = 1+\cos2\varphi$ 可得

$$R(\theta,\varphi) = R(\theta) + \frac{1}{4}\left(\Delta r + \frac{4V_S}{V_P}\Delta\omega\right)\sin^2\theta + \left[\frac{1}{4}\left(\Delta r + \frac{4V_S}{V_P}\Delta\omega\right)\sin^2\theta\right]\cos2\varphi \quad (5.27)$$

由式（5.26）、式（5.27），亦即：

$$R(\theta,\varphi) = A(\theta) + B(\theta)\cos2\varphi \quad (5.28)$$

$$R(\theta,\varphi) = P(\varphi) + G(\varphi)\sin^2\theta \quad (5.29)$$

式（5.28）表示固定入射角（也即固定偏移距）上振幅随方位的变化，式（5.29）则为 Shuey AVO 近似式。

从各个简化方程可看出，对于不太接近临界角的入射，用简单的三角函数描述与方位有关的各向异性的贡献是有效的。当 $\varphi=0°$ 时得到弱各向异性介质中各向同性面上的反射系数，它和在各向同性介质中的 Shuey 近似式相同，AVO 及其派生的一系列属性参数反映的是各向同性面上基质介质的入射及反射关系。随着观测方位偏离各向同性面，与各向异性有关的影响将引起入射及反射的变化，在垂直裂缝 HTI 介质中，这种变化将呈180°周期的改变，AVO 及其属性参数的这种方位变化显然与各向异性有关。通过随方位变化的振幅或 AVO 属性参数的模拟，方位 P 波就成为检测裂缝型油气藏中开启裂缝及裂缝发育方向的一种很有效的地球物理手段。

影响方位振幅及 AVO 响应变化的因素很多，研究表明除炮检距和方位分布外，较敏感的还有采集偏差、地下构造的变化、目的层基质纵横波速度比、上覆层非均匀性等因素，在上述方程中虽然只需三个方位数据就可求解与裂缝发育方向及强度相关的调谐因子，但若求一个满足全方位超定方程的 n 阶范数和解能最大限度上抑制叠前道集上噪声的分布，同时应结合储层特征的分析及正演模拟进行有效的应用。

2. 叠前多方位垂直裂缝的模型观测

基于叠前多方位各向异性垂直裂缝的模型实验，模型由一组平行排列的有机玻璃叠合而成，片与片之间的缝模拟一组平行排列的裂缝，通过调节四周螺杆压力可模拟缝隙的大小（图5.16）。一个模型由 250mm×40mm×2mm 的 150 张薄片叠合而成，观测主频 170～200kHz，通过固定偏移距改变不同方位及不同方位随偏移距变化两种观测方式，获得具有水平对称轴横向各向同性介质（HTI 介质）叠前 P 波的响应关系。

其主要结论如下。

P 波通过垂直裂缝体后，与均匀介质相比，均表现为振幅降低、速度减小、频率衰减、时差变长等综合响应特征。

裂缝体反射 P 波表现出很强的方位各向异性，P 波反射振幅及旅行时与测线和裂缝方位有关，测线与裂缝平行时振幅最强、旅行时最短；随着测线与裂缝夹角的增大，振幅逐渐减弱、时间逐渐变长；测线与裂缝方向垂直时，振幅最弱，时间最长。整个反射同相轴呈波浪形，裂缝对 P 波的响应影响主要取决于裂缝方位与观测线走向之间的夹角，其振幅和速度曲线近似周期为180°的正余弦曲线。

裂缝体 P 波反射振幅在不同方位角上表现为随入射角/偏移距的增加而减小；垂直于

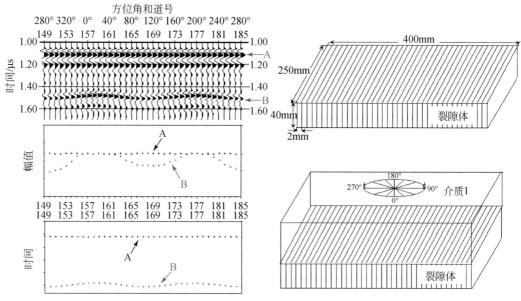

图 5.16　垂直裂缝模型的叠前观测实验及响应波场

裂缝方位的反射振幅随入射角/偏移距的衰减率而增大，平行方向则相反；一般 AVO/AVOA 的这种方位振幅变化在入射角范围为 12°~30°或偏移距与勘探深度之比范围为 0.5 ~ 1.2 内，可作为裂缝检测的工具。

对裂缝模型施加不同的压力，呈现出 P 波方位各向异性幅值的不同响应。压力较小时，裂缝内充有较多的液体，速度、振幅、频率均表现出较明显的方位各向异性；随着压力的增大，方位各向异性明显减小；当压力增大到一定程度时，裂缝闭合，方位各向异性现象消失。因此 P 波各向异性可能还与地下裂缝型储集体内开启裂缝的密度有直接关系。

3. 叠前 P 波各向异性裂缝检测实现方法

叠前实际资料检测裂缝前期常规地震保幅处理工作，主要包括道编辑、带通滤波、去噪、真振幅恢复、静校正、速度分析、剩余静校正、地表振幅一致性补偿、叠前反褶积及动校正等。为适应当今非全方位大偏移数据、叠加次数偏低、叠前信噪比低、能量不均匀等，开发了一系列适应性处理的关键处理技术。

1）相邻 CDP 道方位线元叠加及宏面元抽取

由于裂缝等目标的线性分布特征，相同方向上的地震反射相近或相似，不同方向上的反射变化蕴藏了裂缝的方位相依性，因此同方向的处理不影响裂缝目标的有效信息，而不同方位，尤其是垂直方位道集的合成，则会抵消目标的地震响应。为了提高叠前每一个道的信噪比，增强线性分布目标有效信号的反射能量，选择每一道近邻的检波点或炮点进行先期的方位线元部分叠加（或地层倾斜时相干叠加），沿方位压制与裂缝无关的其他信号，获取一定炮检距信噪比较高、能量加强的平均反射振幅。

2）方位体匀化处理技术及方位道集形成

相邻 CDP 道方位线元叠加及宏面元扩展后，在目前的非全方位观测系统中仍不能保证每个方位上近、中、远偏移距道均匀分布，并保持相同或相近的叠加次数。此时利用方位角的横向扩展，吸纳炮检距最近、方位角最近的附近道（或插值道），填充固定炮检距和固定方位角缺失道，保证沿每一个方位、每一个炮检点上都有道集数据，模拟优化的全方位数据体。即在给定的上限范围内通过炮检距、方位的近邻扩展，保证按不同方位及偏移距分选的方位体叠加次数均匀、炮检分布近于相似或相等；保证叠前甚至叠后方位体属性特征相近，不受采集带来的影响。

3）形成方位角度道集

由于在时间–偏移距域内与时间–入射角域内地震道各有不同的特点及表现形式，为了便于观测和分析地震反射振幅随入射角的变化，把固定炮检距道的记录转换成固定入射角（或一定角度范围内叠加）的道集记录。该记录除进行方位各向异性处理外，还可用于叠前振幅随入射角 AVA 纵横波联合反演。

在实际资料处理中，一个角度道的转换是取自某一角度范围的反射能量。因为地震反射是一个波动现象，反射能量来自一个面而不是一个点，面的大小由菲涅尔带的宽度确定。角度的确定是根据目的层的深度 Z 和炮检距 X 用直射线法估算的：

$$\theta = \tan^{-1}(X/2Z) \tag{5.30}$$

式中，X 为炮检距；Z 为目的层的深度。

4）方位体形成

在上述叠前数据的观测均匀化、能量及时差归一化关键处理基础上，对叠前方位道集和方位角度道集进行叠加。原则上尽量选取信噪比较高，入射角较大（小于临界角），各方位道集相对均匀的区段进行叠加，其目的一是选择最佳入射条件，二是消除噪声的影响，使叠加道振幅更加可靠。

5）基于超定方程的最小二乘方位变化属性的提取

通过上述一系列处理流程，最终进入裂缝分析阶段，考虑两种方法：①采用 Wright（1984）方位各向异性介质具有水平对称面（HTI 介质）条件下的反射系数方程，通过在固定入射角下地震参量随方位的变化，或沿特定方位下获得的 Shuey 近似式，利用三角近似式的最小平方拟合法对上述方位叠加道数据进行计算，得到作为时间函数的 A、B 和 φ，其中 B/A 表示去除基质反射后裂缝相对发育强度，φ 表示该点裂缝发育的总体平均方位角，模拟量初步选为振幅能量、AVO 梯度因子等；②利用 HTI 方程在笛卡儿坐标下的极化椭圆方程，通过振幅能量、AVO 梯度因子椭圆拟合求扁率及长轴走向，扁率表示裂缝发育密度，而长轴表示裂缝延伸的总体走向。两种方法都利用足够多的方位道集（18 个方位）构成超定方程，求得最大满足有误差拟合样本的最小二乘解，从某种程度上代表裂缝的整体发育趋势。

（三）全方位成像与裂缝反演预测

1. 全方位地下角度域波场分解与成像的方法原理

所谓的真振幅基于射线的角度域成像方法的理论和实现，特别是采用 Kirchhoff 积分法和 Born 正反演公式的方法，已经得到深入的研究。Kirchhoff 积分法假设沿着光滑连续的界面发生反射，反演得到不考虑几何扩散的平面波反射系数。Born 类的偏移/反演方法基于已知平滑背景速度模型中波场的线性化单一点散射，最早是由 Beylkin（1985）和 Miller等（1987）采用广义拉冬变换（generalized radon transform，GRT）及其逆变换进行声波方程偏移时引入的，Beylkin 和 Burridge（1990）将其扩展到各向同性弹性模型。Hoopand 和Spencer 提出一种有效离散化方法数值实现 GRT 逆变换，De Hoop 和 Spencer（1996）、Bleistein 以及 De Hoop 和 Bleistein（1999）将 GRT 的推导进行扩展，可以处理包含散射电源或光滑界面的各向异性模型。

尽管角度域成像的有关理论已经相当完备，但是在数值实现方面，特别是适用于大尺度 3D 模型，或者用于高分辨率储层成像，仍然存在极大的挑战。Koren 等（2002）发展了共反射角度偏移（common reflection angle migration，CRAM）方法，在实际复杂 3D 地质条件下，提出一种基于射线的角度域真振幅偏移的 GRT 类型及其数值来实现。不同于传统基于射线的成像方法，CRAM 方法的射线追踪从地下成像点向上到地表，单程绕射射线向所有的方向追踪（包括回转射线），形成一系列的射线对，用于将地表地震记录的数据映射为反射角度道集。Brandsbergdahl 等（2003），以及 Sollid 和 Ursin（2003）也提出过类似的方法。

全方位地下角度域波场分解与成像方法是对 CRAM 方法的一个扩展，用于成像的数据同相轴在局部角度域分解成两个互补的全方位角度道集：方向与反射成像道集，它们互相结合，能够以一种连续的方式处理全方位信息，提供一种更加完善的地下角度域地震成像方法，并且能够生成与提取地下角度依赖反射系数的高分辨率信息。从两类角度道集中得到的完全的系列信息能够区分连续的构造界面和不连续的对象，如断层和小尺度裂缝，也可以进行更加精确的高分辨率可靠的速度建模及储层表征。

众所周知，地面观测地震记录各个时刻振幅所对应的偏移脉冲响应按空间位置叠加起来就得到地下构造图像。事实上，三维脉冲响应曲面上任意一点都与可能的特定射线路径相对应，且在各点由前文提到的四个角度参数共同描述相应的局部方向信息。照明矢量与脉冲响应曲面在成像点处的法向一致，故也称为偏移慢度矢量或偏移倾角矢量。完全叠加的成像数据体相当于不同传播方向波场成像值的某种平均。在叠前偏移算法框架下将三维观测地震数据归位聚焦到这四个角度参数定义的成像空间，就实现了所谓的方位保真局部角度域成像。

当观测系统不规则或上覆介质速度结构十分复杂时，照明矢量通常不能均匀扫描每个照明角度面元。常规覆盖次数分析和校正只适合照明倾角为零的共中心点反射波，更科学的方法应当考虑到其他照明方向。局部角度域成像给面向目标的覆盖次数或照明分析以及相应的振幅校正创造了有利条件。结合恰当的覆盖次数归一化。

图 5.17 为地下成像点的入射与散射射线对及其地下局部角度域的 4 个角度示意图，包括射线对法线的倾角 v_1 和方位角 v_2，射线对反射开面的开角 γ_1 和开面的方位角 γ_2（与方向北夹角）。

照明补偿的方位保真局部角度域成像技术可提供地下"原位的"随方向变化的动力学信息。通常，地面炮检距方位、局部入射方位和局部照明方位之间是存在差异的，因此，在三维叠前偏移过程中区分不同类型方位角，并生成相应方位的成像数据体和角度域共成

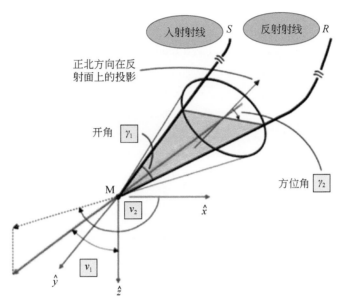

图 5.17　地下成像点的入射与散射射线对及其地下局部角度域的 4 个角度示意图

像点道集，会揭示出不一样的能更全面反映地质结构与储层性质的信息。

全方位地下角度域波场分解与成像方法也遵循各向同性/异性地下模型局部角度域成像与分析的基本原理。成像系统涉及两个波场，即入射波场和散射波场（反射、绕射）它们在地下成像点相互作用。每个波场可以分解为局部平面波（或射线），代表波传播的方向。入射和散射射线的方向，一般用它们各自的极角描述，每个极角包含两个分量：倾角和方位角。这里射线的方向指慢度或相速度的方向。成像阶段涉及合并众多代表入射和散射的射线对，每个射线对将采集中地表记录的地震数据映射到地下四维局部角度域空间，射线对法线的倾角为 ν_1，方位角为 ν_2，射线对反射开面的开角为 γ_1，开面的方位角为 γ_2（与方向北夹角），这四个标量角度意味着入射和反射射线的方向与地下局部角度域的四个角度相关联，反之亦然（图 5.18）。

采用一种渐进的基于射线的偏移/反演点散射算子，从成像点向上到地表，射线路径、慢度矢量、旅行时、几何扩散和相位旋转因子等可计算得到，这就形成一个成像体系，将地表记录地震数据映射到地下成像点的局部角度域。这个成像体系的优势主要在于能够构建不同类型的高质量角度域共像点道集（angle-domain common-image gathers，ADCIG），来表示实际三维空间中连续的、全方位、角度依赖的反射系数。

首先将地震记录数据分解到方向角度道集。可注意到，对于每个方向，地震数据同相轴对应的射线对具有相同视反射面方向但开角不同，用一个加权和的形式来表示。方向道集包含关于镜像和散射能量的方向依赖信息。方向数据的分解与所谓的绕射波成像密切相关，也是当前较为活跃的研究领域。

在全方位地下局部角度域分解与成像体系中，对在全方位方向角度道集中获得的总散射场进行镜像（反射）和绕射能量分解是技术核心，它基于对方向性依赖的镜像属性的估算，该镜像属性衡量局部菲涅尔带内反射能量的大小。而方向性依赖的菲涅尔带则用预先

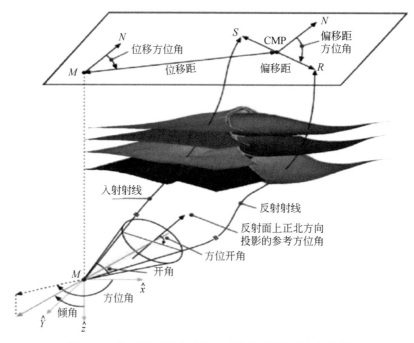

图 5.18　基于地下到地面和地面到地下射线的空间映射

计算的绕射射线属性进行估算，如旅行时、地表位置，以及慢度矢量。实际工作中，计算镜像反射的方向道集是为了从相应的地震方向道集中提取地下局部反射/绕射面的构造面属性（倾角、方位角和镜像性/连续性）。

　　一般地，这种构造属性信息通常是从叠后偏移地震数据（基于 Kirchhoff 积分法或波动方程的偏移）中提取的，如采用相干分析或构造倾角滤波等手段。叠后偏移成像，在每个成像点考虑每个可能的倾角，对不同开角到达的能量，进行大量地震同相轴的叠加（平均）再偏移成像。这就会导致沿着地下关键地质体成像的模糊，尤其是在断层、尖灭和不连续体等复杂地质条件下，更为突出。那么利用叠后偏移成像提取的相干之类的构造属性信息也就存在不精确性、不稳定性和极大不确定性等问题。

　　沿着方向角度道集值计算的能量（镜像性衡量指标）也可用作加权的叠加因子，构造出两种类型的成像结果：镜像加权叠加，突出地下反射界面的构造连续性；绕射加权叠加，突出小尺度地质体的不连续性，如断层、河道和缝洞系统等。全方位方向角度分解不一定要求宽方位采集观测系统，但一个较大的偏移孔径还是必需的，以便包含来自各个方向的信息。在很多情况下，使用小偏移距也足以生成方向角度道集。

　　一旦得到背景方向性，围绕该方向对所有的倾角/方位角进行积分，就可以生成全方位反射角度道集。注意到，若背景方向性的确定程度较高（采用镜像性准则衡量），则捕获镜像能量只需要利用围绕该背景方向（从角度依赖的菲涅尔带估算）一个小的倾角范围就足够了。镜像性准则是对沿着方向角度道集能量集中度的一种衡量。来自地下成像点的反射/绕射地震数据则分解（归并）为共开角（反射/绕射）和射线对开面方位角。全方位反射角道集用于提取剩余动校正量（residual moveout，RMO），衡量使用的背景模型速度的准确性。全方位的 RMO 连同方向性信息一起，作为层析成像速度建模的输入数据。此外，真振幅全方位反射角度道集则是振幅分析（AVAZ）的最优道集数据，用于提取高分辨率的弹性参数。对于这些运动学和动力学分析，大偏移距和宽方位地震数据尤其有效。

每个射线对将采集地表记录的特定地震同相轴映射到地下 4D 局部角度域空间，即射线对法线的倾角和方位角（与 x 轴），射线对所在开面的开角和开面的方位角（与正北方向）

2. 应用效果分析

全方位共反射角叠前反演利用地震反射波振幅的强度不同来求取 HTI 介质的属性，也可以利用地震波的速度差异来分析 HTI 介质的参数。在平行断裂方向的剩余延迟和垂直断裂方向的剩余延迟的差异代表断裂强度大小，剩余延迟大的方位角代表断裂的垂直方向。该方法首先是对某一地层的角道集进行交互分析，然后找出在哪一反射角出现不同方位角的道集剩余延迟差异比较大，也就是 HTI 介质特征明显的反射角。如图 5.19 为玉北 1 井区鹰山组顶（T74）全方位各向异性预测，可以发现，裂缝的预测效果比上边提到的常规方法更加精细。

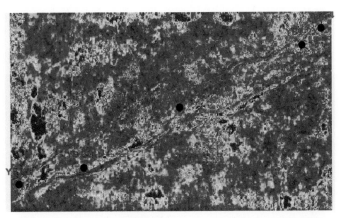

图 5.19　玉北 1 井区鹰山组顶（T74）全方位各向异性预测

四、裂缝储层地球物理预测实例分析

（一）S48 井区综合应用与效果分析

S48 井区位于塔河油田中部，以艾协克 2 号构造为主体，构造主轴走向呈北北东向，东部基本以断堑的东侧断裂与 3 区相隔，西部以北东—北北东走向的相对低洼部分与西部的 6 区相隔，满覆盖面积 81.48km^2。

古地貌总体是东北高南西低，东侧 TK422—S64 井一线呈近南北展布的溶蚀洼沟区，中部 T409—T402—S48—TK407 井一线呈近南北分布的岩溶残丘群，西侧 T417—T415—

S65 井一线为残丘群边部的斜坡区，南缘 TK435—TK445 一线为斜坡区。断裂较为发育，断裂性质均为逆断层，主要特征为断距小，延伸短，以 NE、NNW、NW 向裂缝为主，少量的近 EW 向裂缝，宏观上表现为轴部强翼部弱、高部位强低部位弱、北强南弱的发育特征。

　　储层埋藏深，普遍遭受风化剥蚀和溶蚀，受沉积、成岩作用、岩性、构造运动、古地貌、古气候、古水文、古岩溶等多种作用的影响，储集类型有裂缝型、裂缝-孔洞型、裂缝-溶洞型、基质孔隙型、生物礁滩型等多种类型。储集空间以溶洞与裂缝为主，裂缝和溶洞经多期次的构造作用与岩溶作用的叠加改造后形成缝洞网络系统，导致储层的纵横向非均质性很强，主要表现为缝洞等储集空间的种类、规模及其相互组合和空间分布的差异较大。

　　大部分钻井揭示其靶区缝洞系统发育，且渗滤岩溶带内次级潜流带岩溶改造带较为发育，整体上充填程度低，含油气性好。通过岩心观察，溶蚀作用极为发育，缝洞发育深度较大，由于叠加海西晚期近东西向褶皱及断块活动，形成密集的裂缝体系，对早期缝洞系统起到极好的改善和连通作用。钻井过程中原油大量上返，井口槽面多为原油覆盖，泥浆漏失严重。

　　图 5.20 为 S48 井区断裂与不连续性检测异常叠合、曲率体分析、多属性神经网络检测结果。从图上可明显看出，三者之间有非常一致的检测结果，相对而言，不连续性检测的吻合程度更高。总体而言，S48 井区基本上为一树枝状间夹小短条强不连续异常分布区，枝条状异常延伸相对较长，强弱相间展布，推测残丘大部还广泛受岩墙岩体的支撑，不同程度相互连通的大型岩溶缝洞保存较好；大部分枝条带整体从北向南延伸，西北部有

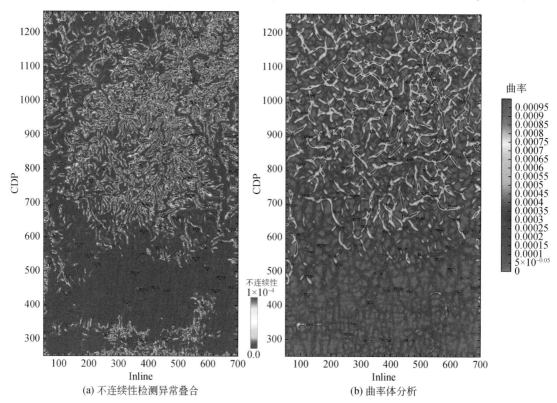

(a) 不连续性检测异常叠合　　　　　　　　　　　　(b) 曲率体分析

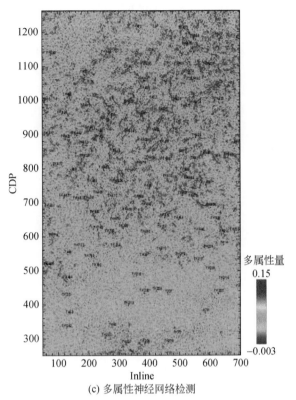

(c) 多属性神经网络检测

图 5.20　S48 井区断裂与不连续性检测异常叠合、曲率体分析、多属性神经网络检测结果

多条向西北延伸的弯曲条带；其中 3 区、4 区，4 区、6 区分区边界有规模较大的长条状低异常条带，反映了古河道底部或部分冲沟处储层相对不发育或被严重充填；不连续性异常反映的缝洞体的展布与区域性的古构造格局走向完全一致。图中红黄条带代表强不连续性，说明地震反射同相轴有破碎，呈局部中断并在空间有一定的延展，也代表缝洞发育；红黄蓝块状分布代表强不连续性呈面状分布，说明有弱地震反射出现，也代表岩溶溶蚀相对发育；枝条状或网状交织分布区表示岩溶和缝洞储层叠置相对较发育区。

（二）　兰尕三维区综合应用与效果分析

兰尕三维区位于塔河油田西南部，处于阿克库勒凸起南部向满加尔拗陷倾覆地带，该区大部分面积位于石炭系盐体覆盖区。奥陶系风化顶面总体呈由南西向北东抬升的斜坡形态，顶面产状平缓，其东南侧呈缓斜坡，北西侧较陡。构造变形较弱，岩溶作用的进行和缝洞型储层的展布受断裂带的控制，多呈条带状分布。储层以缝洞型、裂缝型为主，主要目标层一间房组厚度相对较薄，油层厚度小，水体活跃，油气、油水、气水关系复杂，无统一明显的界面。

该区奥陶统顶面的断裂格架主要有 NNE 向或近 SN 向、NNW 向和近 EW 向三组的断裂体系交互叠加构成（图 5.21）。其中，NNE 向断裂非常发育，延伸长度大、分布广，与之伴生的次级断裂非常发育，近 EW 向的断裂规模较小，延伸较短。在平面上 NNW 向断裂呈右列式与 NNE 向主干断裂锐角相交，近 EW 向断裂与 NNE 向主干断裂垂直交接。

中奥陶世西昆仑洋强烈向北俯冲，晚奥陶世末期其接近封闭，这使塔里木盆地在加里东中期主要受到近 SN 向的挤压构造作用，盆地具有西南高、北东低的特点。研究区在近 SN 向挤压构造应力的作用下，形成了近 NNE 向走滑主干断裂体系、与其伴生右形排列的 NNW 向断裂体系和近东西向的挤压逆冲断裂体系。近 NNE 向走滑主干断裂体系断面陡直、表现为水平走向滑动位移活动、逆向断距非常小。EW 向断裂则表现为垂直挤压逆冲、断开层位多（T90-T70）、逆冲断距比较大、断裂活动强度大。研究区在加里东中期 NWW-SEE 方向主应力作用下，近 NNE-SSW 向主轴部裂缝发育构造变形作用强烈，断裂和裂缝发育程度普遍较高，在加里东中期岩溶作用下，发育溶蚀缝洞型储层。

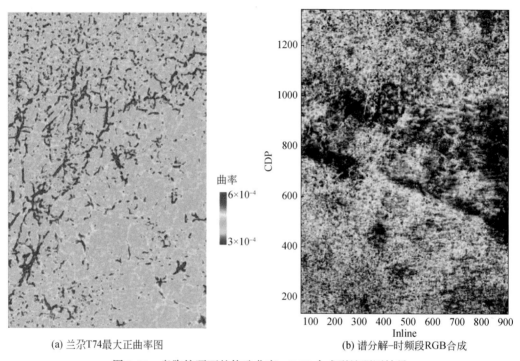

(a) 兰尕T74最大正曲率图　　　　　　　　(b) 谱分解-时频段RGB合成

图 5.21　奥陶统顶面的构造曲率、RGB 合成裂缝预测结果

综合实验区构造特征分析，钻井、岩心、测试等资料，结合各种地震分析技术的分析评价，将地震几何属性—倾角/方位角/曲率属性揭示的构造微裂缝发育趋势带的检测结果，与方位地震动力学属性检测的断裂-裂缝优势发育区叠置后，基本揭示了塔河兰尕工区不同尺度缝洞发育的优势区域。在此基础上，将一间房组顶部倾角/方位角/曲率属性进行了叠置，结合各属性参数叠置后的缝洞发育优势区域，得到了倾角/方位角/曲率合成平展布及缝洞发育带预测成果图（图 5.22）及其三维立体图（图 5.23）。通过对比，不难发现，叠合后的倾角/方位角/曲率属性图与之前得到的不连续性及倾角方位角属性图的异常优势发育带基本一致。依据断裂-裂缝优势发育带评价结果，结合构造所处部位及钻探井储层、油气发现实际现状，参考不连续性属性后将一间房组顶部有利储层有效区域划分为 3 级 10 块，分别如下。

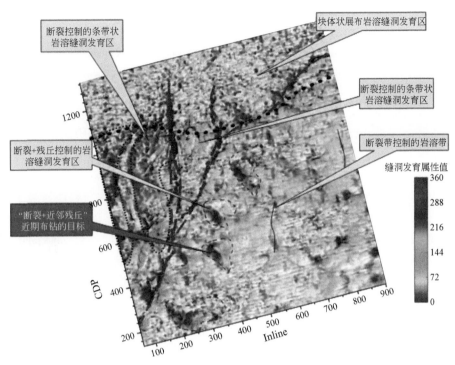

图 5.22 倾角/方位角/曲率合成平展布及缝洞发育带预测成果图

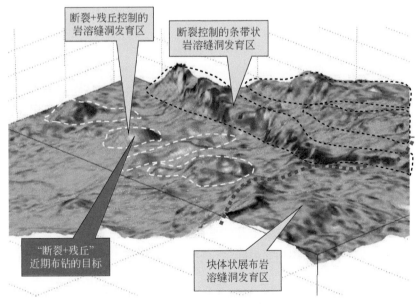

图 5.23 倾角/方位角/曲率合成三维图

A 级区：位于实验区中部，以实验区北东–西南向大断裂为边界的"Y"字形断裂控制下的条带状岩溶缝洞发育带，围绕贯穿工区的大断裂展开。其中工区内的标志性油井

S112 井就位于该发育带内。另外，在实验区北部呈块体状展布的岩溶缝洞发育区也是获高产工业油气流井的主要分布区域。

B 级区：位于实验区中部偏西，在断裂控制的条带状岩溶缝洞发育区西侧，有两条断裂控制的条带状岩溶缝洞发育区，条带展布方向为北东-南西，与实验区大断裂方向基本一致，该区带主要发育由大断裂次生的断裂。另外，通过倾角/方位角局部区域中呈 360° 倾斜或具有相反倾向脊梁或有较大倾角部位的刻画，发现了与不整合表层起伏趋势不一致的更次一级隐藏残丘、脊梁、垮塌等现象，这些残丘与小断裂和微断裂的组合，为油气的储存提供了优良的储集空间，我们将其定义为"残丘+断裂控制的岩溶缝洞发育区"，主要位于实验区中部，北东-西南向大断裂东侧。

C 级区：该井所处位置构造角较低，倾向一致性强，快横波方向和诱导缝走向一致，北东向，裂缝以高角度-直劈缝为主，含诱导裂缝、微裂缝及零星溶孔位于实验区东南方向；该区域构造角较低，倾向一致性强，快横波方向和诱导缝走向一致，北东向，裂缝以高角度-直劈缝为主，含诱导裂缝、微裂缝及零星溶孔，从该区域钻井取心资料上发现，岩心发育裂缝多为缝合线。在该区"微断裂控制下的岩溶发育带"附近，也钻遇了较好的油井，如 S116 井，该井在一间房组（6058～6177.21m）发育 404 条裂缝，其中 233 条缝合线，141 条立缝，其余为平缝，局部发育有 0.1mm×0.1mm～1mm×2mm 的孔洞，在鹰山组（6177.21～6350m）发育 776 条裂缝，其中 609 条缝合线，83 条立缝，其余为平缝。对一间房组（6077～6085m、6104～6112m）酸压，累计出液 1017.65m³，但是油气水分析化验为含水油井，说明该带储集层同样发育有水体。

（三）玉北 1 井各向异性裂缝反演及效果分析

1. 工区裂缝特征

奥陶系鹰山组下部主要岩性为云质灰岩或灰质云岩，主要的孔隙类型为晶间孔、晶间溶孔。但并非所有的白云岩都发育这两种孔隙，在玉北地区，该类孔隙在中粗晶白云岩发育最好，细晶白云岩次之，粉晶白云岩和泥微晶白云岩发育最差。

鹰山组岩心上常常可见呈蜂窝状的溶蚀孔洞发育（图 5.24）。统计研究区 6 口钻井的岩心观测数据分析，直径小于 5mm 的溶蚀孔洞占孔洞总数的 96%，半充填的孔洞也占到总数的 91%。因此，可以认为鹰山组发育的溶蚀孔洞主要是这种小型溶蚀孔洞，可以作为鹰山组储层的有效储集空间。虽然大型洞穴的存在是识别古岩溶的极好标志，但是在玉北地区岩溶洞穴整体欠发育，仅在玉北 1 井、玉北 1-2x 井可见（图 5.25）。

在玉北地区，复杂的断裂体系使得构造裂缝广泛发育。在后期的成岩过程中，溶蚀作用的发生，一来使得一些原本分离的孔隙连通成缝，二来在早期形成的裂缝上扩溶，在镜下可以明显看出这类扩溶形成的裂缝比构造缝宽度更大，甚至在局部形成洞状。统计岩心裂缝观察结果，立缝（垂直缝，裂缝倾角>75°）、斜缝（15°～75°）及水平缝（<15°）总共 733 条，其中立缝 173 条，占全部的 23.60%；斜缝 381 条，占总数的 51.98%，水平缝 179 条，约为裂缝总数的 24.42%。由此可见，鹰山组的储集层以斜缝为主，水平缝和立缝次之。统计上述裂缝的充填特征，发现 43% 的裂缝无充填物，25% 的裂缝被方解石非晶

体充填，14%的裂缝被泥质充填，11%的裂缝被沥青质充填，还有极少数的裂缝见方解石晶体。可见，鹰山组发育的裂缝充填严重，其作为油气储集空间的能力被显著降低。

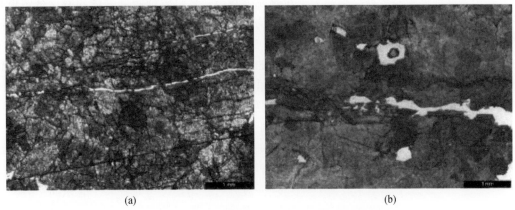

(a)　　　　　　　　　　　　　　　　(b)

图 5.24　塔里木盆地玉北地区中下奥陶统裂缝特征

（a）玉北 7 井-6299.58m，细晶白云岩，破碎强烈，构造裂缝发育；

（b）玉北 7 井-6740.15m，溶缝沿早期形成的孔隙发育

另外，在碳酸盐岩研究中，一般把缝合线作为主要的成岩缝之一，并以扩溶形成的网状成岩缝作为一种有效的储集空间。鹰山组由下而上灰质含量逐渐减少，由于白云岩更具抗压性，因而鹰山组灰质含量较多的层位成岩缝更发育。

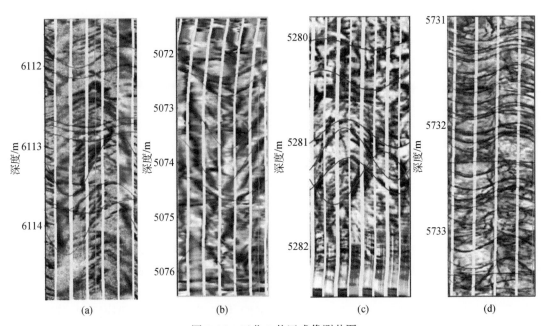

(a)　　　　　　　(b)　　　　　　　(c)　　　　　　　(d)

图 5.25　玉北 1 井区成像测井图

（a）玉北 1-3H，高导缝；（b）玉北 1-4，高角度裂缝及溶蚀发育；

（c）玉北 1-2x 井，高角度缝及溶蚀孔；（d）玉北 1 井，中低角度裂缝组

2. 反演结果分析

利用玉北地区地震资料，通过分方位保幅处理后，进行叠前各向异性裂缝反演，得到表征裂缝特征的方位和密度数据体。由于反演没有剥除子波，在提取反演结果时时窗长度要包含大半个子波。根据玉北地区鹰山组顶的层位，提取鹰山组顶向上 5ms、向下 35ms 的裂缝矢量图，将反演的裂缝密度和方位角叠合显示，箭头方向代表裂缝走向，同时底色深浅代表裂缝密度大小，即各向异性强度大小，并将该区的断层构造投在裂缝矢量图中，如图 5.26 所示。

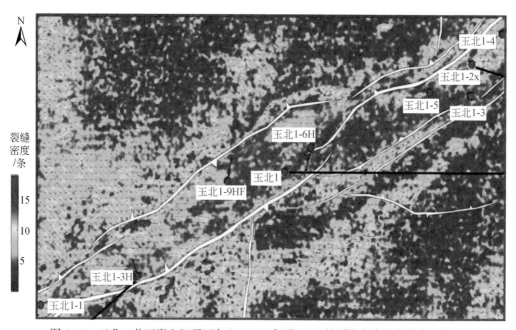

图 5.26　玉北 1 井区鹰山组顶面向上 5ms、向下 35ms 的裂缝密度和方位角叠合图

由图 5.26 可知，裂缝密度高值区域均在北东向断裂发育区附近，即裂缝在断裂附近的发育程度较高，这与断裂带附近裂缝发育程度高的地质规律相一致。另外，在断裂隆起的东部裂缝发育程度比中部和西部高，这与断垒上井的产油情况吻合，并且在玉北 1 井东部的两个断裂之间裂缝密度较高，这也与两个断裂之间裂缝较发育吻合，可见，反演结果是合理并且具有地质意义的。

表 5.1 是依据对比结果统计的裂缝反演结果与研究区内 4 口成像测井资料对比情况。反演的裂缝密度大小与裂缝条数和裂缝走向分布密切相关。当一定储层深度范围内，裂缝走向一致时（即裂缝类型定义为单组），裂缝线密度越大，裂缝介质的各向异性程度越强（如玉北 1-2x、玉北 1-4 等）；反之，若裂缝走向各不相同（即裂缝类型定义为多组），裂缝介质的各向异性程度弱，利用叠前各向异性进行裂缝探测效果不明显，这是由于该裂缝反演方法是反演地下裂缝占优特征，即多组裂缝并存的条件下，对外表现弱各向异性特征。

通过统计发现，单组裂缝井 4 口，各向异性程度吻合率 75%，方位角吻合率 75%。

整体上来说，利用全方位高密度地震数据来探测裂缝，反演结果和成像测井资料的吻合率较高，说明反演结果可靠。

表5.1　裂缝反演结果和 FMI 对比

井名	起始深度/m	终止深度/m	深度/m	裂缝条数	裂缝密度	裂缝倾角/(°)	反演裂缝密度	FMI	各向异性程度与FMI吻合情况	方位角与FMI吻合情况	整体吻合情况
玉北1-4	5045	5140	95	44	0.46	80	中	单组	√	√	吻合
玉北1-2X	5125	5370	245	44	0.18	77	中	单组	√	×	半吻合
玉北1	5603	5750	147	114	0.96	35	中	单组	√	√	吻合
玉北1-3H	5814	6368	554	459	0.83	25	弱	单组	×	√	半吻合

第二节　礁滩相储层地球物理预测技术

一、礁滩储层岩石物理特征

（一）碳酸盐岩岩石的采集、制作与测试分析

1. 岩样的采集与制作

在四川盆地北部百里峡渡口、滴水岩、盘龙洞、羊鼓洞和鸡唱等野外地质剖面采集三叠系飞仙关组、二叠系长兴组碳酸盐岩生物礁、滩露头岩样18块（岩样岩性及分布位置如表5.2所示），在室内用钻样机沿三个相互垂直的方向钻取岩样，共制作了53块2.5cm×5.0cm规格的岩样。另外，在元坝101井采集岩心样2块、元坝3井采集岩心样1块（岩样岩性及分布井深如表5.3所示）。在实验室对岩心样3个、露头样53个，共56个岩石样品进行岩石物性参数测试，通过岩石物理实验测试，获得了川东北地区生物礁、滩储层碳酸盐岩在地层温压等条件下的密度、孔隙度、渗透率、纵横波速度、动静弹性参数、品质因子等大量的物性参数数据，分析岩样物性参数的变化规律，为研究地区的油气勘探资料的处理和解释提供岩石物理基础。

表5.2　碳酸盐岩露头岩样的岩性和层位分布

露头编号	采样地点	层段	高度/m	位置		岩性
CHN01	百里峡渡口剖面	长兴组	479	31°41′14.4″N	108°17′32.1″E	非储层灰岩
FEI101D	百里峡渡口剖面	飞仙关底	472	31°41′10.5″N	108°17′26.5″E	非储层灰岩
FEI201D	百里峡渡口剖面	飞仙关二段	430	31°41′08″N	108°17′22.6″E	非储层灰岩
Dsch01	滴水岩剖面	长兴顶	530	31°43′57.8″N	108°24′09.6″E	白云岩
Dsgei1_01	滴水岩剖面	飞1底	531	31°43′57.2″N	108°24′09.6″E	鲕粒白云岩

露头编号	采样地点	层段	高度/m	位置		岩性
PLch01	盘龙洞剖面	长兴组	577	31°45′18.3″N	108°27′43.9″E	礁前角砾岩
PLch02	盘龙洞剖面	长兴组	578	31°45′20.3″N	108°27′42.4″E	礁前角砾岩
PLch03	盘龙洞剖面	长兴组	578	31°45′15.3″N	108°27′35.9″E	礁核角砾岩
PLch04	盘龙洞剖面	长兴组	598	31°45′15.3″N	108°27′35.9″E	礁盖颗粒灰岩
PLfei1_01	盘龙洞剖面	飞1段	598	31°45′17.9″N	108°27′25.9″E	鲕粒灰岩
Ychr01	羊鼓洞剖面	长兴组	398	31°42′57.6″N	108°20′11.9″E	海绵礁
Ychr02	羊鼓洞剖面	长兴组	398	31°42′57.6″N	108°20′11.9″E	海绵礁
Ychr03	羊鼓洞剖面	长兴组	398	31°42′57.6″N	108°20′11.9″E	礁基棘屑灰岩
Ychr04	羊鼓洞剖面	长兴组	503	31°42′57.3″N	108°20′09.9″E	礁顶滩颗粒灰岩
Yfei1_01	羊鼓洞剖面	飞1段	510	31°42′57.4″N	108°20′04.4″E	残余鲕粒白云岩
Yfei3_01	羊鼓洞剖面	飞3段	515	31°43′01.4″N	108°20′04.4″E	泥晶灰岩
Yfei4_01	羊鼓洞剖面	飞4段	520	31°42′55.4″N	108°19′48.9″E	灰质泥岩
Jcfei301	鸡唱剖面	飞3段	624	31°46′32.1″N	108°29′11.1″E	亮晶鲕粒白云岩

表5.3　岩心测试样的主要岩性和层位分布

岩样编号	井号	层位	井深/m	岩性
yb1	元坝101	飞二段	6794	灰色鲕粒灰岩
yb2	元坝101	长兴组	6902	灰色溶孔白云岩
yb3	元坝3	飞二段	6584.5	灰色碎屑鲕粒灰岩

2. 岩样声学和力学参数的测试分析

根据川东北长兴组—飞仙关组礁滩气藏的地质条件，储层段埋藏深度在 6000 ~ 7000m，地层压力系数的变化范围较大，在进行地层温压条件模拟时，露头岩样的最大有效压力设定为80MPa，最大孔压设定为60MPa，最大地层温度设定为120℃。岩心样的最大地层压力设定为100MPa，最大地层温度设定为120℃。完成了岩样声学参数的测试，常温常压下的干燥和饱和水岩样测试，变温变压条件下的干燥和饱和水岩样测试，常温下变轴压岩样测试，岩样测试流程与岩样力学参数的测试。不同类型的岩石纵横波速度等实验统计结果见表5.4，其中 V_P 表示纵波速度，V_{S1}、V_{S2} 分别表示垂直、水平方向的横波速度。

表5.4　生物礁滩储层碳酸盐岩、泥岩的纵横波速度平均值，
以及相应的密度、孔隙度和渗透率平均值统计（常温常压饱气条件下）

岩性	分析项目	岩石密度/(g/cm³)	孔隙度/%	渗透率/10⁻³ m²	V_P/(m/s)	V_{S1}/(m/s)	V_{S2}/(m/s)	泊松比	样品数
白云岩	最大值	2.71	16.09	19.3600	5856	3229	3313	0.32	12
	最小值	2.32	2.87	0.0600	4072	2190	2190	0.23	
	平均值	2.57	7.61	3.1619	4943	2737	2734	0.28	

续表

岩性	分析项目	岩石密度/(g/cm³)	孔隙度/%	渗透率/10⁻³ m²	V_P/(m/s)	V_{S1}/(m/s)	V_{S2}/(m/s)	泊松比	样品数
灰岩	最大值	2.87	10.23	9.5160	6560	3423	3400	0.33	41
	最小值	2.53	0.38	0.0400	4556	2602	2490	0.12	
	平均值	2.69	2.06	0.8717	5928	3182	3175	0.29	
灰质泥岩	最大值	2.73	4.56	0.4070	5375	3050	3131	0.26	2
	最小值	2.7	4.13	0.3479	4064	2352	2302	0.25	
	平均值	2.72	4.35	0.3775	4720	2701	2717	0.25	
总计	最大值	2.87	16.09	19.36	6560	3423	3400	0.33	55
	最小值	2.32	0.38	0.0400	4064	2190	2190	0.12	
	平均值	2.66	3.36	1.3500	5669	3068	3062	0.29	

1）岩样密度、孔隙度、渗透率之间的关系分析

通过对相同的常温常压饱气条件下的岩样测试结果进行统计分析，可以看出三类岩石密度、孔隙度和渗透率之间有明显的差异，白云岩的岩石密度较低，孔隙度和渗透率较高，灰岩的岩石密度高于白云岩，孔隙度和渗透率低于白云岩，岩石物性的变化范围较大，灰质泥岩的密度相对较高，而渗透率最低。

2）碳酸盐岩纵横波速度与岩石密度、孔隙度的关系分析

从测试结果分析，在常温常压饱和气条件下，灰岩的纵横波速度明显高于白云岩和灰质泥岩，但灰岩和白云岩的泊松比则比较接近，高于灰质泥岩。

岩石的物性差异是岩石的岩性、岩石矿物成分、组合、结构等内在因素和外部环境条件（温度、压力）作用的综合表现对岩石的纵横波速度所产生的影响，反映了研究区生物礁滩储层的岩石密度、孔隙度、渗透率和纵横波速度等物性参数与白云岩和灰岩岩性之间的关系。

3. 地层温度、压力条件下岩样的测试分析

岩样的纵横波速度等物理性质既决定于岩石本身的结构、矿物成分、孔隙结构等因素，同时还受到地层埋藏条件，如压力、温度和流体的影响。为了研究各种地层条件对岩石物理性质的影响，实验设计了单轴变轴压、变围压、变孔压、变温度、变流体性质等多种测试方式，综合研究各种地层条件下岩石纵横波速度等多种岩石物理性质的基本特征和变化规律。

1）单轴变轴压对生物礁、滩碳酸盐岩纵横波速度的影响

对 5 个碳酸盐岩岩样进行了单轴变轴压实验测试，它们的岩性为长兴组的海绵礁、礁盖颗粒灰岩和非储层灰岩，通过对实验测试结果分析，可以得到以下认识。

岩石的抗压强度差异明显。在实验设定的 100kN 轴压范围内，海绵礁的抗压强度为 20kN、30kN，非储层灰岩的抗压强度为 40kN、50kN，而礁盖颗粒灰岩的抗压强度达到 100kN 以上，表明岩石的内部结构、组成和孔（裂）隙结构等存在着显著的差异。

随着轴压的增加，岩石的纵横波速度也随之增加。礁盖颗粒灰岩的纵横波速度、非储层灰岩的纵波速度等都随着轴压的增加而增加，两者具有较好的二项式相关关系。但纵横波的增加幅度有差异，抗压强度大的增加幅度要高于抗压强度小的岩石。

2）围压对生物礁、滩碳酸盐岩纵横波速度的影响

实验测试了 15 个干燥岩样在固定温度与轴压的情况下，不同围压条件下的纵横波速度等弹性参数。其中，露头样 12 个、岩心样 3 个；飞仙关组 7 个、长兴组 5 个；白云岩样 5 个、灰岩样 6 个、灰质泥岩样 1 个。岩性分别为鲕粒白云岩、白云岩、鲕粒灰岩、礁前角砾岩、礁盖颗粒灰岩、礁核角砾岩、海绵礁、灰质泥岩、非储层灰岩等。

实验测试结果表明，在保持温度与轴压不变的情况下，岩石的纵横波速度随围压的增大而增加。当围压变化 80MPa 时，饱气碳酸盐岩样的纵横波速度增加幅度基本相同。饱气白云岩纵横波速度随围压增加的幅度要大于饱气灰岩，表现出围压对白云岩的影响要大于对灰岩的影响。当围压变化 70MPa 时，围压对饱水碳酸盐岩样的横波速度的影响要明显大于纵波，即横波速度随围压的增幅明显大于纵波。饱水白云岩纵横波速度随围压增加的幅度要大于灰岩，表现出围压对白云岩的影响要大于对灰岩的影响。从围压变化对饱气和饱水岩样的影响分析，围压对饱水岩样横波速度的影响明显大于饱气岩样，对纵波速度的影响则基本相似。

从白云岩和灰岩纵横波速度随围压变化的幅度来看，白云岩的平均孔隙度比灰岩大，致密程度比灰岩低，因而速度的增加幅度明显比灰岩大得多。可见孔隙度是波速受有效压力影响的一个主要因素，随着有效压力的增加，孔隙度大、致密程度低的岩样纵横波速度增加幅度要比孔隙度小、致密程度高的岩样大得多。此外，有效压力对饱水岩样横波速度的影响程度要大于饱气岩样，而对纵波速度的影响则基本相似。

3）孔压对生物礁、滩碳酸盐岩纵横波速度的影响

岩石在地层条件下，不仅受到上覆地层的压力，还受到地层流体压力，通过对岩样加载孔隙压力，可以更好地模拟岩石在地层中的真实状态。实验对 6 块饱和岩样测试了孔压 60MPa 变化的纵横波速度，传压介质为蒸馏水。

表 5.5 为孔压变化 60MPa 时，不同围压下、不同岩性纵横波速度的绝对变化和相对变化情况。随着孔压的增加，岩石的纵横波速度都随之下降，两者之间有着较好的二项式关系，但不同岩性的相关性有差异，白云岩的相关性要好于灰岩。

表 5.5　孔压变化 60MPa 时生物礁、滩碳酸盐岩纵横波速度的变化

岩性	V_P		V_{S1}		V_{S2}	
	绝对变化/(m/s)	相对变化/%	绝对变化/(m/s)	相对变化/%	绝对变化/(m/s)	相对变化/%
白云岩（3 个样，饱水）	−170	−3.02	−165	−5.49	−172	−5.67
灰岩（3 个样，饱水）	−48	−0.81	−44	−1.4	−36	−1.15
围压 70MPa（3 个样，饱水）	−94	−1.59	−103	−3.25	−100	−3.12
围压 100MPa（3 个样，饱水）	−124	−2.24	−106	−3.64	−108	−3.71
碳酸盐岩（6 个样，饱水）	−109	−1.92	−105	−3.45	−104	−3.41

4）温度对生物礁、滩碳酸盐岩纵横波速度的影响

实验测试了不同地层条件、不同流体状态下温度变化对岩样纵横波速度的影响，共测试岩样 15 个。其中，80MPa 围压下测试了 6 个饱气的露头样，100MPa 围压下测试了 3 个饱气的岩心样和 3 个饱水的露头样，120MPa 围压下测试了 3 个饱水的露头样。温度的变化范围为常温（20℃左右）至 120℃，中间记录 5～8 个测点。实验测试结果表明，在地层压力保持不变的情况下，岩样的纵横波速度都随着温度的升高而降低，横波的降低幅度明显大于纵波。

5）不同地层条件下纵横波速度之间的关系分析

通过地层条件下岩样纵横波速度的测试，可以得到岩样纵横波速度之间的关系，利用已知的储层纵波速度，通过纵横波速度之间的关系，可以计算出储层的横波速度。

通过计算和相关分析，可以得到图 5.27 所示的不同温压、不同岩性条件下岩样纵横波速度之间的关系。

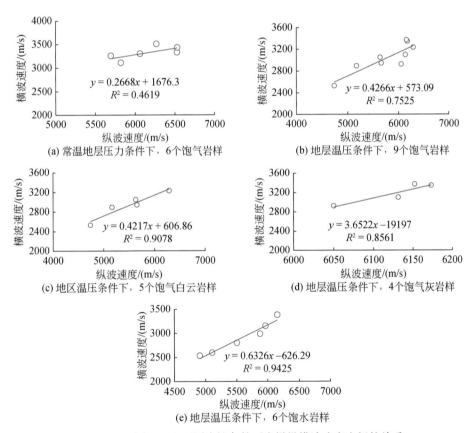

图 5.27　不同温压和不同岩性条件下岩样纵横波速度之间的关系

常温地层压力条件下，饱气碳酸盐岩岩样纵横波速度的关系式为

$$V_S = 0.2668 \times V_P + 1676.3 \qquad (5.31)$$

地层温压条件下，饱气碳酸盐岩岩样纵横波速度的关系式为

$$V_S = 0.4266 \times V_P + 573.09 \qquad (5.32)$$

地层温压条件下，饱气白云岩岩样纵横波速度的关系式为

$$V_S = 0.4217 \times V_P + 606.86 \qquad (5.33)$$

地层温压条件下，饱气灰岩岩样纵横波速度的关系式为

$$V_S = 3.6522 \times V_P - 19197 \qquad (5.34)$$

地层温压条件下，饱水碳酸盐岩岩样纵横波速度的关系式为

$$V_S = 0.6326 \times V_P - 626.29 \qquad (5.35)$$

式中，V_P 为纵波速度，m/s；V_S 为横波速度（V_{S1} 和 V_{S2} 的平均值），m/s。

（二）碳酸盐岩岩石物理参数的基本特征与应用

1. 碳酸盐岩弹性模量的基本特征分析

1）动、静弹性模量的计算

岩石的动弹模量的计算主要依据在实验室用 MTS 岩石物理参数测试系统测试得到的碳酸盐岩岩样的纵横波速度（V_P，V_{S1} 和 V_{S2}）。

杨氏模量：

$$E = \frac{\rho V_S^2 (3V_P^2 - 4V_S^2)}{V_P^2 - V_S^2} \qquad (5.36)$$

体积模量：

$$K = \rho \left(V_P^2 - \frac{4}{3} V_S^2 \right) \qquad (5.37)$$

剪切模量：

$$\mu = \rho V_S^2 \qquad (5.38)$$

拉梅常数：

$$\lambda = \rho (V_P^2 - 2V_S^2) \qquad (5.39)$$

泊松比：

$$\sigma = \frac{V_P^2 - 2V_S^2}{2(V_P^2 - V_S^2)} \qquad (5.40)$$

计算时横波速度采用两横波速度的均值，即：

$$V_S = (V_{S1} + V_{S2})/2 \qquad (5.41)$$

岩样的静弹性模量是根据实验中施加轴向荷载（偏应力）的过程中，轴向和环向引伸计同时记录各级应力下的轴向和横向应变进行计算得到的。获得的岩石力学参数主要有极限抗压强度、静弹性杨氏模量和静泊松比，本实验计算得到的是50%抗压强度时的静弹性杨氏模量和静泊松比。同时，根据超声波测试得到的纵横波速度，进行纵横波速度与差应力之间的相关关系拟合，利用拟合关系计算岩石在地层有效压力和温度下，对应于50%抗压强度应力状态下的实际纵横波速度值及相应的动弹参数。

2）常温常压下岩石动弹模量的基本特征分析

a. 不同类型岩石动弹模量的基本特征

对碳酸盐岩岩样在常温常压下的动弹模量（杨氏模量、剪切模量、体积模量）和纵横

波速度比进行了统计，白云岩、灰岩和灰质泥岩（干燥条件下）的动弹模量和纵横波速度比统计结果见表 5.6。

从表 5.6 可以看出，三类岩石的动弹模量平均值分布具有明显的规律性。灰岩的动弹模量最高，其次为白云岩，泥岩的动弹模量最低，表现出与岩性的密切相关性。从三类岩石的组成和结构来看，灰岩相对致密、孔隙度较低，其孔隙度变化在 0.38%~10.23% 之间，平均值只有 2.06%，而白云岩的孔隙度，变化范围大且相对较高（变化在 2.87%~16.09% 之间，平均值达到 7.61%）。灰岩的平均纵横波速度比为 1.85，略高于白云岩（1.81），灰质泥岩的平均纵横波速度比较低，只有 1.74。

表 5.6 生物礁、滩碳酸盐岩的岩石密度、孔隙度及相关弹性参数测试结果统计分析

岩性	分析项目	岩石密度/(g/cm³)	孔隙度/%	杨氏模量/GPa	剪切模量/GPa	体积模量/GPa	拉梅系数/GPa	泊松比	纵横波速度比	样品数
白云岩	最大值	2.71	16.09	72.22	28.33	53.90	35.23	0.32	1.95	12
	最小值	2.32	2.87	30.84	11.89	25.26	17.33	0.23	1.69	
	平均值	2.57	7.61	50.27	19.71	37.73	24.59	0.28	1.81	
灰岩	最大值	2.87	10.23	82.48	31.36	75.57	55.05	0.33	1.97	41
	最小值	2.53	0.38	46.70	18.18	24.58	6.12	0.12	1.53	
	平均值	2.69	2.06	70.60	27.26	59.08	40.90	0.29	1.85	
灰质泥岩	最大值	2.73	4.56	64.63	25.79	43.62	26.43	0.26	1.75	2
	最小值	2.7	4.13	37.14	14.78	25.38	15.52	0.25	1.74	
	平均值	2.72	4.35	50.88	20.29	34.5	20.98	0.25	1.74	
总计	最大值	2.87	16.09	82.48	31.36	75.57	55.05	0.33	1.97	55
	最小值	2.32	0.38	30.84	11.89	24.58	8.12	0.12	1.53	
	平均值	2.66	3.36	65.45	25.36	53.52	36.62	0.29	1.84	

b. 岩石孔隙度对动弹模量和纵横波速度比的影响

通过对白云岩和灰岩的孔隙度与动弹模量、纵横波速度比之间的关系进行分析与研究，岩样孔隙度与各动弹模量之间的相关关系存在着差异，随着岩样孔隙度的增加，白云岩和灰岩的杨氏模量、剪切模量、体积模量、拉梅系数都逐渐减小，存在着较好的幂指数关系。对于杨氏模量和剪切模量，白云岩的相关关系明显好于灰岩。对于体积模量，白云岩的相关关系与灰岩基本相同。对于拉梅系数，灰岩的相关关系好于白云岩。岩石的泊松比和纵横波速度比与孔隙度之间的相关关系明显没有前述的弹性模量好，灰岩的泊松比和纵横波速度比随着孔隙度的增加而逐渐减小，而白云岩的泊松比和纵横波速度比却随着孔隙度的增加而逐渐增大，两者表现出相反的变化规律。

3）温压条件下岩样动弹模量的基本特征分析

a. 压力变化条件下岩石动弹模量的基本特征分析

实验测试了不同围压和不同孔压条件下岩石的动弹模量的基本参数，分析了基本特征。通过分析，我们得到如下一些认识。

在温度保持不变的情况下，随着围压的增加，碳酸盐岩岩样的动弹模量都有明显的增加，模量与所加围压之间有较好的二项式相关关系。

对 3 个岩心样进行分析，在围压由 0 增加到 100MPa 时，它们弹性模量的平均增幅最大的是拉梅系数，其次为体积模量，杨氏模量和剪切模量，泊松比和纵横波速度比。3 个岩心样弹性模量的变化也存在着明显的差异，2 个灰岩的弹性模量的增幅明显高于白云岩，表现出弹性模量受单个岩石的结构、成分、孔隙的影响。

岩样饱水后，其杨氏模量、剪切模量、体积模量和拉梅系数仍随着围压的增加而增加，但多数岩样的泊松比、纵横波速度比却随着围压的增加而减小。

在保持围压不变的条件下，当孔压由 0 增加到 60MPa 时，岩样的弹性模量变化比较复杂，杨氏模量、剪切模量、体积模量随着孔压的升高而逐渐减小。但对于拉梅系数而言，有的随着孔压的升高而逐渐减小，有的却随着孔压的升高而有所增加，表现出相反的趋势。多数岩样的泊松比和纵横波速度比则表现出随着孔压的升高而逐渐增大。与围压的增加幅度相比较，孔压对弹性模量的影响明显较小。

b. 改变温度条件下岩石动弹模量的基本特征分析

实验测试了固定围压和固定孔压（围压为 80MPa、100MPa 和 120MPa，孔压为 60MPa）下，温度从常温（20℃ 左右）变化到 120℃ 时的动弹模量。通过测试结果分析，在压力保持不变的情况下，随着温度的增加，岩样的动弹模量的变化表现出各自的特点，杨氏模量和剪切模量随着温度的升高都有一定程度的减小，并且与温度之间具有较好的相关关系。而体积模量、拉梅系数、泊松比和纵横波速度比随着温度的升高呈现出增加的趋势，多数与温度之间具有较好的相关关系。

4）静弹性模量的基本特征

对 15 个岩样进行了岩石力学变形测试，同时测试了相应应力状态下的纵横波速度，分别获得了岩石静弹参数（静弹性杨氏模量、静泊松比）和动弹参数（动弹性杨氏模量、动泊松比）。以相同应力状态（差应力为极限强度的 50%）下的动、静参数进行比较，结果见表 5.7，获得相关数据 14 组，1 个岩样因破裂未获得测试数据。表中的动弹性模量和动泊松比都是根据岩样纵横波速度与差应力的关系曲线计算得到的。

从表 5.7 可以看出，在地层围压条件下，6 个灰岩的抗压强度从 333MPa 到 503MPa，抗压强度比较高，静弹性杨氏模量和静泊松比都小于相对应的应力状态下的动弹性杨氏模量和动泊松比，幅度在 19% 和 35% 左右，具有比较明显的规律，灰质泥岩样的情况与灰岩基本一致。

表 5.7　岩样动、静弹性参数比较表

序号	岩样编号	井号	岩性名称	取样深度/m	层位名称	围压/MPa	温度/℃	抗压强度/MPa	静弹性模量/GPa	动弹性模量/GPa	静泊松比	动泊松比
1	YF41	露头	灰质泥岩	—	飞 4 段	80	20	515	55.97	79.31	0.21	0.284
2	YF33	露头	泥晶灰岩	—	飞 3 段	80	20	333	68.94	80.13	0.246	0.326
3	F13	露头	非储层灰岩	—	飞底	80	20	365	49.2	68.44	0.247	0.300

续表

序号	岩样编号	井号	岩性名称	取样深度/m	层位名称	围压/MPa	温度/℃	抗压强度/MPa	静弹性模量/GPa	动弹性模量/GPa	静泊松比	动泊松比
4	PC23	露头	礁前角砾岩	—	长兴组	80	25	340	70.73	81.48	0.218	0.297
5	PC43	露头	礁盖颗粒灰岩	—	长兴组	80	25	503	80.56	93.3	0.231	0.294
6	YC23	露头	海绵礁	—	长兴组	80	20	348	76.82	86.03	0.231	0.314
7	JF33	露头	亮晶鲕粒白云岩	—	飞3段	80	120	394	53.83	66.03	0.27	0.302
8	DF11	露头	鲕粒白云岩	—	飞1段	80	120	311	38.75	57.54	0.251	0.284
9	YF13	露头	残余鲕粒白云岩	—	飞1段	80	120	84	32.69	61.84	0.429	0.317
10	PF13	露头	鲕粒灰岩	—	飞1段	80	116	400	62.65	77.97	0.256	0.309
11	PC33	露头	礁核角砾岩	—	长兴组	80	120	92	59.63	74.75	0.294	0.289
12	yb1	元坝101	灰色鲕粒灰岩	6794.0	飞2段	100	120	444	69.02	61.32	0.375	0.350
13	Yb2	元坝101	灰色溶孔白云岩	6902.0	长兴组	100	120	478	80.50	75.19	0.432	0.319
14	Yb3	元坝3	灰色碎屑鲕粒灰岩	6584.5	飞2段	100	120	387	42.90	68.90	0.596	0.336

在120℃地层温度、80MPa和100MPa地层围压状态下，8个白云岩样和灰岩样（3个为岩心样）的动、静弹性模量和动、静泊松比之间的关系较为复杂。对于5个露头岩样来说，抗压强度差异明显，最大抗压强度为400MPa，最小仅为84MPa；静弹性杨氏模量都小于相对应的动弹杨氏模量，平均幅度为36%；高抗压强度的岩样，其静泊松比小于相对应的动泊松比，而低抗压强度的岩样，其静泊松比则大于相对应的动泊松比。3个岩心样的抗压强度差异也比较明显，其动、静弹性杨氏模量和动、静泊松比之间的关系也与露头岩样不一致。露头岩样的动静杨氏弹性参数之间存在着较好的相关关系，而动、静泊松比的相关性较差。

从两种地层条件下的测试结果分析，温度对动静弹性参数有着一定的影响，温度的升高可使动、静弹性参数降低，且静弹性参数的降低幅度大于动弹性参数，使静泊松比增加，动、静泊松比之间的规律变差。动静弹性杨氏模量的这种差异，以及动静泊松比关系的非一致性，主要是由于两种测试的作用力机制不同，即静力持续作用与弹性波的瞬时作用对岩石产生的形变是有差异的，而岩石形变的差别必然导致动、静弹性模量和泊松比的不同，同时碳酸盐岩的非均质性和孔裂隙的发育程度不同，也是产生差异的重要原因。

2. 碳酸盐岩储层岩样品质因子（衰减）基本特征分析

地震波衰减或岩石的Q值，是碳酸盐岩储层岩石的重要地球物理特征之一。已有的研究成果表明，岩石物理状态的变化引起的衰减变化比速度的变化更大，特别是饱和条件和孔隙流体性质对衰减影响较大。但是，岩石衰减的测量是一件十分困难的工作，因为要测量衰减我们既要利用波的传播时间，更需要利用波的振幅信息。

本次岩样的衰减测量是基于成都理工大学油气藏地质及开发工程国家重点实验室MTS

岩石物理测试系统的特点，通过透射法来测量岩石的纵横波品质因子（衰减）。测试的基本原理是在实验室选用铝样作为参考样，依据铝样的 Q 值远远大于岩石 Q 值，在同样测试环境下，测试得到具有相同尺寸铝样和岩样的透射波的波至时间和透射波信号，由透射波的波至时间和实测岩样和铝样的透射波信号运用谱比法求得岩样的 Q 值。

采用上述岩样品质因子（衰减）的测试计算方法，我们对测试的碳酸盐岩岩样进行了衰减计算，分别得到常温常压、地层温压等条件下岩样的纵横波品质因子（Q）值。

1）常温常压下岩样品质因子的基本特征

对储层岩样在常温常压测试下得到的品质因子进行了统计，三类岩石的纵波品质因子平均值分布具有明显的规律性。灰岩的纵波品质因子最高，其次为白云岩，泥岩最低。而两个横波的品质因子则表现出与纵波不一致的现象，灰岩和白云岩的横波品质因子基本一致，而泥岩的横波 1 品质因子大，而横波 2 品质因子小。品质因子表现出岩性和孔隙结构的相关性，而横波品质因子相对纵波来说，变化则较复杂，对三类岩性来说，没有明显的相关关系。灰岩的纵波品质因子与孔隙度、渗透率之间有一定的相关关系，但相关系数较低，而横波品质因子以及白云岩的纵横波品质因子与孔隙度、渗透率之间的相关性较弱。

2）温压条件下岩样纵横波品质因子的基本特征

温压条件下岩样的纵横波品质因子因地层条件的不同，而表现出不同的特征，总的特征表现出随着围压的增加而增加、随着温度的升高而降低，但不同的岩样其特征并不总是一致的，应根据具体岩样、具体条件进行具体的特征分析。对于温度的变化来说，岩样的纵横波都表现为随着温度的升高而降低，只是幅度和相关性不同而已。

3. 含孔隙流体的碳酸盐岩基本岩石物理特征

实验对 50 个碳酸盐岩岩样在常温常压饱气条件下进行测试后，又将岩样充分饱水后进行测试，共得到 50 个岩样的实验数据，计算得到的含孔隙流体条件下的物理参数列于表 5.8 中。

从表 5.8 中白云岩和灰岩的物性参数及相互关系可以看出，饱水岩样的纵波速度高出饱气岩样，平均高出 312m/s 和 284m/s，高出幅度为 6.42% 和 4.74%，两者的横波速度基本一样。纵波速度散点基本上偏向饱水一侧，而两横波的速度散点则基本上平均分布在对角线两侧，没有偏向。白云岩、灰岩饱水岩样的体积模量、拉梅系数明显比饱气岩样要大，平均高出 7.65GPa、7.54GPa 和 8.72GPa、7.26GPa，增加幅度达到分别达到 21.08%、31.87% 和 14.51%、17.42%。杨氏模量和剪切模量的变化不大，杨氏模量增加幅度不到 3%。而剪切模量基本上一致。体积模量、拉梅系数散点绝大多数偏向饱水一侧，杨氏模量和剪切模量散点基本上平均分布在对角线两侧，没有偏向。饱水岩样的泊松比和纵横波速度比都高出饱气岩样，泊松比高出约 7.79% 和 11.36%，纵横波速度比高出约 6.72% 和 5.4%。泊松比和纵横波速度比散点绝大多数落在两者均线的上方，即绝大多数偏向饱水岩样一侧。白云岩和灰岩的纵波品质因子对流体也表现出较大的变化，但白云岩饱水后表现为降低，而灰岩饱水后表现为增加，其原因有待进一步探讨。而横波品质因子饱水后都表现出较大幅度的降低，降幅分别达到 56.81%、53.85% 和 28.31%、33.42%。

表 5.8　饱气和饱水生物礁滩碳酸盐岩岩样弹性参数对照表

弹性参数	白云岩（11 个岩样）			灰岩（39 个岩样）			全部岩样（50 个）		
	饱气平均	饱水平均	相对变化率	饱气平均	饱水平均	相对变化率	饱气平均	饱水平均	相对变化率
纵波速度 V_p/(m/s)	4865	5177	6.42	5977	6261	4.74	5762	6022	5.06
横波速度 V_{S1}/(m/s)	2692	2688	-0.16	3203	3186	-0.54	3091	3076	-0.47
横波速度 V_{S2}/(m/s)	2688	2722	1.29	3195	3219	0.74	3083	3109	0.84
杨氏模量/GPa	48.27	49.18	1.88	71.51	73.21	2.37	66.4	67.92	2.29
剪切模量/GPa	48.92	19.08	0.85	27.6	27.71	0.41	25.69	25.81	0.48
体积模量/GPa	36.3	43.95	21.08	60.11	68.83	14.51	54.87	63.35	15.46
拉梅系数/GPa	23.69	31.23	31.87	41.71	48.97	17.42	37.74	45.07	19.41
泊松比	0.3	0.28	7.79	0.29	0.32	11.36	0.29	0.32	10.58
纵横波速度比	1.81	1.93	6.72	1.86	1.96	5.4	1.85	1.95	5.68
P 波品质因子	14.65	7.87	-46.26	18.96	21.17	11.68	18.01	18.25	1.32
S1 波品质因子	30.62	13.23	-56.81	29.33	13.53	53.85	29.61	13.47	54.53
S2 波品质因子	27.21	19.51	-28.31	23.95	15.94	33.42	24.66	17.76	32.18

　　从上述分析可以得到，碳酸盐岩岩样含流体岩样弹性特征具有较明显的变化规律，从各弹性参数对储层含气和含水的敏感程度来分析，拉梅常数、体积模量对气水层的敏感度最高，它从饱气到饱水的变化达到 19.41% 和 15.46%。其次为泊松比，它们从饱气到饱水的变化也达到 10.58%。岩样的纵横波品质因子，它们从饱气到饱水的变化为 1.32%、54.53% 和 32.18%，横波品质因子对流体也较为敏感。第四为纵波速度和纵横波速度比，它们从饱气到饱水的变化也达到 5.06% 和 5.68%，而杨氏模量和剪切模量对气水层不敏感。这些弹性参数的变化特征和规律为我们进行碳酸盐岩储层含气性和气水层检测和预测提供了实验基础。

4. 修正 Gardner 公式

　　川东北长兴组—飞仙关组碳酸盐岩的平均地震波速度约为 6000m/s，碎屑岩的平均地震波速度约为 4000m/s，速度差绝对值相同（如 500m/s），碳酸盐岩的异常比碎屑岩的要小 33%。与碎屑岩相比，碳酸盐岩的密度和速度之间的关系复杂，既有正相关，又有负相关。对元坝 1 井长兴组—飞仙关组速度、密度和波阻抗进行统计分析，发现速度和密度的关系很多呈负相关，总体上密度变化远小于速度的变化（表 5.9）。

表 5.9　元坝 1 井长兴组—飞仙关组速度、密度和波阻抗统计

层位	厚度/m	录井岩性	速度/(m/s)	密度/(g/cm³)	波阻抗/(10^4m · g/s · cm³)
飞三段	3	灰色灰岩	5869.8862	2.7108	1.5912

层位	厚度/m	录井岩性	速度/(m/s)	密度/(g/cm³)	波阻抗/(10⁴m·g/s·cm³)
飞三段	2	灰色砂屑灰岩	5600.6323	2.7300	1.5289
	5	深灰色泥晶灰岩 灰色砂屑灰岩	6168.9434	2.6997	1.6655
	19	灰色鲕粒砂屑灰岩 灰色泥晶灰岩	6109.8887	2.7096	1.6555
飞二段 — 飞一段	12	灰色含云灰岩 泥晶灰岩	6013.6084	2.7042	1.6262
	7	灰色泥晶灰岩	5977.9053	2.7192	1.6255
	9	深灰色含云灰岩 泥晶灰岩	5867.3066	2.6872	1.5766
	8	深灰色含云灰岩 泥晶灰岩	5763.4868	2.6818	1.5457
	2	深灰色泥晶灰岩	5802.5034	2.7016	1.5676
	10	灰色含云灰岩	5324.5889	2.7004	1.4378
	8	深灰色泥灰岩	4841.0635	2.6907	1.3026
长兴组	3	浅灰色白云岩	5906.4473	2.6877	1.5874
	4	灰色粒屑灰岩， 少量次生方解石	5867.4238	2.6843	1.5750
	2	灰黑色硅质灰岩	5956.7461	2.6698	1.5903

关于密度和速度关系的 Gardner 公式为 $\rho = aV^b$，其中，ρ 为岩石密度，V 为地震波速度，a，b 为常数，均为正值，意味着密度大，速度也增大。该公式适用于碎屑岩。对碳酸盐岩来说，a，b 可能为负，应用的难度大。因此基于 Gardner 公式的弹性反演和流体识别的物理基础就存在问题了。

针对元坝 1 井碳酸盐岩的速度、密度和波阻抗数据，利用本次测试分析结果并结合塔河油田 10 多口井碳酸盐岩的速度、密度和波阻抗数据进行了内在规律和相互间可比性分析。

碳酸盐岩的速度、密度和波阻抗相互关系的研究表明，速度–密度的拟合关系与在碎屑岩地区适用的 Gardner 公式严重不符，且相关系数很低。但速度–波阻抗的关系表现出较高的相关系数和实用性。例如，对微晶灰岩，利用波阻抗和速度的交会图得到很好的结果，$Z_P = 1.994V_P^{1.034}$，相关系数达 0.9519（图 5.28）。

为了更好地说明拟合效果，我们利用已有的元坝地区的测井资料，根据其纵波速度、密度得到该地区的纵波速度–波阻抗拟合图，再与碳酸盐岩的纵波速度–波阻抗拟合公式计算的结果对比（图 5.29），两条曲线符合程度非常高，证实了拟合公式有普适性。

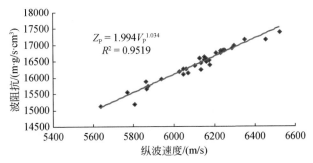

图 5.28　微晶灰岩纵波速度与波阻抗交会图

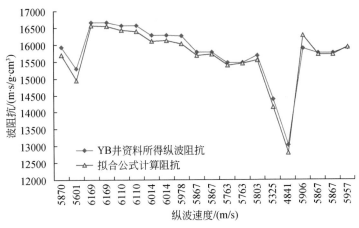

图 5.29　两种方法的比较

5. 川东北地区礁滩相储层岩石物理特征

对川东北普光、元坝地区共 19 口井不同层段储层的岩石弹性参数进行统计分析。图 5.30 为川东北普光、元坝地区不同层段储层岩石物理性质交会图，从图中分析，一类储层和非储层与其他类储层岩石物理性质差异较明显；气层（即一、二、三类储层）与水层之间的岩石物理性质存在差异，但差异不明显；优质含气储层均表现为纵波阻抗（IP）、横波阻抗（IS）、密度（ρ）、拉梅系数与密度乘积（$\lambda\rho$）和剪切模量与密度乘积（$\mu\rho$）的

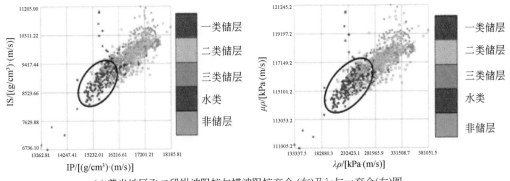

(a) 普光地区飞二段纵波阻抗与横波阻抗交会 (左) 及 $\lambda\rho$ 与 $\mu\rho$ 交会(右)图

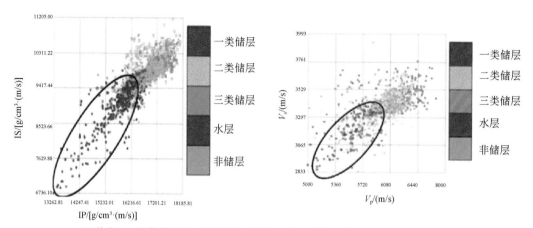

(b) 普光飞一段纵波阻抗与横波阻抗交会(左)及纵波速度与横波速度交会(右)图

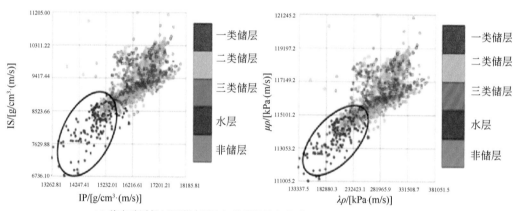

(c) 普光地区长兴组纵波阻抗与横波阻抗交会(左)及λρ与μρ交会(右)图

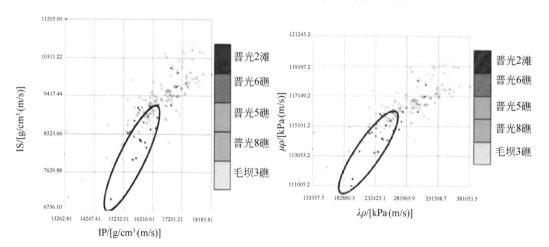

(d) 普光长兴组礁、滩储层纵波阻抗与横波阻抗交会(左)及λρ与μρ交会(右)图

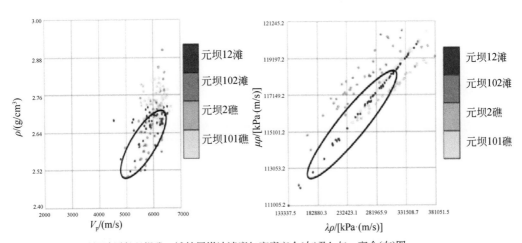

(e) 元坝地区长兴组礁、滩储层纵波速度与密度交会(左)及$\lambda\rho$与$\mu\rho$交会(右)图

图 5.30 川东北普光、元坝地区不同层段储层岩石物理性质交会图

低值异常，据此可用来区分不同类型的储层；普光地区和元坝地区的滩相储层与礁相储层在交会图上具有不同的分布特征，岩石物理性质存在差异，普光地区滩相储层的纵波阻抗、横波阻抗、$\lambda\rho$ 和 $\mu\rho$ 均低于礁相储层。

图 5.31 反映了普光地区飞三段鲕滩储层随流体的变化，当鲕滩储层含气和含水相比较，对于一、二类储层来说，它的纵横波阻抗，纵波速度，纵横波速比，弹性模量 $\lambda\rho$ 和 λ/μ 的值都减小了，而三类储层的变化相对不明显。

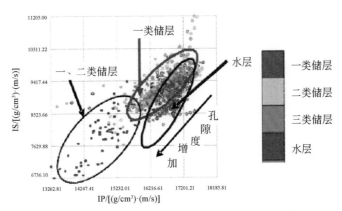

图 5.31 普光地区飞三段纵波阻抗与横波阻抗交会图

二、礁滩储层地震响应特征

（一）生物礁地震响应的数值模拟

图 5.32 是对元坝三维 Inline1160 线进行的微观矢量微分方程加宏观标量微分方程（MIVMAS）方法的地震数值模拟。图 5.32（a）是原始叠加地震剖面；图 5.32（b）是根

据解释层位建立的速度模型，为了类比与实际的生物礁埋藏深的特点，将模型的初始延拓深度设定为4000m；图5.32（c）是得到的正演记录，由于生物礁埋藏较深，在该图上生物礁的隆起特征不明显，此外，不规则点的绕射波较发育，而且绕射弧度大；图5.32（d）是采用正确的速度模型［图5.32（b）］对图5.32（c）进行偏移计算得到的模拟剖面，从图中可以清楚地识别生物礁的杏仁状隆起的反射外形特征。

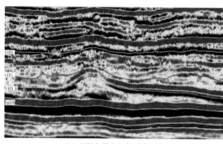

(a) 原始叠加地震剖面　　　　　　　　　(b) 速度模型

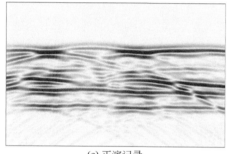
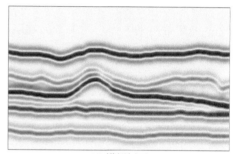

(c) 正演记录　　　　　　　　　　　(d) 模拟剖面

图 5.32　Inline1160 线杏仁状隆起的反射外形特征的数值模拟

采用相同的方法，对 29 个不同的生物礁模型进行了地震响应的数值模拟，模拟了生物礁外形丘状隆起、顶部弱反射与内部反射隐约呈层、有披覆；丘状反射外形、两翼非对称、顶部强反射、内部短强断续反射、近似成层性；丘状反射外形、内部杂乱反射等特征。

综合多个模型的数值模拟结果将元坝地区的生物礁在时间剖面上的特征归纳如下：

（1）外形上，呈丘状或杏仁状隆起，两翼对称或非对称；

（2）由于礁体内部充填物性的差异，生物礁顶部的反射有时呈强反射，有时也呈弱反射；生物礁内部多杂乱反射，隐约成层，反射有时强，有时弱；

（3）由于长兴组总体上处于海侵期，与生物礁岩隆伴随的披覆、上超现象明显。

通过上述特征的数值模拟，为元坝生物礁的地震识别提供了理论依据。

（二）鲕粒滩储层及礁滩复合体地震响应的数值模拟

川东北地区的鲕滩储层为主力气层之一。其中台内滩、台地边缘滩和前积体滩为重要的类型。图 5.33（a）是川东北台内鲕滩储层的一个典型模型，图中数字表示各层速度，单位为 m/s，其中，鲕滩储层速度为 5510m/s，远低于围岩的速度，因此，在模拟记录上表现为一个负的强同相轴特征。图 5.34 是川东北台地边缘滩储层的一个典型模型。高孔隙度的白云岩表现为中—强振幅"亮点"反射特征，其下伏生物礁灰岩由于与围岩的阻抗差异较小，且生物礁底面不平坦，表现为断续中-弱振幅反射。

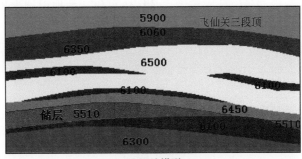

(a) 理论模型

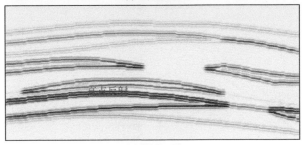

(b) 模拟记录

图 5.33　川东北台内鲕滩储层的数值模拟

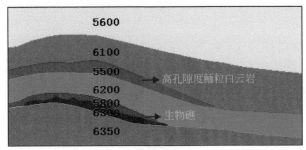

(a) 理论模型

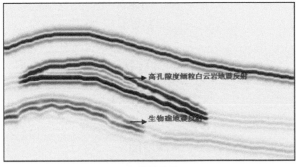

(b) 模拟记录

图 5.34　川东北台地边缘滩储层的数值模拟

选取川东北巴中地区典型的生物礁滩模型［图 5.35（a）］进行数值模拟，该模型的储层发育于礁的顶部，滩在生物礁的右上方依次叠置发育，形成前积体。在数值模拟过程中，其初始延拓深度为 5000m。图 5.35（b）是得到的正演记录，由于地层的埋藏比较深，图中的绕射双曲线横向延伸范围较大，从图中可以清楚地识别生物礁顶储层的强反射和滩底的中强负反射。图 5.35（c）是采用正确的速度模型对图 5.35（b）的模拟记录进行偏移得到的模拟记录，从图中可以清楚地识别生物礁上部储层的强反射，生物礁内部的层状反射，以及滩顶界面的中强反射等特征。

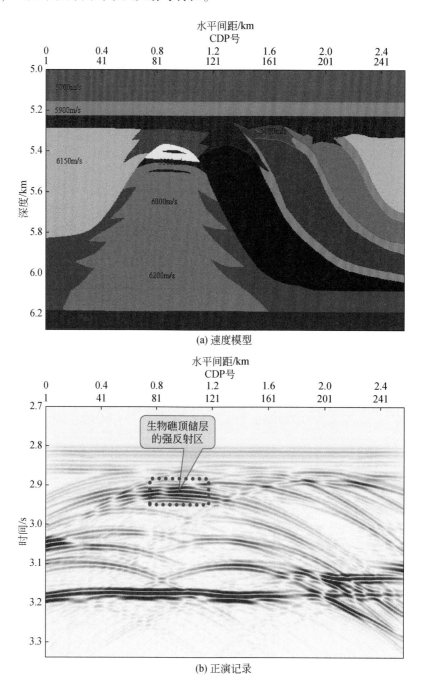

(a) 速度模型

(b) 正演记录

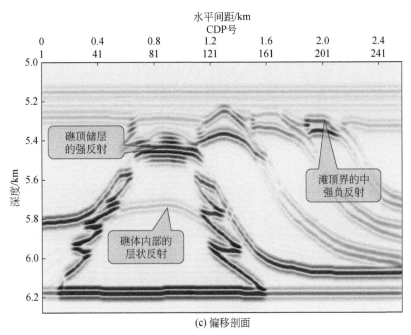

(c) 偏移剖面

图 5.35　复杂深层生物礁滩模型的地震数值模拟

结合川东北地区飞仙关组鲕滩型储层的地震剖面特征，进行了 7 个鲕滩储层的正演模拟，可以得到以下几点结论：

（1）鲕滩储层由于与围岩的物性差异较大，即与围岩的波阻抗差异加大，其在地震剖面往往形成较强的地震反射，呈亮点特征；

（2）随着鲕滩储层物性变好，即孔隙度逐渐增加，其地震反射振幅逐渐增强；

（3）由于鲕滩储层的厚度有时很薄，同一滩体在不同部位的厚度差异大，因此在滩体内部可能会因为调谐而造成内部呈杂乱或呈短段中弱反射。

三、礁滩储层地球物理预测技术

（一）拟声波反演

1. 储层特征曲线重构

储层特征曲线重构是以地质、测井、地震综合研究为基础，针对具体地质问题和反演目标，以岩石物理学为基础，从多种测井曲线中优选，并重构出能反映储层特征的曲线。理论上，常规测井系列中的自然电位、自然伽马、补偿中子、密度、电阻率等测井曲线都可用于识别储层，与声波时差建立较好的相关性，通过数理统计方法转换成拟声波时差曲线，实现储层特征曲线重构。

如何充分利用各种测井曲线，提高地震反演的分辨率和精度，一直是油气勘探研究的工作方向。传统的拟声波曲线构建的目的是将反映地层变化比较敏感的自然电位、自然伽马、电阻率等非声波曲线转换为具有声波量纲的拟声波曲线，使其具备自然电位、自然伽马、电阻率等测井曲线的高频信息，同时又具有声波低频信息的拟声波曲线。这样合成的拟声波曲线，既能反映速度和波阻抗的变化，又能反映地层岩性、物性和含油性的差别。

为了突出储层特征，在井资料分析的基础上，采用对储层反映最为敏感的孔隙度曲线重构声波曲线进行拟声波曲线波阻抗反演，并在此基础上进行了储层空间展布特征描述。该方法能突出高速非储层背景下的储层低速特征，从而能有效表现出储层纵横向展布特征。

2. 拟声波反演效果分析

常规剖面虽然有着较高的分辨率，然而由于各井间速度差异大以及强烈的非均质性，储层较难直观地从剖面上分辨出来，而拟声波反演剖面，利用了储层孔隙度的信息将储层从非储层中凸现出来，使在剖面上可以直接观察到储层的纵横向变化情况，储层的厚度和物性与井基本吻合（图 5.36），与地震资料吻合性较好，表明反演结果忠实于地震剖面。

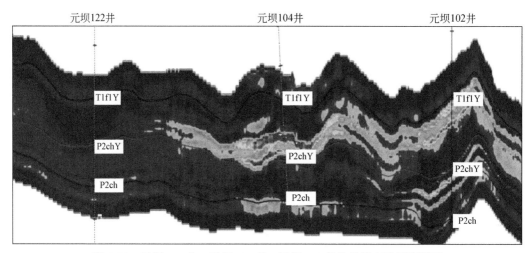

图 5.36　元坝 122 井、元坝 104 井、元坝 102 井连井拟声波反演剖面

T1f1Y 为飞仙关组顶；P2chY 为长兴组上段顶；P2ch 为长兴组下段

（二）孔隙度地震反演

1. 基于 Gassmann 优化方法的地震孔隙度预测技术

建立饱和岩石有效弹性参数与孔隙大小、孔隙形状和孔隙流体间的关系有助于了解和认识组成地下岩石的各种因素对岩石整体弹性性质的影响，从而找出它们的变化规律。这种关系的建立在地震解释、波动方程正演模拟、储层参数反演、流体替换和 AVO 分析等领域均有较为广泛的应用。Wyllie 等（1956）、Han 等（1986）、Avseth 等（2005）、贺振华等（2007）、陈颙等（2009）等先后在该领域对它们开展了深入的探讨和研究。

Zimmerman（1984）和 Kachanov（1992）等指出孔隙形状是影响岩石弹性性质的一个

很重要的因素,但是地下岩石的孔隙形状复杂,几乎不能用规则的几何形状来描述,即使是近似的描述,也会造成较大的误差。因此,我们必须寻找其他的方法来描述这种变化。为了研究它们对岩石弹性性质的影响,我们构建了岩石孔隙结构参数,然后利用测试数据来分析孔隙结构的变化规律,从而找到影响岩石孔隙结构的主要因素。利用构建的岩石孔隙结构参数,我们讨论其在碳酸盐岩中的变化规律,并应用基于 Gassmann 方程优化方法进行储层参数反演。

1)岩石物理模型的建立

a. 碳酸盐岩微观孔隙结构

碳酸盐岩的非均质性使其储集空间演化复杂,孔隙类型多样,横向变化快,同一储集层内往往存在多种类型的孔隙。为了研究其孔隙结构,我们选取了某地区碳酸盐岩的岩石薄片进行分析。

该地区沉积环境相对单一,岩性较纯,基本为碳酸盐岩,几乎没有碎屑岩,因此在建模的时候不考虑泥质含量对岩石有效弹性参数的影响。其岩石储集空间类型主要包括孔隙和裂缝。孔隙分为原生孔隙和次生孔隙,裂缝分为构造缝、溶蚀缝及压溶缝。从图 5.37 中可以看出,岩石的孔隙形状包括圆形、椭圆形、三角形、针形、硬币形等形状的孔隙,还有很多不规则形状的,甚至向内凹的孔隙形状。因此,用固定、单一的几何形状来模拟这种孔隙结构,不可避免地会带来较大的误差,有时甚至会得到错误的结论。在后面的讨论中通过引入带有孔隙形状信息的有效介质模型,把表征孔隙结构的变量独立出来,研究其变化规律,再通过有效介质模型来对弹性参数或岩石物性参数进行计算。研究结果表明,该方法可以较好地提高有效介质模型计算岩石弹性参数的准确度。

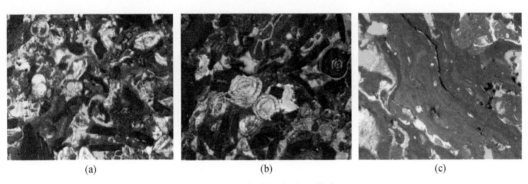

(a)　　　　　　　　　　(b)　　　　　　　　　　(c)

图 5.37　碳酸盐岩岩石薄片

(a)原生粒间孔；(b)次生粒间孔；(c)溶缝

b. Gassmann 方程与 Eshelby-walsh 椭球包体裂缝理论

岩石中孔隙流体对岩石弹性参数的影响主要分为两种情况。第一种情况是饱和岩石-排水的情况。该种情况是指作用在岩石外部的流体静压力变化时,岩石孔隙内的水压力不变,饱和岩石-排水情况下的弹性参数与干燥岩石的情况相同。另一种情况是饱和岩石-不排水情况,这种情况下孔隙流体对岩石的弹性参数影响较大,Gassmann 于 1951 年建立了饱和岩石-不排水情况下的 Gassmann 流体替换方程。本次研究就是在 Gassmann 方程的基础上重建岩石的弹性参数间的关系,用于指导油气勘探。

　　考虑一个外部受到流体静压力（围压）p 的作用，内部孔隙压力为 p_p 的岩石。在外部围压 p 发生变化时，孔隙体积必然被压缩，因为孔隙流体不能向外流出，所以孔隙压力必然要随围压的变化而变化。我们把这种情况下的岩石的有效压缩系数记为 β。由 Gassmann 方程得到了 β 与岩石基质、孔隙流体、孔隙度等参数之间的关系

$$\frac{1}{\bar{\beta}-\beta_S}=\frac{1}{\beta_D-\beta_S}+\frac{1}{(\beta_P-\beta_S)\eta} \tag{5.42}$$

　　式（5.42）将岩石的孔隙度 η、孔隙流体的压缩系数 β_P、岩石基质的压缩系数 β_S、排水岩石的压缩系数 β_D 和不排水的即饱和岩石的有效压缩系数 β 联系了起来，只要知道其中的任意 4 个量，第 5 个量便可以由它求出。

　　岩石的弹性参数除了受岩石基质和孔隙流体的影响，孔隙的形状也是影响其变化的重要因素。我们把干燥的岩石设想成一均匀的无孔隙的固体，其弹性性质与两相体的岩石一致，我们令这个均匀体的有效压缩系数为 β_D。岩石中的孔隙可以分为孔洞和裂缝两类。裂缝类孔隙可以用一个弹性的椭球来模拟，Eshelby（1957）建立了椭球包体裂缝理论，他假定：①岩石基质是完全各向同性体，其体积模量和剪切模量分别为 K_S 和 u_S；②基质中存在着一个弹性的椭球形包体，包体的几何形状已知，可以是各向异性的；③围体（基质）比包体大很多，则边界条件无限远处应变是均匀的。Walsh（1965）在此基础上推导并得出了干燥多孔岩石基质和包体组成的两相体岩石的等效弹性参数：

$$\beta_D=\beta_S\left(1+m\frac{\eta}{\alpha}\right) \tag{5.43}$$

$$\mu_D^{-1}=\mu_S^{-1}\left(1+n\frac{\eta}{\alpha}\right) \tag{5.44}$$

式中，β_D 和 μ_D 分别为干燥岩石的压缩系数和剪切模量；β_S 和 μ_S 分别为干燥岩石的岩石基质的压缩系数和剪切模量；α 为孔隙的纵横比；η 为孔隙度。其中：

$$m=K_S(3K_S+4\mu_S)/\left[\pi\mu_S(3K_S+4\mu_S)\right] \tag{5.45}$$

$$n=\frac{1}{15\pi}\left[\frac{8(3K_S+4\mu_S)}{3K_S+2\mu_S}+\frac{4(3K_S+4\mu_S)}{3K_S+\mu_S}\right] \tag{5.46}$$

　　c. 岩石孔隙结构参数

　　我们运用 Gassmann 方程与 Eshelby 椭球包体裂缝理论在合理的假设前提下推导和建立了岩石弹性参数间的一个比较实用的新关系式：

$$\eta=\frac{\dfrac{1}{\rho\left(V_P^2-\dfrac{4}{3}V_S^2\right)}-\beta_S}{\beta_S\dfrac{m}{\alpha}}=\frac{1-\beta_S\rho\left(V_P^2-\dfrac{4}{3}V_S^2\right)}{\rho\left(V_P^2-\dfrac{4}{3}V_S^2\right)\dfrac{1}{C}} \tag{5.47}$$

式中，β_S、C 分别为岩石基质的压缩系数和岩石孔隙结构参数；V_P、V_S 和 ρ 分别为纵波速度、横波速度和密度。其中 V_P、V_S 和 ρ 可以根据岩石物理测试、测井资料、叠前弹性参数反演或地震的多波资料获得，因此只要知道岩石的基质压缩系数，则可以准确地得到岩

石的孔隙结构参数 C。

2）岩石物理测试和测井分析

我们用给出的岩石物理模型，对某地区同一目的层段的岩石物理测试数据和测井数据进行了计算和讨论。测试的数据和测井数据都经过严格的校正，以确保数据来源的准确性与可靠性。研究的目的地层是碳酸盐岩沉积层。在目的层井段进行了全波列测井，据此我们可以得到地层的横波速度，其他地层信息，如含水饱和度、泥质含量等也已经获得。岩石物理数据也都在不同的温度、压力环境下进行了测试。因此，我们可以通过这些已经知道的信息对岩石的孔隙结构参数进行计算和分析。

$$C = \frac{\eta\beta_P - \bar{\beta} + \beta_S}{(\bar{\beta} - \beta_S)\beta_P} = \frac{\alpha}{m\beta_S} \tag{5.48}$$

我们可以依据岩石物理或测井等方式获得需要的所有信息，计算出孔隙结构参数 C 的大小。但是，在这些需要的参数中，岩石的基质压缩系数的信息获取难度很大。

在实际应用中，通常是根据 Reuss-Voigt-Hill 公式计算岩石基质的弹性模量。由于矿物的弹性性质在实际应用中不太好确定，利用 Reuss-Voigt-Hill 公式估算岩石基质的弹性模量需要知道不同矿物组分的体积百分比，通常地震解释人员难以获得这些资料。为克服上述方法带来困难，本项研究采用统计平均的方法求取岩石基质的弹性模量。结合岩性解释和孔隙度解释结论，求取与储层段同一岩性（或近似岩性）、孔隙度小于某个特定值的岩层段的纵波速度、横波速度和密度的平均值。由此计算岩石的体积模量和剪切模量，并将岩石的弹性模量等同于储层段岩石基质的弹性模量。对于岩石基质高度致密的碳酸盐岩来说，在孔隙度较小时，孔隙内饱含的流体对岩石物理性质的影响非常小，因而可以将这类岩石的弹性模量等同于岩石固体基质的弹性模量。

获得岩石基质压缩系数之后，我们分别用岩石物理测试数据和测井数据计算了岩石孔隙结构参数 C，统计了 C 与剪切模量、体积模量等岩石有效弹性参数间的关系，用于寻找其变化规律。图5.38是利用岩石物理测试数据和测井数据分别统计的岩石孔隙结构参数 C 与剪切模量、体积模量和泊松比间的交会图。我们对统计结果进行了多项式拟合，从图中可以看出，岩石物理统计拟合的规律与测井统计拟合的规律有较好的一致性，其中测井数据中孔隙结构参数 C 与体积模量有较好的相关性，其相关系数可以达到 0.9664。

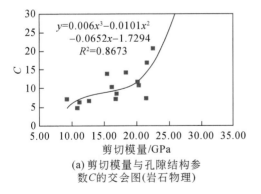

(a) 剪切模量与孔隙结构参数C的交会图(岩石物理)

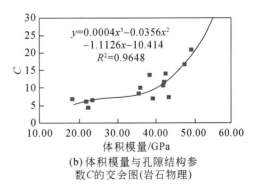

(b) 体积模量与孔隙结构参数C的交会图(岩石物理)

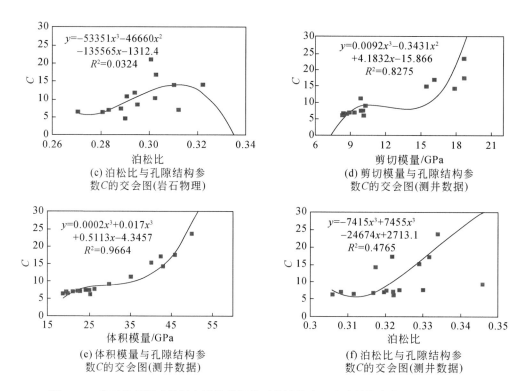

图 5.38　岩石物理测试数据和测井数据分别统计的岩石孔隙结构参数 C 与剪切模量、
体积模量和泊松比间的交会图

　　通过以上分析发现，岩石的孔隙结构参数有其内在的变化规律，可通过这种规律估算未知地层岩石的孔隙结构，从而更好地进行储层参数的计算与分析。

　　为了了解岩石孔隙结构参数对孔隙度的影响，我们选取了一个固定岩样，其测试的岩石弹性参数保持不变，只改变岩石孔隙结构参数值的大小，从而分析岩石孔隙结构参数误差的大小对预测孔隙度的影响。图 5.39 即为岩石孔隙结构参数误差与孔隙度预测误差的交会图，从图中可以看出，当岩石孔隙结构参数误差达到 5 时，其孔隙度计算的误差可以达到 10%，严重影响了孔隙度的计算精度。

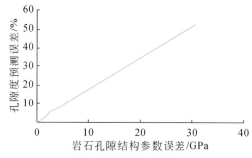

图 5.39　岩石孔隙结构参数误差与孔隙度预测误差关系

3）孔隙度预测

a. 孔隙度计算步骤

基于 Gassmann 方程优化方法孔隙度预测的实现见图 5.40，具体步骤如下。

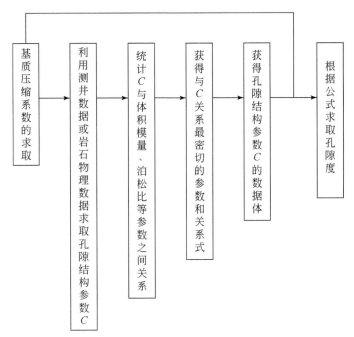

图 5.40 基于 Gassmann 方程优化方法孔隙度预测流程

步骤 1：基质压缩系数的求取。求取与储层段同一岩性（或近似岩性）、孔隙度小于某个特定值的岩层段的纵波、横波速度和密度的平均值。由此计算岩石的体积模量和剪切模量，并将岩石的弹性模量等同于储层段岩石基质的弹性模量。根据基质压缩系数与体积模量关系（倒数关系），获得基质压缩系数。

步骤 2：井中（或岩样）孔隙结构参数 C 的求取。根据式（5.47），利用井中（或岩石物理）的纵波速度、横波速度、密度、孔隙度和基质压缩系数获得井中（或岩样）孔隙结构参数 C。

步骤 3：孔隙结构参数与其他弹性参数关系式的获取。统计井中（或岩样）的孔隙结构参数 C 与体积模量、泊松比、剪切模量、拉梅系数等参数的关系。优选相关性最好的关系式作为计算孔隙结构参数 C 的计算公式（如本项研究中泊松比与孔隙结构参数 C 关系最密切，则选用泊松比与孔隙结构参数 C 之间的关系式作为孔隙结构参数 C 的计算公式）

步骤 4：获得与孔隙结构参数 C 最密切的参数和表达式。

步骤 5：孔隙结构参数数据体的获取。利用步骤 3 获得的计算公式计算孔隙结构参数数据体。

步骤 6：求取孔隙度。利用基质压缩系数、孔隙结构参数、纵波速度、横波速度密度体计算孔隙度 ［式（5.47）］。

b. 应用实例

根据前面的理论，利用基于 Gassmann 方程优化方法孔隙度预测技术对目标区进行了预测。图 5.41 为元坝 12 井井中不同弹性参数与孔隙结构参数及压缩系数交汇图，从图中可以看出，在本区，泊松比与岩石孔隙结构的相关性最好。因此我们可先用叠前反演获得的泊松比数据体，进而获得岩石孔隙结构数据体，最后利用式（5.47）获得孔隙度数据体。

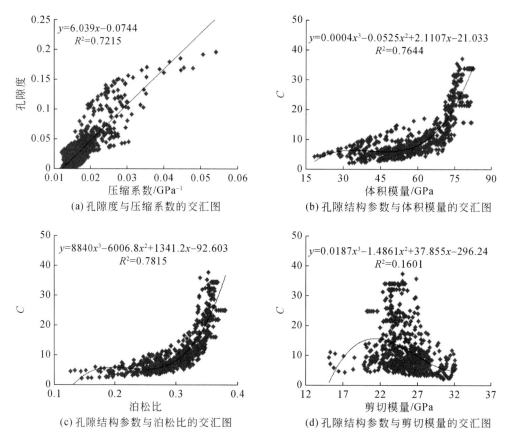

(a) 孔隙度与压缩系数的交汇图

(b) 孔隙结构参数与体积模量的交汇图

(c) 孔隙结构参数与泊松比的交汇图

(d) 孔隙结构参数与剪切模量的交汇图

图 5.41　元坝 12 井不同弹性参数与孔隙结构参数及压缩系数交汇图

图 5.42 为元坝 12 井和元坝 9 井孔隙度预测剖面，从预测结果与实测孔隙度对比，吻合较好，预测精度较高。图 5.43 为长兴组浅滩储层孔隙度切片，从图中可以看出，浅滩岩性圈闭特征较明显，元坝 12 井区浅滩岩性圈闭物性最好，元坝 123 井区浅滩岩性圈闭次之，元坝 224 井区浅滩岩性圈闭稍差。

（三）多尺度地震多属性反演

采用振幅类、频率类、相位类、吸收衰减类、波形类等 10 余种属性可进行地震相分析，结合钻井、测井及区域地质资料，进行沉积相带的精细划分，指导精细储层预测。

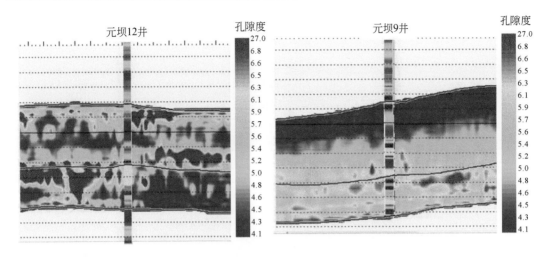

图 5.42　基于 Gassmann 方程优化方法的孔隙度预测剖面

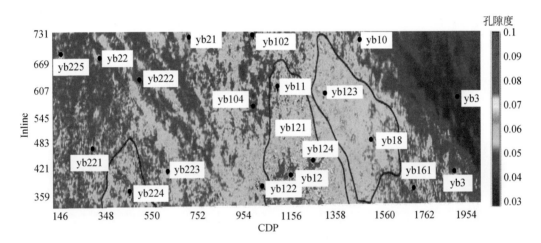

图 5.43　元坝南部长兴组浅滩储层基于 Gassmann 方程优化方法孔隙度预测平面分布图

　　依据露头和钻井资料，川东北地区长兴组在开江梁平陆棚的东西两侧均发育有生物礁滩，陆棚东侧的普光地区礁滩与西侧的元坝地区礁滩都具有丘状外形和块状内部构造，故利用地震资料刻画其宏观展布是一样的。生物礁具有与围岩不同的特殊结构，因此识别的主要标志体现在其外部反射结构、内部反射特征和波形的差异方面。利用生物礁的结构和波形与围岩的差异，可以依据长兴组顶、底界以及内部波形特征开展地震属性分析，结合钻井进行沉积微相划分，圈定生物礁滩分布的平面展布特征。

　　图 5.44 是在实钻地层精细标定的基础上选择的三个不同时窗的瞬时相位切片，较好地反映了元坝地区长兴组三期滩体的发育和演化规律，礁后滩具有多期生长、纵向加积、横向迁移、叠合连片分布的特点。因此，开展瞬时相位沿层等时切片分析，一方面可以准确刻画礁滩异常体的边界，另一方面可以描述不同期次礁、滩发育演化的基本规律和特征。开展沿层等时切片的关键是选择好合理的时窗。

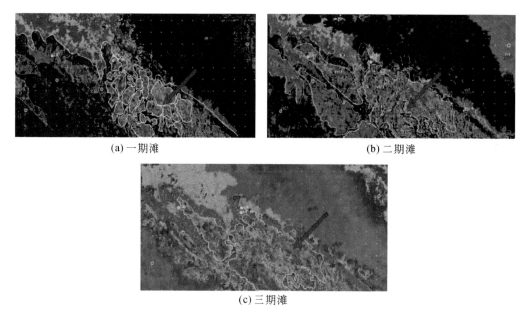

(a) 一期滩　　　　　　　　　　　　　　(b) 二期滩

(c) 三期滩

图 5.44　瞬时相位沿层等时切片地质解释平面图

　　图 5.45 为元坝三维区长兴组地震相图，图中红色区域代表了一种中弱振幅、杂乱、丘状的地震相特征，该区域为生物礁的分布范围。该方法对于刻画生物礁的边界比较有

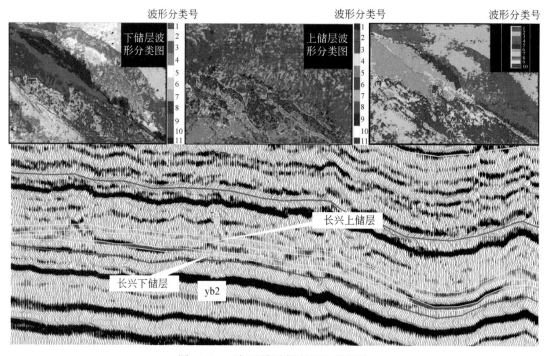

图 5.45　元坝三维区长兴组地震相图

效。同样，依据生物礁滩与围岩岩性之间的差异，利用分频、相干体技术和属性分析亦能精细刻画生物礁滩内部结构和物性的差异。从分频属性、相似体属性切片图和相干体切片等属性图上不仅能勾画出生物礁滩发育的范围，而且能清晰地反映出其内部结构和物性的差异。

（四）礁滩储层地球物理预测应用实例

1. 元坝长兴组储层孔隙度预测

利用高精度地震反演得到的速度、波阻抗数据体以及实钻井的储层孔隙度与速度交汇建立的相关关系式，将剔除了泥岩与非储层的阻抗体，转化为孔隙度体，然后计算储层段内储层的平均孔隙度。以上的定量计算方法较常用，尽管建立拟合公式时需要有足够多的样点数以减小误差，但是拟合得到的趋势是正确的。另外储层孔隙度的预测还可以在去除泥质的波阻抗反演数据的约束下利用孔隙度曲线开展非线性反演，这样可直观地预测出储层的物性参数。

根据长兴组礁滩储层孔隙度与速度交会分析，元坝地区礁滩储层孔隙度与速度相关关系式为

$$\varphi = 0.0000000162124 \times V^3 - 0.0000245515 \times V^2 + 0.113794 \times V - 146.62 \qquad (5.49)$$

其相关系数为 0.905。

图 5.46 为元坝地区长兴组储层预测孔隙度平面图。从预测的结果来看，研究区长兴组礁盖储层预测孔隙度在 2%~7% 之间。平面上，孔隙度值高低变化较快，反映储层的非均质性较重，高孔隙度的区域主要分布在礁滩相带的边缘元坝 27 井、元坝 204 井及元坝 103 井（部署井）等井区一带。长兴组浅滩储层预测孔隙度在 2%~8% 之间。平面上，孔隙度值高低变化较快，反映储层的非均质性较重，高孔隙度的区域主要分布在元坝 12 井

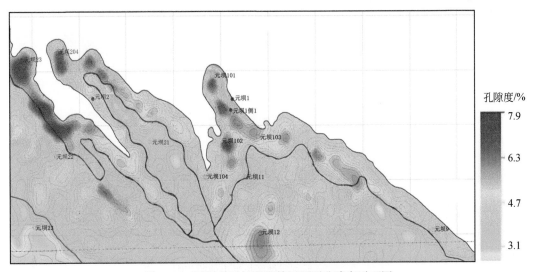

图 5.46　元坝地区长兴组储层预测孔隙度平面图

一带，最大预测孔隙度在8%左右，元坝22井区元坝孔隙度在4.5%~6.5%之间，其余区块的预测孔隙度2%~4.5%之间。

2. 元坝长兴组储层厚度预测

在速度反演和孔隙度反演的基础上开展储层厚度预测，以储层有利相带作为边界约束，根据不同层段中储层参数的门槛值将非储层从层速度以及伽马数据体中剔除，并求取满足门槛值要求的样点数，结合采样率及储层平均速度求出储层厚度。

元坝地区长兴组以5000~6200m/s为储层的速度门槛值，以2%孔隙度为储层下限，在TT1f1向下0~30ms时窗内提取"相对低速"异常和大于2%孔隙度的样点值，即可得到储层的时间厚度网格数据，再与速度网格相乘求得储层厚度。图5.47为元坝地区长兴组礁滩储层预测厚度平面图。从预测的结果来看，储层厚度横向变化较快，反映出储层的非均质性，长兴组有效储层预测厚度在0~125m之间。除元坝22井以南的工区西南角预测有效储层厚度在30m以下外，其余区块预测有效储层厚度在50~125m之间。

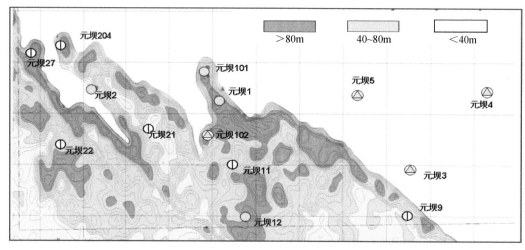

图5.47　元坝地区长兴组礁滩储层预测厚度平面图

第三节　碳酸盐岩储层流体地球物理识别技术

一、碳酸盐岩储层含气敏感性参数分析

（一）流体识别因子的讨论

通过岩石物理实验测试，获得了元坝地区深层碳酸盐岩生物礁滩储层在地层温压等条件下的纵横波速度、动静弹性参数、品质因子等大量的物性参数数据，并建立了气水识别敏感因子。这些参数的变化特征和规律为进行碳酸盐岩储层含气性和气水层检测与预测提

供了实验基础。

（1）通过饱气、饱水对比实验研究，拉梅系数对气水层的敏感度最高；其次为体积模量和泊松比；再次为岩样的纵波阻抗、纵波速度、纵横波速度比；横波速度、横波阻抗、剪切模量对气水的敏感性较弱。

（2）岩石的纵横波速度、纵横波阻抗、杨氏模量、剪切模量、体积模量、拉梅系数、纵横波品质因子等参数随着密度的增加而增大，随着孔隙度的增加而减小，它们之间具有一定的相关关系。

（3）岩石纵横波速度随围压增大而增大，随孔压增大或温度上升而降低；围压变化对纵横波速度的影响明显大于孔压或温度变化；白云岩纵横波速度随围压变化的幅度大于灰岩，饱气时变化大于饱水时变化。

（4）常温条件下，围压增大时，除纵横波速度比和泊松比外，其他弹性参数均明显增大，增幅最大的依次为拉梅系数、体积模量、剪切模量和杨氏模量，且饱气时大于饱水时变化幅度，白云岩大于灰岩变化幅度。

（5）常压条件下，孔压或温度升高时，岩石弹性参数部分增大，部分减小，规律不明显，且总体变化幅度小于围压引起的变化。

（6）不考虑孔压，不同围压条件下温度变化时，围压越大，岩石弹性参数随温度变化幅度越大（变化规律为杨氏模量和剪切模量降低，其他增大）；不同围压条件下温度变化时，围压越大，岩石弹性参数随温度变化规律较复杂，但总体变化幅度较小。

（7）纵横波品质因子随围压增大而增大，随温度升高而减小，但压力对纵横波品质因子的影响明显大于温度。

（8）通过分别计算出的饱水和饱气碳酸盐岩的流体识别能力值可知，元坝地区深层碳酸盐岩储层可用于气、水识别的流体敏感因子按敏感度由大到小依次为：高灵敏度流体识别因子 HSFIF、密度与流体因子乘积（ρf）（$C=3.028$）、优化组合流体识别因子 OCFIF（$\lambda\rho\cdot\mu\rho$）、$\lambda\rho$ 等。

在储层预测中，人们为了识别流体而提出了多种流体识别因子。通常流体识别因子可以写成密度与纵横波速度的组合形式，并通过这些有意义的组合来进行流体识别。常用的流体识别因子可分为两大类，一类是由纵横波速度以及密度三参数直接通过岩石物理公式计算得到，没有第四个可变的参数，称为不带参数的流体识别因子，如纵横波阻抗，泊松比，$\lambda\rho$，$\mu\rho$ 等；另一类是三个参数与第四个可变参数的结合，称为带参数的流体识别因子，如 ρf、HSFIF、OCFIF（$\lambda\rho\cdot\mu\rho$）等。

（二）气水识别敏感性分析

利用岩石物理实验测试得到的元坝地区深层碳酸盐岩礁滩储层岩心样测试结果，选取孔隙度基本接近（平均孔隙度为 3.10%）的 2 组碳酸盐岩样在地层温压条件下的岩样纵横波速度及密度参数，通过纵横波速度及密度参数的不同组合得到多种流体属性识别因子，对这些因子进行流体可识别性分析，获得对碳酸盐岩储层含气性较敏感的参数进行气、水识别。

采用常见的流体识别因子进行流体可识别性分析，获得对元坝深层碳酸盐岩储层含气性较为敏感的流体识别因子。

1. 流体识别能力 R 值

根据前面讨论的流体识别因子，用 R 来表示某一种因子的识别能力，定义 R 为

$$R = \left(\frac{|\, Attribute_1 - Attribute_2 \,|}{Attribute_1} + \frac{|\, Attribute_1 - Attribute_2 \,|}{Attribute_2} \right) / 2 \qquad (5.50)$$

式中，$Attribute_1$ 为某一类饱气（水）岩石的流体属性值；$Attribute_2$ 为另一类饱气（水）岩石相对应的流体属性值。流体识别因子中的流体组分（$\rho f = z_P^2 - c z_S^2$）中带有参数 C，但参数 C 的选取与该流体因子的识别能力密切相关。因此，使用带参数的流体识别因子时，需要根据研究区碳酸盐岩的储层参数特征分析参数 C 值与其对应的识别因子对流体识别能力的关系。

2. 气、水流体识别因子敏感性分析

对 2 组饱水和饱气的碳酸盐岩样进行流体识别分析，其参数值如表 5.10 所示。

表 5.10　饱气和饱水岩样的两类碳酸盐岩模型

参数	$V_P/(km/s)$	$V_S/(km/s)$	$\rho/(g/cm^3)$
饱气碳酸盐岩	6.146	3.205	3.68
饱水碳酸盐岩	6.407	3.284	3.74

选取 $C = 3.028$ 对两类碳酸盐岩的流体因子 ρf 识别能力进行分析。计算两类碳酸盐岩模型的 18 种不同流体因子的识别能力 R 值，结果如表 5.11 所示。可以看出，元坝地区深层碳酸盐岩储层对识别气、水较为敏感的流体因子依次为 HSFIF、ρf（$C = 3.028$）、OCFIF（$\lambda \rho \cdot \mu \rho$）、$\lambda \rho$ 等。

表 5.11　饱气和饱水两类碳酸盐岩模型的 18 种流体识别因子

序号	流体因子	饱气岩石	饱水岩石	R	序号	流体因子	饱气岩石	饱水岩石	R
1	V_P	6.15×10^3	6.41×10^3	0.042	10	λ	4.62×10^7	5.34×10^7	0.145
2	V_S	3.21×10^3	3.28×10^3	0.024	11	μ	3.75×10^7	3.95×10^7	0.071
3	ρ	3.68	3.74	0.022	12	$\lambda \rho$	1.24×10^8	1.46×10^8	0.168
4	γ	1.92	1.95	0.017	13	$\mu \rho$	7.38×10^7	8.10×10^7	0.093
5	σ	3.13×10^{-1}	3.22×10^{-1}	0.027	14	$K \rho$	1.73×10^8	3.00×10^8	0.147
6	Z_P	1.65×10^4	1.76×10^4	0.064	15	OCFIF	9.13×10^{15}	1.18×10^{16}	0.263
7	Z_S	8.59×10^3	9.00×10^3	0.047	16	ρf	4.79×10^7	6.30×10^7	0.278
8	$Z_P - Z_S$	7.88×10^3	8.56×10^3	0.082	17	$\rho f / Z_S^2$	6.49×10^{-1}	7.78×10^{-1}	0.182
9	K	6.45×10^7	7.31×10^7	0.125	18	HSFIF	9.19×10^7	1.23×10^8	0.296

3. 元坝地区流体敏感弹性参数测井分析

为进一步分析元坝地区礁滩储层含流体性质差异的敏感弹性参数，利用测井资料对钻遇长兴组礁滩储层的典型井（包括含气井、含水井、气水同层井）进行了井上弹性参数敏感性分析。通过交会图，V_p/V_s、泊松比和 $\lambda\rho$ 均可较好地将黄色含气区及蓝色含水区与围岩明显区分开来，$\lambda\rho$ 对含气与含水更有敏感，但是，含气水层与气层和水层均有较大的重叠，识别含气水层较困难。

图 5.48 为元坝 103 井长兴组储层段 $\lambda\rho$–孔隙度交会图，$\lambda\rho$ 参数基本上能完全将含气（黄色）、含水（蓝色）储层以及围岩（灰色）区分开来。储层为 I 类储层（孔隙度 >10%）时，$\lambda\rho$ 值在 60~95GPa·(g/cm^3) 之间，均值 80GPa·(g/cm^3) 左右；储层为 II 类储层（5%<孔隙度<10%）时，$\lambda\rho$ 值在 60~110GPa·(g/cm^3) 之间，均值 90GPa·(g/cm^3) 左右；储层为 III 类储层（3.5%<孔隙度<5%）时，$\lambda\rho$ 值在 70~120GPa·(g/cm^3) 之间，均值 100GPa·(g/cm^3) 左右。该区以 II 类、III 类储层为主，$\lambda\rho$ 峰值在 90~100GPa·(g/cm^3) 范围。而水层的 $\lambda\rho$ 值较之含气储层要高，$\lambda\rho$ 值范围在 109~128GPa·(g/cm^3) 之间，峰值在 100~120GPa·(g/cm^3) 附近。气水同层时 $\lambda\rho$ 值与 II 类储层和水层重叠较多，$\lambda\rho$ 值范围在 60~130GPa·(g/cm^3) 之间。

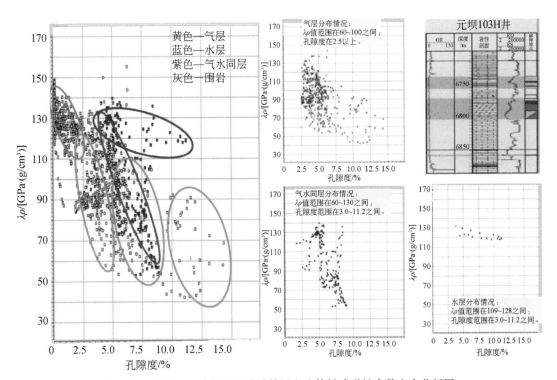

图 5.48　元坝 103 井长兴组礁滩储层段流体敏感弹性参数交会分析图

通过井资料分析，$\lambda\rho$ 能较好地识别元坝地区礁滩储层的气层（黄色）和水层（蓝色），气水同层识别难度大。气层 $\lambda\rho$ 减小，为 $60 \sim 110 \text{GPa} \cdot (\text{g/cm}^3)$，水层 $\lambda\rho$ 增大，为 $105 \sim 128 \text{GPa} \cdot (\text{g/cm}^3)$。

（三）高灵敏度气–水识别

通过碳酸盐岩储层岩石物理学研究，得知在碳酸盐岩中，泊松比参数主要反映岩石的疏松致密程度，一般泊松比越大，岩石越疏松，但当地层饱气或是饱液时，随着孔隙度的增加，泊松比都会降低，因此，泊松比可以直接用于储层流体预测；同时，当岩石含有流体时，其等效速度降低，从而导致拉梅系数降低（含流体和不含流体的相同岩性岩石的拉梅系数是不相同的），拉梅系数也可以反映流体；流体识别因子 $\lambda\rho$ 综合利用密度与拉梅系数，可直接用于储层流体预测；通过饱水和饱气碳酸盐岩的流体识别能力值计算可知，元坝地区深层碳酸盐岩储层可用于气、水识别的流体敏感因子按敏感度由大到小依次为：HSFIF、ρf（$C = 3.028$）、OCFIF（$\lambda\rho \cdot \mu\rho$）、$\lambda\rho$ 等。高灵敏度流体识别因子 HSFIF 综合考虑纵横波阻抗、泊松比、密度等参数的影响，对流体的敏感性最高。

通过前面的叠前弹性阻抗反演，得到研究区的 Z_P、Z_S、V_P、V_S、ρ 等数据，进而可以构建对含气储层敏感性较高的流体因子数据。图 5.49 ~ 图 5.51 分别是长兴组的流体识别因子（HSFIF、ρf、OCFIF）过井剖面，黄红色为低流体识别因子 HSFIF、ρf、OCFIF 异常区，是长兴组含气储层的有利分布区。平面图上低 HSFIF、ρf、OCFIF 异常反映储层的含气性，高值异常是含水的表现，可以看到，元坝地区长兴组西北部、中部含气性较好，东部、南部局部气水关系复杂，与测试及测井情况基本吻合。

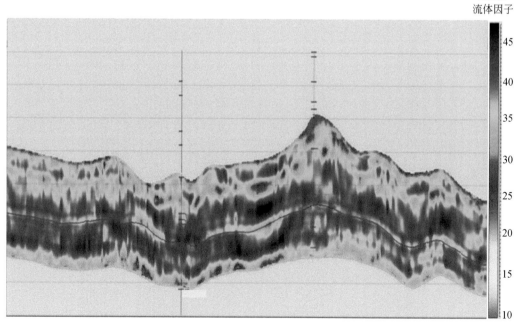

HSFIF
流体因子

图 5.49 过元坝 223 井–元坝 273 井的连井流体识别因子 HSFIF 剖面

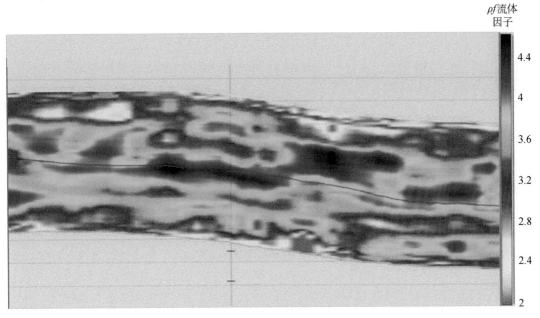

图 5.50　过元坝 224 井 NW 向流体识别因子 ρf 剖面

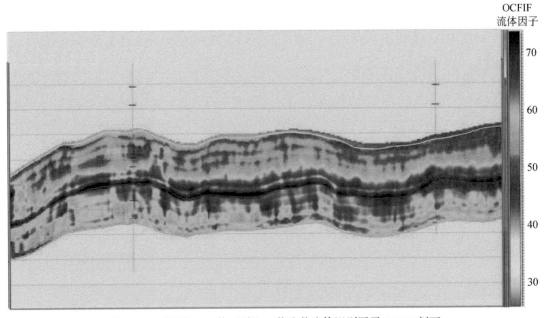

图 5.51　过元坝 123 井–元坝 16 井连井流体识别因子 OCFIF 剖面

二、碳酸盐岩储层流体地球物理识别方法

（一）低频伴影分析

地震低频伴影是指油气藏正下方的地震低频强反射能量，该名词的出现最早可追溯到 20 多年前 Taner 等（1979）的文章，后来又作为词条出现在 Sheriff 主编的勘探地球物理百科词典中。Taner 等是在讨论地震复数道分析中的瞬时频率时，提到地震低频伴影的，他指出在含气砂岩、凝析层、油层以及致密岩层裂缝带的正下方，经常可以看到地震低频伴影，但是这种现象是经验性的，有多解性，而且产生地震低频伴影的物理机理不清楚。后来，Ebrom（2004）的研究指出了产生含气层地震低频伴影的 10 个可能的影响因素。Ebrom 本来希望将地震低频伴影作为含气层的直接指标，并且通过对低频伴影的定量化处理来识别有工业价值和没有工业价值的含气层，但地震低频伴影的机理不清楚，影响因素较多，因此定量化识别的目标至今未能实现。然而，地震低频伴影作为油气层识别的一个重要标志，其作用和意义仍然是不可忽视的。目前最普遍的看法是，由于油气相对不含油气的围岩具有对地震波较强的吸收作用，且频率越高吸收越强。因此，在含流体正下方，往往保留有低频强能量，而在同样部位的中高频能量弱，或者没有。这就是低频伴影现象。

由于流体有黏滞性，孔隙有散射，最终会导致介质含流体后，吸收作用增强，地震波振幅会减弱，频率降低，同时会发生时间的延迟。这是地震低频伴影产生的基础。"十一五"期间，我们研发了黏弹性波动方程数值模拟技术，在黏弹性波动方程中加入了黏滞项和弥散项，综合考虑了地震波的散射、介质的内摩擦、相速度的频散等因素。通过黏弹性波动方程数模技术，研究了低频伴影的形成机理——是含油气储层对地震波的吸收形成的，建立了识别原则。

低频伴影识别油气的标志见表 5.12。值得注意的是，低频和中高频的划分，受地区地质特征和多种因素而定，应通过实验确定。Castagna 等（2003）利用地震记录的时–频分析，将地震低频伴影识别碳氢化合物的应用效果提高到一个新水平。由于高精度时–频分析使得构建地震单频剖面（或单频地震数据体）成为可能，因此，地震低频伴影在不同频率的地震共频率数据体上可清晰显示出不同的特征。

表 5.12　地震低频伴影识别油气的标志

有利标志	较有利标志	不利标志
低频时上强下强 高频时上强下弱	低频时上弱下强 高频时上弱下弱	低频时上弱下弱 高频时上强下弱

为检验地震低频伴影现象对气水的识别，给出了过元坝 123 井及元坝 12 井的低频（10Hz）、高频（40Hz）剖面。钻井证实，元坝 123 井在长 1 段含水，而元坝 12 井在长 1 段含气。图 5.52 显示，元坝 123 井长 1 段顶底低频能量为上强下强，高频能量也为上强下强，表明水对高频吸收相对较弱。图 5.53 显示，元坝 12 井长 1 段顶底低频能量为上强下强，高频能量为上强下弱，表明气对高频吸收较强。

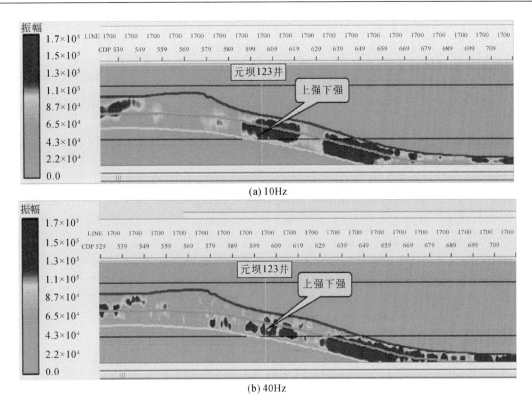

图 5.52　过元坝 123 井单频剖面

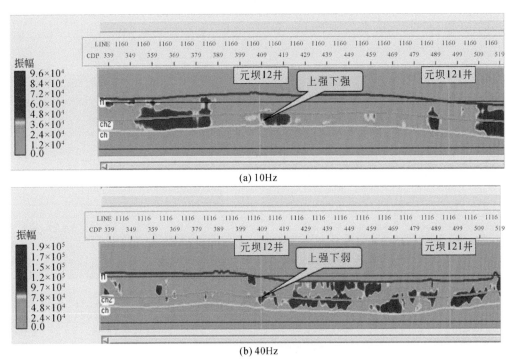

图 5.53　过元坝 12 井单频剖面

f1 为飞仙关组顶；ch2 为长兴组 2 段顶；ch 为长兴组 1 段顶

　　地震低频伴影现象是多种因素造成的。图 5.54、图 5.55 分别为储层厚度为 50m 和 10m 时的地震低频伴影现象的黏弹性波动方程数值模拟结果,比较两图,可以看出:①图 5.54 低频剖面有明显下拉现象,而图 5.55 低频剖面下拉现象不明显。②图 5.54 高频成分衰减明显,而图 5.55 高频无明显衰减,即无低频上强下强,高频上强下弱的地震低频伴影现象。因此,地震低频伴影现象受储层厚度影响,对于薄储层的含气性识别难度较大。

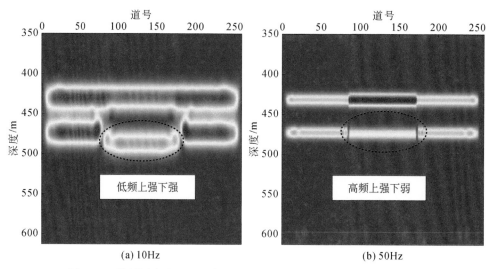

图 5.54　储层厚度为 50m 时低频伴影现象的黏弹性波动方程数值模拟

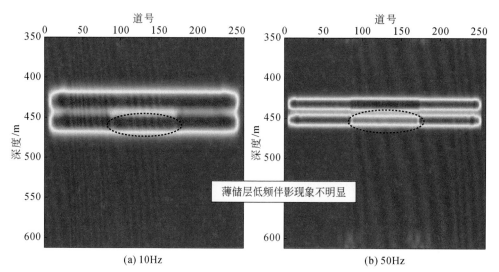

图 5.55　储层厚度为 10m 时低频伴影现象的黏弹性波动方程数值模拟

　　元坝地区长兴组生物礁储层一般厚度较大,图 5.56 和图 5.57 分别为长兴组上部礁盖储层低、高频单频切片,从图中分析可看出,元坝 104 井、元坝 11 井低频剖面显示上强下强,高频剖面显示上强下弱,即长 2 段储层主要位于元坝 104 井、元坝 11 井及其以北

（台地边缘礁相带内）部位。

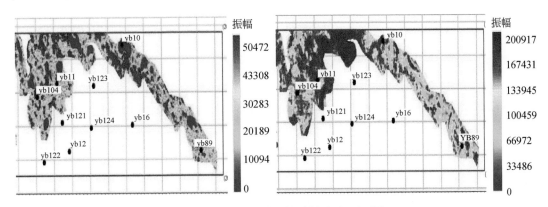

图 5.56　长兴组上部沿层低频振幅平面图

左为长 2 顶，右为长 2 底

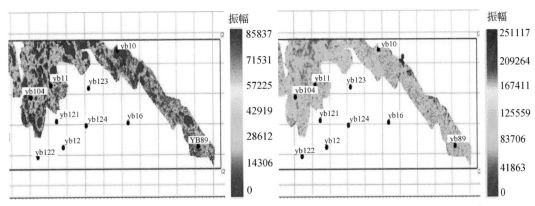

图 5.57　长兴组上部沿层高频振幅平面图

左为长 2 顶，右为长 2 底

（二）频率衰减梯度含气性分析

为了研究地震波频率衰减与地层中油、气、水赋存的环境的相关性，国内外展开的一系列的实验研究和数值模拟，如国外的 Klimentos 和 McCann（1990）研究了砂岩中纵波的衰减与孔隙度、黏土和渗透率之间的关系；Jones（1986）研究了岩石中依赖于孔隙流体和频率波的传播等。国内王大兴等（2006）研究地层条件下砂岩含水饱和度对波速及衰减影响的实验研究；席道瑛和邱文亮（1997）研究了饱和多孔岩石的衰减与孔隙度和饱和度的关系；尹陈等（2009）利用弥散系数波动方程定量地研究了频率衰减的机制等。影响地震波的频率因素较多，如埋藏深度、地层压力、地层温度、地震波自身的频率、孔隙结构、岩石的类型、孔隙内流体饱和度、孔隙内流体成分、应变振幅等。根据诸位学者和研究者的研究发现，埋藏深度、岩性及孔隙内流体成分等是影响频率成分的主要内在因素。但在地层结构相对较为稳定，纵横向岩性稳定的条件下，频率衰减主要由流体性质引起。

理论和实践均表明，随着地震勘探技术在石油和天然气勘探行业的日益崛起，勘探技术中的时频谱分析技术已经成为利用地震信息进行烃类检测的主要手段之一，如前面讨论的利用低频伴影识别储层在横向上的展布。这里将讨论在时频谱分解的基础上的一个进行烃类直接检测的衍生属性——频率衰减梯度属性。

1. 方法原理

频率吸收衰减特征是频谱分析技术中的一种重要属性特征。频率吸收指地震波在地下地质体中传播总能量的损失，是地下介质固有的本质属性。引起地震波吸收衰减的因素主要是介质中固体与固体、固体与流体、流体与流体界面之间的能量损耗。黄玉中等指出，在理论研究和实际应用均表明，孔隙发育，充填油、气、水（特别是含气的情况下）时，地震波反射吸收增加，高频吸收加剧，含有油气的地层吸收系数可能比相同岩性不含油气的地层高几倍，甚至高达几十倍。在频率属性中，频率衰减梯度是一种对储层识别比较敏感的属性。频率衰减梯度属性是指在时频谱分解基础上的高频端振幅谱包络的线性拟合频率。含气储层段与不含气储层段衰减梯度对比示意图见图5.58。

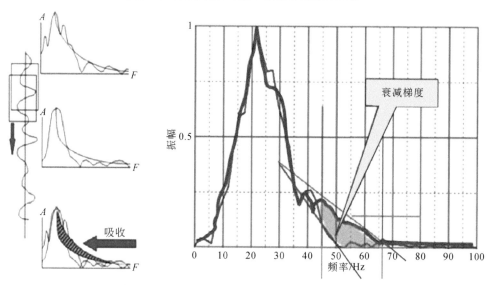

图 5.58　含气储层段与不含气储层段衰减梯度对比

A 为振幅；*F* 频率

2. 应用效果

图5.59过元坝104井频率衰减梯度剖面，从剖面上可看出，元坝104井在长2段频率衰减梯度较大。实钻显示，元坝104井长2段储层26m，日产气123m³，证实了该方法是有效的。图5.60、图5.61分别为过元坝9井、元坝12井频率衰减梯度剖面，实钻显示，元坝9井含水，而元坝12井产气，从频率衰减梯度剖面上可明显看出，元坝12井频率衰减梯度明显大于元坝9井。

经井标定，频率衰减梯度可较好地区分气、水及非储层。气层、水层及非储层频率衰减梯度的门槛值见表5.13。

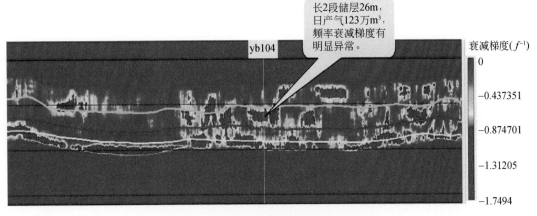

图 5.59　过元坝 104 井频率衰减梯度剖面

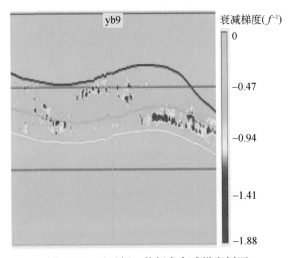

图 5.60　过元坝 9 井频率衰减梯度剖面

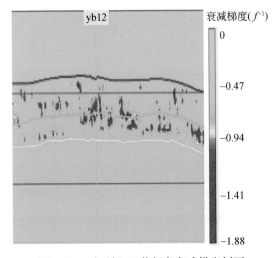

图 5.61　过元坝 12 井频率衰减梯度剖面

表 5.13　气层、水层及非储层频率衰减梯度门槛值

层位	气层	水层	非储层
高值	-0.9	-0.4	-0.3
低值	-1.6	-0.8	0

图 5.62 为长兴组浅滩储层频率衰减梯度平面图，从平面图可见长兴组浅滩圈闭内油气横向分布不均匀，从过井剖面分析，气层衰减明显。

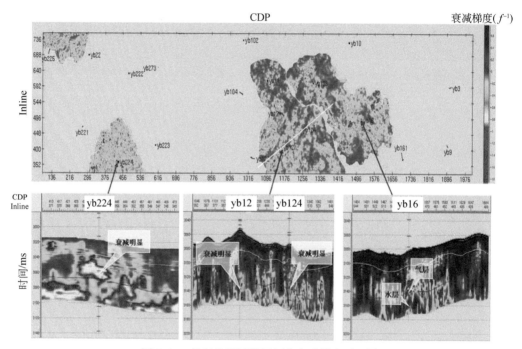

图 5.62　长兴组浅滩储层频率衰减梯度平面图

(三) 基于方位 AVO 的裂缝流体识别原理

裂缝型储集层勘探是目前油气勘探的重要领域，裂缝既是油气的储集空间，又是流体的运移通道，裂缝的探测对于寻找油气储层意义重大。前人对探测裂缝的分布发育规律进行了大量的研究，但裂缝内流体的识别一直是困扰着石油学界的难题。

Hudson 在适当的假设条件下，提出了含定向裂隙介质有效弹性模量的计算方法，这一理论为裂隙介质理论研究与数值模拟奠定了基础；Thomsen (1995) 引入一套各向异性参数，使这一理论得到了进一步发展。Ruger (1998) 给出了 HTI 介质中方位 AVO 的反射系数公式。Schoenberg 和 Sayers (1995) 在跨越裂隙面的位移不连续及旋转不变性的假设下，提出了线性滑动模型理论，并给出了裂隙刚度矩阵和柔度矩阵的表达式。基于此，Bakulin 等 (2000) 讨论了裂缝各向异性参数与裂缝充填流体特征之间的关系。这些都给裂缝的探测及流体识别奠定了一定的基础。

对裂缝和湿裂缝的各向异性参数差异进行分析，进而提出参数交会分析识别裂缝充填

流体的方法。在裂缝的分布规律刻画的基础上，应用参数交会分析对实际资料的裂缝流体识别进行探索性研究。

Bakulin 等（2000）在 Schoenberg 提出的线性滑动理论和 Hudson 理论基础上，讨论了裂缝各向异性参数与裂缝充填流体特征之间的关系，这里引用其结果描述如下。

（1）对于干裂缝（干的或充填气体）：

$$\varepsilon^V = \frac{8}{3}\zeta, \gamma^V = -\frac{8\zeta}{3(3-2g)}, \delta^V = -\frac{8}{3}\zeta\left[1+\frac{g(1-2g)}{(3-2g)(1-g)}\right] \tag{5.51}$$

式中，ζ 为裂缝体密度；g 为横纵波速度比。

将各向异性参数代入 Ruger 方程可得

$$B^{ani} = \frac{4(8g^2-4g-3)}{3(3-2g)(1-g)}\zeta \tag{5.52}$$

（2）对于湿裂缝（充填油或水）：

$$\varepsilon^V = 0, \gamma^V = -\frac{8\zeta}{3(3-2g)}, \delta^V = -\frac{32g}{3(3-2g)}\zeta \tag{5.53}$$

此时：

$$B^{ani} = \frac{16g}{3-2g}\zeta \tag{5.54}$$

由于各向异性反演结果对 B^{ani} 参数进行取绝对值处理，这里对干裂缝和湿裂缝的 B^{ani} 参数均做取绝对值处理。由此，当固定裂缝体密度 ζ 后，B^{ani} 绝对值随背景岩石横纵波速度比 g 变化的规律如图 5.63 所示。下面将 B^{ani} 绝对值作为 B^{ani} 参数。

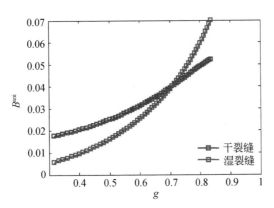

图 5.63　裂缝各向异性程度 B^{ani} 随背景岩石横纵波速度比 g 的变化曲线

通过图 5.63 可以看出，当背景岩石横纵波速度比小于 0.7 时，充填气体时的裂缝各向异性程度 B^{ani} 更高。而在研究区域储层中，横纵波速度比在 0.5 左右，一般小于 0.7，因此在该区域中当背景岩石相同、裂缝走向和密集程度等因素不变时，含气裂缝的 B^{ani} 比含油和水时大。

在背景岩石不变、裂缝体密度相同的情况下，已经解释了 B^{ani} 参数在介质含有气、油、和水时的相对大小关系，即含气时最高，油和水更低，但油和水较为接近，难以区分。接下来讨论介质中充填不同流体情况下，Ruger 公式中 B^{iso} 参数的相对变化关系。推导如下：

$$B^{\text{iso}} = \frac{1}{2}\left(\frac{\Delta\alpha}{\bar{\alpha}} - \left(\frac{2\bar{\beta}}{\bar{\alpha}}\right)^2 \frac{\Delta G}{\bar{G}}\right) = \frac{\alpha_2^2 - \alpha_1^2 - 8\bar{\beta}^2 \dfrac{\Delta G}{\bar{G}}}{(\alpha_2 + \alpha_1)^2} \tag{5.55}$$

式中，α、β、G分别为纵、横波速度和前切模量。

在背景岩石相同的情况下，充填不同流体后，纵波速度会发生变化。其中充填气后纵波速度最低，充填油和水后纵波速度高于充填气时的纵波速度。而在充填不同的流体时，横波速度不会变化，则$\bar{\beta}^2\Delta G/\bar{G}$不会变化，对于固定的正演模型来讲，上层介质的速度$\alpha_1$也不变，唯一变化的是在包含不同流体情况下介质的纵波速度α_2，因此可以通过求解B^{iso}对α_2的导数来分析B^{iso}的变化规律。经过求导可得

$$\frac{\partial B^{\text{iso}}}{\partial\alpha_2} = \frac{2\left(\alpha_1\alpha_2 + \alpha_1^2 + 8\bar{\beta}^2 \dfrac{\Delta G}{\bar{G}}\right)}{(\alpha_2 + \alpha_1)^3} > 0 \tag{5.56}$$

因此B^{iso}随α_2的增大而增加。对于相同背景岩石，充填气体时纵波速度α_2比充填水或油时的低，因此B^{iso}更低。这样可以理解为，在背景岩石速度、裂缝密度和裂缝纵横比不变的情况下，B^{iso}在裂缝含气时比含油和水时更低，同时结合前面所讨论的含气时B^{ani}高于含油和含水情况下的B^{ani}值，可以对气和油水进行区分。

三、应 用 实 例

（一）礁滩储层流体识别实例

本区的礁滩储层往往埋藏深度大，目的层埋深在6000m左右，从两条过井的叠前反演剖面（图5.64，图5.65）可看出，反演结果与井曲线吻合较好。

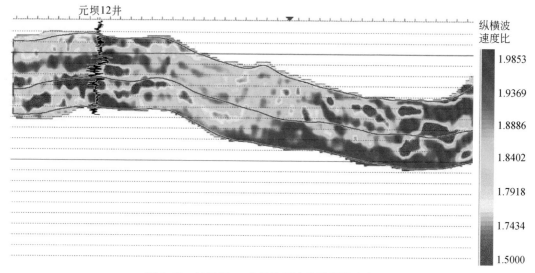

图5.64　过元坝12井叠前反演的纵横波速度比

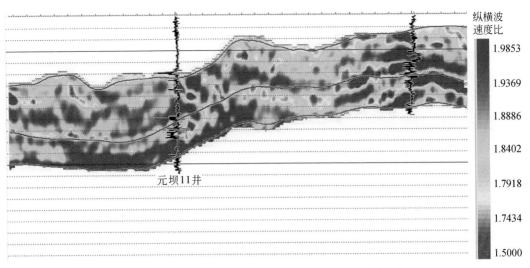

图 5.65 过元坝 12 井、元坝 11 井叠前反演的纵横波速度比

从过元坝 27 井弹性阻抗反演得到的弹性参数剖面（图 5.66）可以看到，$\lambda\rho$、V_P/V_S、泊松比的明显降低反映了元坝 27 井礁盖白云岩储层的高含气性。

岩石物理测试分析表明，$\lambda\rho$ 参数是较为敏感的流体因子，含气储层的 $\lambda\rho$ 值小于含水储层的 $\lambda\rho$ 值。图 5.67 上图为过 yb1-c、yb11、yb12、yb16、yb9 井联井 $\lambda\rho$ 剖面图，图中代表含气的黄红色位置（中低 $\lambda\rho$）对应的产气井比较好，均获得了工业气流，如 yb1-c 井（$50.3\times10^4\mathrm{m}^3/\mathrm{d}$）、yb11（$51.6\times10^4\mathrm{m}^3/\mathrm{d}$）、滩相的 yb12 经过酸化后也获得了 $53.14\times10^4\mathrm{m}^3/\mathrm{d}$ 的产能。从图中可以看到，从产气的 yb1-c、yb11、yb12 到处于气水过渡带的 yb16，然后一直到产水的 yb9，从红黄色–绿色–蓝色，与岩石物理分析结果基本一致，气水关系非常清晰，与实钻吻合很好。

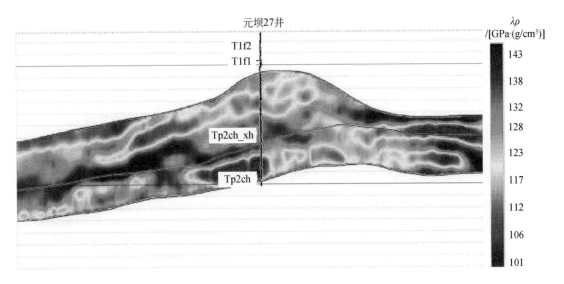

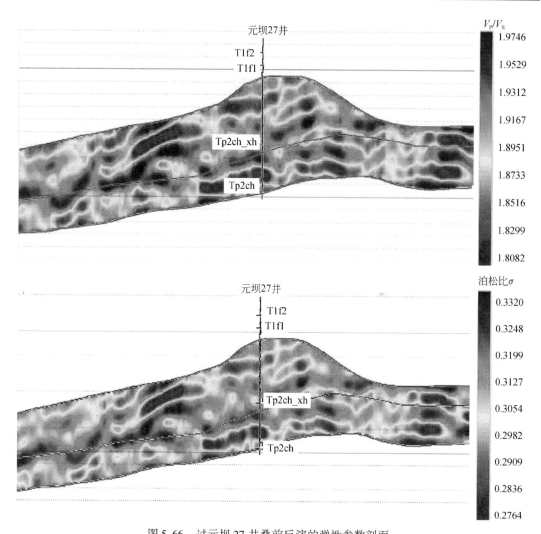

图 5.66　过元坝 27 井叠前反演的弹性参数剖面

T1f1、T1f2 分别表示飞仙关组 1 段、2 段的顶，Tp2ch_xh、Tp2ch 分别表示长兴组 2 段的顶、底

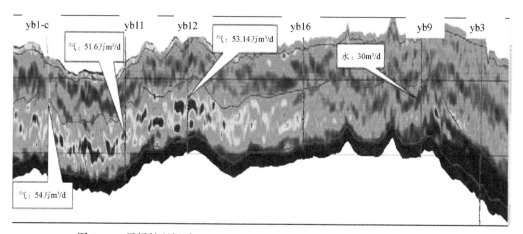

图 5.67　元坝长兴组过 yb1-c、yb11、yb12、yb16、yb9 井联井 $\lambda\rho$ 剖面图

根据圈闭描述结果，通过圈闭边界控制，更能进一步精细地识别储层的含流体情况。图 5.68 为元坝地区长兴组生物礁气水识别平面图，低 $\lambda\rho$ 较好地反映了储层含气性。

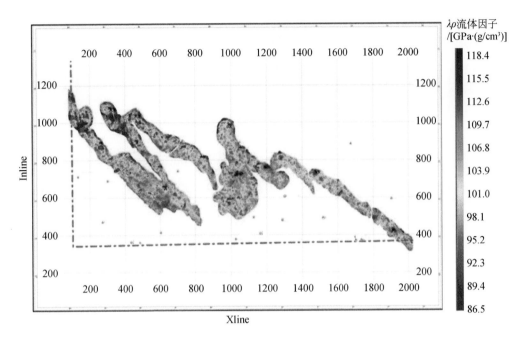

图 5.68　元坝地区长兴组生物礁拉梅系数×密度平面图

图 5.69 为元坝地区飞仙关组二段元坝 27 井区浅滩拉梅系数×密度（$\lambda\rho$）平面图。红黄色代表含气分布区域，蓝色代表含水比较敏感。平面图上可以看到，整体含气性较好，而且西部要好于东部。

（二）裂缝储层应用实例

在裂缝储层预测的基础上，通过参数交会分析及各向异性参数求取对裂缝中充填流体类型进行了探索性地研究。图 5.70 给出了玉北 1 井区两参数的交会结果，如图中黄色和红色线框所示。在交会过程中考虑以下三个原则：

（1）为避免噪声的影响，选取 B^{ani} 值较大的区域。

（2）裂缝纵横比会影响到流体的识别，在实际应用中假设裂缝纵横比很低，能够区分流体。

（3）裂缝的含流体饱和度等因素影响对气和油水的区分，为突出含气和含有油水的储层，只勾勒含气或油水饱和度较高的区域。

图 5.71 是玉北 1 井反演参数结果。从试油结果上看，该井日产油 31.36m³/d，通过交会分析后，玉北 1 井产气和产油水的位置如图紫色和红色区域所示，该井不产气，而产油和水。流体预测结果与综合柱状图上指示的试油结果是吻合的。

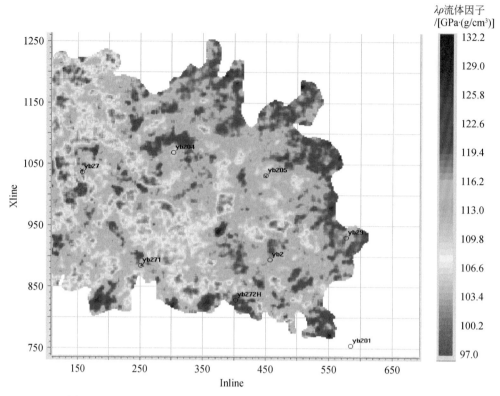

图 5.69　元坝地区飞仙关组二段元坝 27 井区浅滩拉梅系数×密度平面图

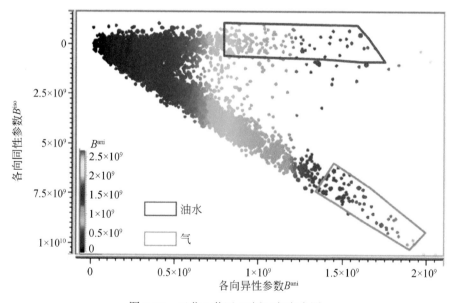

图 5.70　玉北 1 井区 B^{ani} 和 B^{iso} 交会图

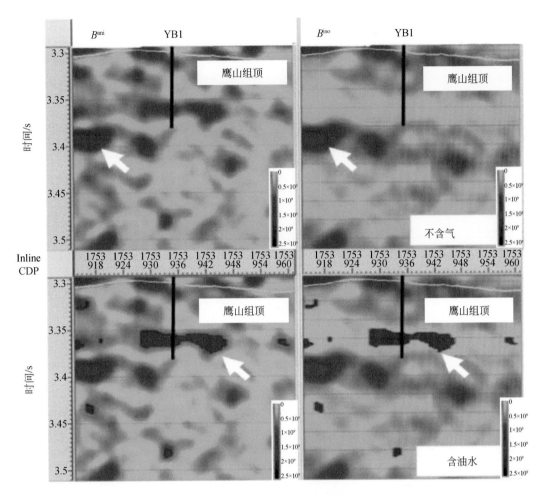

图 5.71　玉北 1 井反演参数交会

玉北 1 井区鹰山组顶裂缝流体预测结果如图 5.72 所示，图中蓝色区域为预测的油水，粉红色为预测的气。将每口井的产量情况用统计圆来表示，圆形中红色、蓝色和黄色分别表示产量中油、水、和气所占的比例。统计流体预测结果与井资料吻合情况，如表 5.13 所示，多组裂缝井和无裂缝的井各向异性程度弱，建立在各向异性分析基础上的流体预测方法无法预测出井中的流体类型。

如表 5.14 所示，对于单组裂缝的井，其各向异性程度较强时，才能预测其中的流体类型。单组裂缝的井中，玉北 1-3H 井没有预测出流体分布，单组裂缝的井流体预测吻合率 75%。

对于玉北 1-3H 井，虽然从 FMI 统计在鹰山组顶为单组裂缝，但从该井的酸压及试油情况上可知，该井裂缝的储层物性差，有效裂缝相对不发育，建立在各向异性程度预测不精确的基础上，会影响流体的预测，所以该井的裂缝流体类型预测不吻合。整体上来说，裂缝流体预测结果与井资料吻合率较高。

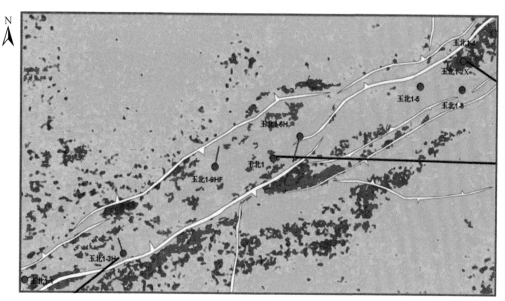

图 5.72　玉北 1 井区鹰山组流体与裂缝预测叠合图

表 5.14　裂缝流体预测结果与井资料吻合情况统计

井名称	裂缝密度	FMI	生成情况或录井资料	预测流体	吻合情况
玉北 1-2X	中	单组	日产液 26.5t, 日产油 23.2t	油水	吻合
玉北 1-4	中	单组	日产液 13.5t, 日产油 13.48t	油水	吻合
玉北 1-3H	中	单组	日产液 0.2t, 日产油 0.2t	无	不吻合
玉北 1	中	单组	日产液 1.3t, 日产油 1t	油水	吻合

参 考 文 献

陈颙, 黄庭芳, 刘恩儒. 岩石物理学. 2009. 合肥: 中国科学技术大学出版社.

葛瑞·马沃可, 塔潘·木克基, 杰克·德沃金. 2008. 岩石物理手册——孔隙介质中地震分析工具. 徐海滨, 戴建春译. 合肥: 中国科学技术大学出版社.

贺振华, 黄德济, 文晓涛. 2007. 裂缝油气藏地球物理预测. 成都: 四川科学技术出版社.

李宗杰, 王勤聪. 2002. 塔北超深层碳酸盐岩储层预测方法和技术. 石油与天然气地质, (1): 35-40.

王大兴, 辛可锋, 李幼铭, 等. 2006. 地层条件下砂岩含水饱和度对波速及衰减影响的实验研究. 地球物理学报, 49 (3): 908-914.

席道瑛, 邱文亮. 1997. 饱和多孔岩石的衰减与孔隙率和饱和度的关系. 石油地球物理勘探, 32 (2): 196-201.

尹陈, 贺振华, 黄德济. 2009. 基于弥散-黏滞型波动方程的地震波衰减及延迟分析. 地球物理学报, 52 (1): 187-192.

Avseth P, Wijngaarden A J V, Flesche H, et al. 2005. Seismic Fluid Prediction in Poorly Consolidated and Clay Laminated Sands. The 67th EAGE Conference & Exhibition.

Bakulin A, Grechka V, Tsvankin I. 2000. Estimation of fracture parameters from reflection seismic data—Part I:

HTI model due to a single fracture set. Geophysics, 65 (6): 1788-1802.

Bergbauer S, Mukerji T, Hennings P. 2003. Improving curvature analyses of deformed horizons using scale-dependent filtering techniques. AAPG bulletin, 87 (8): 1255-1272.

Beylkin G. 1985. Imaging of discontinuities in the inverse scattering problem by inversion of a generalized Radon transform. Journal of Mathematical Physics, 26 (1): 99-108.

Beylkin G, Burridge R. 1990. Linearized inverse scattering problems in acoustics and elasticity. Wave Motion, 12 (1): 15-52.

Brandsbergdahl S, De Hoop M V, Ursin B. 2003. Focusing in dip and AVA compensation on scattering-angle/azimuth common image gathers. Geophysics, 68 (1): 232.

Castagna J P, Sun S, Siegfried R W. 2003. Instantaneous spectral analysis: Detection of low-frequency shadows associated with hydrocarbons. The Leading Edge, 22 (2): 120-127.

Chapman M. 2003. Frequency-dependent anisotropy due to meso-scale fractures in the presence of equant porosity. Geophysical Prospecting, 51 (5): 369-379.

Chapman M. 2009. Modeling the effect of multiple sets of mesoscale fractures in porous rock on frequency-dependent anisotropy. Geophysics, 74 (6): D97-D103.

De Hoop M V, Spencer C. 1996. Quasi-monte carlo integration over $S^2 \times S^2$ for migration x inversion. Inverse Problems, 12 (3): 219-239.

De Hoop M V, Bleistein N. 1999. Generalized Radon transform inversions for reflectivity in anisotropic elastic media. Inverse Problems, 13 (3): 669-690.

Ebrom D. 2004. The low-frequency gas shadow on seismic sections. Leading Edge, 23 (8): 772.

Eshelby J D. 1957. The Determination of the elastic field of an ellipsoidal inclusion and related problems. A Mathematical Physical and Engineering ences, 241: 1226.

Gassmann F. 1951. Elastic waves through a packing of spheres. Geophysics, 16 (4): 673-685.

Han D, Nur A, Morgan D. 1986. Effects of Porosity and Clay Content on Wave Velocities in Sandstones. Geophysics, 51 (11): 2093-2107.

Hart B S, Pearson R, Rawling G C. 2002. 3-D seismic horizon-based approaches to fracture-swarm sweet spot definition in tight-gas reservoirs. The Leading Edge, 21 (1): 28-35.

Jones T D. 1986. Pore fluids and frequency-dependent wave propagation in rocks. Geophysics, 51 (10): 1939-1953.

Kachanov M. 1992. Effective Elastic Properties of Cracked Solids: Critical Review of Some Basic Concepts. Applied Mechanics Reviews, 45 (8): 304-335.

Kirlin R L. 1992. The relationship between semblance and eigenstructure velocity estimators. Geophysics, 57 (8): 1027-1033.

Klimentos T, Mccann C. 1990. Relationships among compressional wave attenuation, porosity, clay content, and permeability in sandstones. Geophysics, 55 (8): 998-1014.

Koenderink J J, Van DoornA J. 1992. Surface shape and curvature scales. Image and vision computing, 10 (8): 557-564.

Koren Z, Xu S, Kosloff D. 2002. Target-oriented common reflection angle migration. Expanded Abstracts of 72th Annual International SEG Meeting, 1196-1199.

Lisle R J. 1994. Detection of zones of abnormal strains in structures using Gaussian curvature analysis. AAPG bulletin, 78 (12): 1811-1819.

Luo M, Evans B J. 2001. Fracture density estimations from amplitude data. SEG Technical Program Expanded

Abstracts, 20: 277-279.

Miller D, Oristaglio M, Beylkin G. 1987. A new slant on seismic imaging: migration and integral geometry. Geophysics, 52 (7): 943-964.

Roberts A. 2001. Curvature attributes and their application to 3 D interpreted horizons. First break, 19 (2): 85-100.

Ruger A. 1998. Variation of P-wave reflectivity with offset and azimuth in anisotropic media. Geophysics, 63 (3): 935-947.

Schoenberg M, Sayers C M. 1995. Seismic anisotropy of fractured rock. Geophysics, 60 (1): 204-211.

Skirius C, Nissen S, Haskell N, et al. 1999. 3-D seismic attributes applied to carbonates. The Leading Edge, 18 (3): 384-393.

Sollid A, Ursin B. 2003. Scattering-angle migration of ocean-bottom seismic data in weakly anisotropic media. Geophysics, 68 (2): 641-655.

Taner M T, Koehler F, Sheriff R E. 1979. Complex seismic trace analysis. Geophysics, 44 (6): 1041-1063.

Taner M T, Koehler F. 2012. Velocity spectra- digital computer derivation and applications of velocity functions. Geophysics, 34 (6): 859-881.

Thomsen L. 1995. Elastic anisotropy due to aligned cracks in porous rock1. Geophysical Prospecting, 43 (6): 805-829.

Walsh J B. 1965. The effect of cracks on the uniaxial elastic compression of rocks. Journal of Geophysical Research, 70 (2): 399-411.

Wright I. 1984. The effects of anisotropy on reflectivity. Expanded Abstracts of 54th Annual International SEG Meeting, 670-672.

Wyllie M R J, Gregory A R, Gardner L W. 1956. Elastic wave velocities in heterogeneous and porous media. Geophysics, 21 (1): 41-70.

Zhang Z, Stewart R R. 2008. Rock physics models for cracked media. CREWES Research Report. 20.

Zimmerman R W. 1984. Elastic moduli of a solid with spherical pores: New self-consistent method. International Journal of Rock Mechanics and Mining Sciences & Geomechanics Abstracts, 21 (6): 339-343.